U0226129

江西财经大学东亿学术论丛·第一辑

中国PM2.5污染的空间分布特征

基于空间计量模型的研究

徐斌 著

The Spatial Distribution Characteristics of China's PM2.5 Pollution

Based on Spatial Econometric Models

本书得到国家社科基金项目"中国PM2.5污染的空间分布差异、影响因素及溢出效应研究"（项目编号：15BTJ022）、国家自然基金面上项目"中国新能源产业的空间集聚、扩散及其外部性：理论机制及实证分析"（项目编号：71974085）等项目的支持。

经济管理出版社
ECONOMY & MANAGEMENT PUBLISHING HOUSE

图书在版编目（CIP）数据

中国PM2.5污染的空间分布特征——基于空间计量模型的研究 / 徐斌著. —北京：经济管理出版社，2019.12

ISBN 978-7-5096-0691-9

Ⅰ.①中…　Ⅱ.①徐…　Ⅲ.①可吸入颗粒物—污染防治—分布模型—研究—中国　Ⅳ.①X513

中国版本图书馆CIP数据核字（2019）第275884号

组稿编辑：王光艳
责任编辑：魏晨红
责任印制：黄章平
责任校对：王淑卿

出版发行：经济管理出版社
（北京市海淀区北蜂窝8号中雅大厦A座11层　100038）
网　　址：www. E-mp. com. cn
电　　话：（010）51915602
印　　刷：唐山昊达印刷有限公司
经　　销：新华书店
开　　本：720mm×1000mm /16
印　　张：16
字　　数：242千字
版　　次：2020年9月第1版　　2020年9月第1次印刷
书　　号：ISBN 978-7-5096-0691-9
定　　价：68.00元

总 序

江西财经大学统计学院源于 1923 年成立的江西省立商业学校会统科。统计学专业是学校传统优势专业，拥有包括学士、硕士（含专硕）、博士和博士后流动站的完整学科平台。数量经济学是我校应用经济学下的一个二级学科，拥有硕士、博士和博士后流动站等学科平台。

江西财经大学统计学科是全国规模较大、发展较快的统计学科之一。1978 年、1985 年统计专业分别取得本科、硕士办学权；1997 年、2001 年、2006 年统计学科连续三次被评为省级重点学科；2002 年统计学专业被评为江西省品牌专业；2006 年统计学硕士点被评为江西省示范性硕士点，是江西省第二批研究生教育创新基地。2011 年，江西财经大学统计学院成为我国首批江西省唯一的统计学一级学科博士点授予单位；2012 年，学院获批江西省首个统计学博士后流动站。2017 年，统计学科成功入选“江西省一流学科（成长学科）”；在教育部第四轮学科评估中被评为“A-”等级，进入全国前 10%行列。目前，统计学科是江西省高校统计学科联盟盟主单位，已形成研究生教育为先导、本科教育为主体、国际化合作办学为补充的发展格局。

我们推出这套系列丛书的目的，就是想展现江西财经大学统计学院发展的突出成果，呈现统计学科的前沿理论和方法。之所以以“东亿”冠名，主要是以此感谢高素梅校友及所在的东亿国际传媒给予统计学院的大力支持，在学院发展的关键时期，高素梅校友义无反顾地为我们提供了无私的帮助。丛书崇尚学术精神，坚持专业视角，客观务实，兼具科学研究性、实际应用性、参考指导性，希望能给读者以启发和帮助。

丛书的研究成果或结论属个人或研究团队观点，不代表单位或官方结论。如若书中存在不足之处，恳请读者批评指正。

编委会

2019 年 6 月

前　言

当前，我国正处于工业化和城市化快速推进阶段。一方面，中国工业长期以粗放式增长为主，具有高投入、高消耗、高污染和低效益的特征。工业化快速推进必将消费大量化石能源（煤炭和石油），而且，中国能源蕴藏具有“富煤少油”的特点，这导致高污染的煤炭成为工业部门能源消费的主要来源。另一方面，快速的城市化不仅导致城市人口快速增加，而且使居民收入增长明显，加上不断加快的生活和工作节奏，越来越多的居民购买和使用机动车。机动车的大量使用必然消费大量化石燃料（柴油和汽油），而且中国燃油氮、硫含量过高。因此，不断扩大的工业规模和机动车的大量使用将消耗大量化石能源（煤炭、柴油和汽油），并排放出大量细颗粒物（PM2.5）。空气中PM2.5浓度持续升高，导致全国大范围区域性重度雾霾现象频繁发生。从京津环渤海经济带到长江三角洲经济带，再到珠三角经济带都频繁爆发雾霾天气。大范围雾霾污染不仅影响正常的交通运输，而且对居民身体健康产生严重不利影响，引起了公众广泛的关注。那么，我国PM2.5污染主要影响因素有哪些？这些影响因素是如何影响PM2.5污染的？不同地区PM2.5污染之间是否存在空间差异性和空间相关性？PM2.5排放是直线增加还是波动变化？这实际上就是如何系统有效地治理PM2.5污染问题，也是本书研究的必要性所在。为此，本书在吸收、借鉴现有相关研究成果的基础上，利用搜集到的我国PM2.5污染及其相关宏观经济变量的数据，使用非参数可加回归模型、地理加权回归模型和空间滞后回归模型围绕我国区域PM2.5污染影响因素、空间分布差异及溢出效应这三方面来展开研究。最后，利用非线性经验模态分解法对我国PM2.5排放增长波动变化进行多尺度分析。以期为各级政府实施准确、有效的PM2.5污染治理提供决策依据，为未来PM2.5污染研究提供一定的参考和借鉴。本书研究的主要内容如下：

第一，阐述本书的研究背景和研究意义；在系统综述国内外 PM2.5 污染研究文献的基础上，提出本书的研究思路及其所使用的研究方法；提出了本书的主要研究内容；分析了 PM2.5 污染及相关主要社会经济因素（经济增长、城市化、工业化、人口规模、煤炭消费、能源强度、民用机动车和能源结构等）的发展现状。本部分内容将为后面章节研究提供充分的资料基础。

第二，使用数据驱动的非参数可加回归模型深入剖析各影响因素对我国 PM2.5 污染的非线性影响，得到如下主要结论：①工业化对 PM2.5 污染产生一个倒“U”形的非线性影响。主要原因是中国工业化走的是优先发展重工业的道路，在早期重工业行业节能和减排技术低的条件下，导致早期阶段工业化消耗大量化石能源，从而加重 PM2.5 污染；随着工业化进一步发展，环境污染和技术的进步促使中国政府采取一系列措施减少工业部门能源消费和污染物排放，使得工业化的 PM2.5 排放强度逐步下降。②经济增长对 PM2.5 污染产生一个“U”形的非线性影响。这可以由中国经济发展情况来解释，在早期阶段，我国经济发展相对落后、工业经济规模较小，导致经济增长消耗的能源总量及其排放的 PM2.5 规模较小。随着经济进一步发展，不断扩大的经济规模导致能源消费和 PM2.5 排放总量不断增长。③能源效率对 PM2.5 污染的非线性影响呈现出一个“U”形模式。这主要由技术效应和规模效应在不同阶段的不同作用造成。在早期阶段，我国经济规模总量较小，节能和减排技术的研发和应用的减少能源消费和 PM2.5 污染的效用明显。在后期阶段，节能和减排技术进步带来的技术效应被经济快速增长的规模效应逐步抵消掉，能源强度的减排作用难以显现出来。④外商直接投资对 PM2.5 污染产生一个倒“U”形非线性影响。主要原因是：在早期阶段，为了引进投资发展经济，我国实施宽松的环境政策，大量高耗能、高污染的企业进入我国，外商直接投资导致 PM2.5 污染增加；随着进一步发展，为了实现可持续增长，我国优化外商直接投资结构，从而有利于缓解 PM2.5 污染。⑤民用汽车对 PM2.5 污染产生一个倒“U”形非线性影响。这主要是因为：在早期阶段，低品质燃油和低尾气排放标准导致民用汽车 PM2.5 排放强度高；在后期阶段，燃油质量改进、尾气排放标准提高和新能源汽车的使用促使民用汽车的 PM2.5 污染强度逐步下降。⑥人口规模对 PM2.5 污染产生一个“U”形非线性影响。这主要因为：随着收入的增加，居民生活能源消费快速增加。

第三，采用地理加权回归模型调查我国各地区 PM2.5 污染空间分布差异。传统的经济计量模型一般都假定社会经济现象在空间维度是相互独立的、均质的。而事实上，很多社会经济现象都存在空间异质性，即一个区域的某种经济社会现象与附近地区相同现象存在一定的差异性。如果采用全域空间回归，得到的回归参数就无法反映 PM2.5 污染的空间分布差异特征。因此，我们使用空间变系数的地理加权回归模型深入调查各省份 PM2.5 污染差异。通过实证分析得到如下结论：①从省份角度来看，经济增长对北京市 PM2.5 污染的影响强度最大。而从区域角度来看，不同地区出口贸易的显著差异导致经济增长对东部地区 PM2.5 污染的影响高于其对中西部地区的影响。②从省份的角度来看，城市化对北京、天津、福建、辽宁、河北、吉林、内蒙古和宁夏 PM2.5 污染的影响较大。而从区域角度看，房地产业发展和机动车保有量的区域差异导致城市化对东部地区 PM2.5 污染的影响高于其对中部、西部地区 PM2.5 污染的影响。③从省份角度来看，能源强度对北京、广东、海南、河北、山东、浙江、江苏的影响系数为负，表示这些省份的节能技术的发展显著起到了减少能源消费和 PM2.5 污染的作用。而从区域的角度来看，高学历人才积累的差异导致能源强度对西部地区 PM2.5 排放的影响强度高于其对中东部地区 PM2.5 污染的影响。④从省份角度来看，煤炭消费对福建省 PM2.5 污染影响强度最大，而对湖北省影响强度最小。而从区域角度来看，煤炭消费的区域差异导致煤炭消费对东部 PM2.5 污染的影响高于其对中西部地区 PM2.5 污染的影响。⑤从省份角度来看，固定资产投资对北京、上海、天津、福建、江苏、山东、浙江和河北等省 PM2.5 污染的影响系数为负，说明城市森林、公园和绿化的固定资产投资活动起到了减少这些省份 PM2.5 污染的作用。而从区域的角度来看，水利和环境投资的差异导致固定资产投资对东部地区 PM2.5 污染的影响强度高于其对中部、西部地区 PM2.5 污染的影响。因此，各地区政府相关部门应根据本地区 PM2.5 污染实际情况，制定出有针对性的减排和防治措施，以达到有效减少 PM2.5 污染的目的。

第四，根据 Tobler 的地理第一定律："任何事物均相关，而且距离相近事物之间的联系更加密切"，我们运用空间滞后回归模型，对我国 PM2.5 污染进行了实证研究。结果表明我国 PM2.5 污染存在明显的空间溢出效应，而各影响因素对 PM2.5 污染溢出效应的作用途径是不同的，具体结论如下：①区域产业协调发展导致经济增长对 PM2.5 污染溢出效应产生显著的正向影响。②R&D 资金和 R&D 人才的区域流动有利于节能和减排技术进步和传播，从而导致 PM2.5 污染存在溢出效应。③工业发展的区域辐射带动作用促使区域工业发展及其产生的烟尘和粉尘排放关联性加强，从而导致 PM2.5 污染存在溢出效应。④大量化石燃料（柴油和汽油）使用和低的燃油品质导致区域间公路旅客运输对 PM2.5 污染溢出效应产生一个正向影响。⑤日益密切的区域经济联系和快速发展的电子商务促使公路货物运输对 PM2.5 污染溢出效应也产生一个正向影响。

第五，PM2.5 污染具有随着季节和经济发展变化而出现周期波动的特征。经验模态分解法（EMD）对非线性和非平稳信号进行逐级线性化和平稳化处理，能够更加准确地反映出原始信号本身的物理特性，具有较强的局部表现能力。因此，我们使用 EMD 方法对我国四大主要污染分布带 PM2.5 时间序列分别进行分解，得到主要结论如下：四大污染分布带 PM2.5 污染变化长期趋势特征均不明显，PM2.5 污染主要受短期天气变化和中期政府宏观调控政策影响。具体来看：①居民生活冬季取暖能源消费、制造工业发展和大量的机动车是京津冀地区 PM2.5 污染的主要来源。②大量低技术的民营企业、乡镇企业、手工作坊式企业和高保有量的机动车是长江三角洲地区 PM2.5 污染的主要来源。③重工业发展是华中地区 PM2.5 污染的主要原因。④川渝地区 PM2.5 污染的主要原因则是独特的地理环境、快速发展的房地产业、机动车和工业化。并且，根据上述结论我们提出了各地区减少 PM2.5 污染的建议与对策。

第六，在前面实证研究的基础上，从不同视角提出了我国 PM2.5 污染防治的对策与建议。首先，根据第 3 章实证分析结果，从不同发展阶段视角提出 PM2.5 污染防治的对策与建议；其次，根据第 4 章实证分析结果，从区域差异视角提出 PM2.5 污染防治的对策与建议；再次，根据第 5 章实证分析结果，从空间关联视角提出 PM2.5 污染防治的对策与建议；最后，根据第 6 章实证分析结果，从长、中、短周期视角提出 PM2.5 污染防治的对策与建议。

目　录

第❶章 绪论

1.1 研究背景与研究意义

1.1.1 研究背景

PM2.5是指空气动力学当量直径小于等于2.5微米的细颗粒物，也常常被称为可入肺颗粒物。PM2.5颗粒物直径一般不到人头发粗细的1/20。由于PM2.5浓度不断提高而造成的雾霾污染成为世界很多国家面临的严重环境挑战之一（林伯强，2015）①。近年来，随着我国城市规模不断扩大和能源消费的快速增长，以及工业、交通运输业的迅速发展和化石燃料的大量使用，导致空气中PM2.5（细颗粒物）浓度持续升高，并进一步引发全国大范围重度雾霾现象频繁发生。从京津环渤海经济带到长江三角洲经济带，再到珠三角经济带都频繁爆发雾霾天气。根据世界卫生组织（WHO）标准，PM2.5污染的标准值应该小于10微克/立方米，过渡期的标准是75微克/立方米。中国制定的PM2.5标准只能达到世界卫生组织的过渡期标准，即PM2.5污染日均值小于75微克/立方米。根据中国环境监测总站公布的我国城市PM2.5污染的数据，按中国PM2.5排放标准，2016年全年京津冀地区13个PM2.5污染监测城市PM2.5排放超标天数平均达到109天，四川和重庆地区9个监测城市PM2.5超标排放天数平均达到96天。

---

① 林伯强．发达国家雾霾治理的经验和启示［M］．北京：科学出版社，2015.

可以看出，各城市 PM2.5 污染超标排放天数占全年总天数的比重接近1/3。PM2.5 排放浓度不断升高而产生的大范围雾霾污染不仅影响正常的交通运输，更对居民身体健康产生严重不利影响，引起了公众前所未有的关注（石庆玲等，2016）。在我国部分地区，特别是北方重化工业集中地区，在导致空气污染的各种污染物中，PM2.5 占整个空气悬浮物的绝大部分比例。长时间、大范围的 PM2.5 污染给整个地区的居民身体健康造成很大的影响。在 PM2.5 浓度过高、雾霾污染严重时，还会引起民众的恐慌，给社会稳定造成不利影响。

由国家发展改革委员会、环境保护部和财政部在 2012 年 10 月联合发布的《重点区域大气污染防治“十二五”规划》[①] 中指出，现阶段我国大气环境面临着严峻的形势：一是大气污染物排放载荷量过大。2010 年，我国烟尘和粉尘排放量达到 1446.1 万吨，氮氧化物和二氧化硫排放总规模分别是 2273.6 万吨和 2267.8 万吨，高居世界第一，远超过大气环境的承载能力。其中，长江三角洲、京津冀、川渝、珠江三角洲和华中等地区是经济活动水平和大气污染物排放重点区域。二是大气污染十分严重。2010 年我国 PM2.5 污染重点地区的 PM2.5 年均浓度达到 86 微克/立方米，为同期欧美发达国家 PM2.5 污染水平的 2～4 倍。按照我国 PM2.5 排放标准，PM2.5 污染的重点区域有 82%的城市超过规定的标准。三是复合型大气污染日益凸显。近年来，随着我国机动车保有量和化石能源消费的快速增长、重工业化发展，氮氧化物、二氧化硫和易挥发性有机物导致 PM2.5 污染不断加重。长江三角洲、京津冀和珠江三角洲等地区每年由于 PM2.5 浓度提高产生的雾霾天数均在 100 天以上，有些城市甚至达 200 天。四是地区之间 PM2.5 污染相互影响显著。随着我国城市化快速发展，各城市规模不断扩大，各经济带城市之间 PM2.5 污染关联性日益突出。在京津冀和长江三角洲地区，部分城市 PM2.5 污染浓度有 16%～26%是来源于邻近城市。五是大气污染防治面临严峻挑战。现阶段我国正处于快速发展的城市化和工业化阶段，工业化和城市化发展将消耗大量的化石能源（煤炭和石油），这将导致我国 PM2.5 减排面临着巨大压力和挑战。

---

① 环境保护部，发改委，财政部. 重点区域大气污染防治“十二五”规划（国函［2012］146 号）［Z］. 2012-10-29.

正如邵帅等在《中国雾霾污染治理的经济政策选择》[①] 中指出的，当前中国雾霾污染表现出影响范围广、爆发频率高、治理难度大的特点，合理组合相关减排政策和措施以减少 PM2. 5 排放及其引起的雾霾污染成为我国发展低碳经济、走可持续增长道路的当务之急。那么，如何看待我国 PM2. 5 污染不断加重的趋势，又如何来看待不同地区 PM2. 5 污染之间存在的空间关联性和空间异质性，以及各影响因素是如何影响 PM2. 5 污染的？这实际上就是如何系统有效地治理 PM2. 5 污染的问题，也是本书研究的必要性所在。为此，本书将系统研究我国 PM2. 5 污染影响因素、空间分布差异及溢出效应，以期为政府部门实施有效的 PM2. 5 污染防治提供决策依据。

1.1.2 研究意义

2013 年国务院颁发的《大气污染防治行动计划》[②] 明确指出，随着我国城市化和工业化进程的快步推进，化石能源消费和机动车保有量激增，PM2. 5 排放不断增长，由 PM2. 5 浓度提高而产生的雾霾天气大范围频繁地爆发。这不仅影响正常的交通运输，还严重威胁着民众的身体健康，引起社会广泛的关注。治理 PM2. 5 污染关系到人民群众的切身利益，关系到我国经济能否可持续发展，关系到小康社会能否按时全面实现，关系到中国民族复兴和中国梦的实现。然而，要切实有效地进行 PM2. 5 污染治理，首先要全面客观地调查我国不同区域 PM2. 5 污染影响因素、空间分布差异和空间关联性，这就要求进一步加强 PM2. 5 污染研究的理论水平和研究技术。本书属于 PM2. 5 污染的研究范畴，所以不论是从理论角度还是从应用价值方面来看，其都具有重要的研究意义。

（1）本书理论意义。

探讨将非参数估计方法引入线性计量模型，以改善现有线性计量模型的估计效果，对于完善非参数理论和发展新的非参数计量模型具有重要学术价值。

---

① 邵帅，李欣，曹建华，杨莉莉. 中国雾霾污染治理的经济政策选择——基于空间溢出效应的视角［J］. 经济研究，2016（9）：73-88.

② 国务院 . 大气污染防治行动计划（国发［2013］37 号）［Z］. 2013-09-10.

现有的研究大多基于经济变量之间关系是线性的假设，而采用线性计量模型进行研究。而大量的实践检验发现，经济社会变量之间的关系是复杂多变的，往往同时存在着大量的线性和非线性关系，而不是过去认为的单纯线性关系。人为设定变量之间关系为线性，而使用线性模型进行研究常常导致研究结论存在较大争议。相较于传统的参数估计方法，非参数估计具有适用范围广、运算简单的优点。当然，非参数估计方法也存在着不足：检验功效差；对于大样本数据，计算过程复杂。综合上述参数回归与非参数回归各自的优缺点。我们有个疑问——为什么不把参数回归与非参数回归结合起来呢？因此，我们基于可加模型基本原理，尝试将非参数估计方法引入线性计量模型，构建出可以有效揭示经济变量之间同时存在的大量线性和非线性关系的非参数可加回归模型。这将有利于完善非参数理论和发展新的非参数计量模型。

（2）本书实践意义。

第一，测算各省份 PM2.5 污染强度，并对 PM2.5 污染及相关主要社会经济因素发展现状进行分析，为公平、合理地分摊各省份 PM2.5 减排责任和制定相应的减排策略提供决策依据。

美国哥伦比亚大学、巴特尔研究所和耶鲁大学的研究团队基于卫星遥感数据计算出 2001~2010 年中国各省份 PM2.5 污染数据①。中国是从 2011 年在全国逐步展开 PM2.5 污染监测工作的。我们根据“中国环境监测总站”② 发布的 PM2.5 污染数据，采用相同的计算方法整理出 2011~2015 年我国各省份 PM2.5 污染年度数据，从而构建出 2001~2015 年我国 30 个省份 PM2.5 污染的面板数据集。这些数据可以作为中央政府厘清各地区 PM2.5 减排责任的重要依据。然后，从纵向、横向两个角度对 PM2.5 污染及相关主要社会经济因素（经济增长、城市化、工业化、人口规模、煤炭消费、能源强度、烟尘和粉尘等）发展现状进行比较分析，为后面的 PM2.5 污染影响因素、空间分布差异和溢出效应研究打下资料基础。

第二，有利于形成 PM2.5 污染治理的区域联防控制和治理协作机制。本书不仅有具体到各省份 PM2.5 污染强度测算及其影响因素的分析，还进

---

① http：//tech.ifeng.com/discovery/detail_2012_02/22/12689675_0.shtml.

② http：//www.cnemc.cn/.

行了 PM2.5 污染空间相关性分析。结果显示，PM2.5 污染存在显著的空间相关性，即 PM2.5 污染在不同区域之间存在着明显的溢出效应。并且，这些溢出效应主要通过经济增长、技术进步、烟尘和粉尘排放、公路旅客周转和公路货物周转等因素进行外溢效应传播。因此，本书实证检验的结果，不仅为建立区域 PM2.5 污染联防联治协作机制提供了客观依据，还为如何运作联防控制和治理协作机制以有效控制 PM2.5 污染提供了对策与建议。

1.2 国内外研究动态综述

1.2.1 PM2.5 污染影响因素研究综述

PM2.5 污染是一种自然现象，更是由人类生产、生活活动产生的一种人为污染现象。因此，从社会经济的角度来研究 PM2.5 污染对有效进行污染防控具有重要意义。在 PM2.5 污染研究中，国内外学者大多从煤炭消费、城镇化、工业化、机动车和经济增长等方面研究其对 PM2.5 污染的影响。通过对国内外相关研究文献进行梳理，结果发现，影响 PM2.5 污染的因素主要包括以下几个：

（1）煤炭消费。

现在，中国已经是世界上最大的煤炭生产国和消费国。2015 年，中国煤炭消费量达到 27.52 亿吨标准煤。煤炭燃烧将排放出大量的有害气体和粉尘，这些排泄物是构成 PM2.5 污染的主要要素之一（汪克亮等，2017）。因此，众多国内外学者使用不同的研究方法和模型分析了煤炭消费对 PM2.5 污染的影响。基于 20 世纪 80 年的雾霾天气与相关社会经济数据，Husar 等（1981）分析了美国东部地区雾霾发生的影响因素。结果发现：美国东部地区各个州的雾霾天气与其煤炭消费分布情况是基本一致的，即煤炭消费越多的地区，其雾霾天气发生的次数越多，污染越严重。Ghose 和 Majee（2000）通过对印度主要煤炭产区的空气质量检测也发现，煤炭生产和消费是导致大气污染加重的主要原因。Molyneaux 等（2016）针对近年来印度政府实施的农村电气化政策分析指出，如果单纯扩大火力发电去满足农村电气化需要，将可能导致大气污染加重。因为火力发电的煤炭燃烧会排放大量有害烟尘和微粒，这些都是构成 PM2.5 的主要元素。所以，他们建议印度政府应该加大可更新能源的使用。Clay 等（2016）使用 20 世纪中期美国火力发电中的煤炭消费数据和大气污染数据，对煤炭消费和大气污染之间关系进行了实证分析。结果显示：火力发电的煤炭消费是导致空气质量恶化的主要原因，并建议政府部门评估煤炭消费的收益与成本，尽量减少煤炭消费，扩大新能源的开发和使用。Khan 等（2016）运用 1975~2012 年巴基斯坦的能源消费、水资源和空气污染等变量数据，使用协整方法对这几个变量之间关系进行检验。结果表明，煤炭消费与空气污染之间存在协整关系，即煤炭消费是空气污染的主要原因。

国内学者郝新东和刘菲（2013）采用我国 2001~2010 年省域面板数据，探讨了煤炭消费对 PM2.5 的影响。研究结果表明：煤炭消费量同 PM2.5 存在正相关关系，成为我国 PM2.5 污染发生的主要原因。Pui 等（2014）探讨了中国 PM2.5 污染的来源以及缓解办法，认为中国 PM2.5 污染的主要来源为煤炭燃烧，缓解 PM2.5 污染的方法应当是减少燃烧煤炭的火力发电厂和机动车的保有量。杨磊等（2015）运用 2003~2010 年的煤炭、焦炭、石油和煤油等多种燃料以及 PM2.5 质量浓度数据，构建了不同类别能源消耗对我国 PM2.5 污染的随机效应模型。研究结果表明：工业焦炭消耗对促进 PM2.5 污染形成的作用最大。Xue 等（2016）利用北京市 2000~2012 年环境污染和相关经济变量数据，对居民生活煤炭消费与空气污染进行实证分析。结果显示：居民生活用煤成为空气污染主要根源之一，建议政府应该采取经济措施鼓励居民使用清洁能源。而 Qiu 等（2016）运用 2012 年 5 月、6 月、9 月和 10 月以及 2012 年 12 月到 2013 年 1 月兰州市三个不同观测点的 PM2.5 浓度数据，分析 PM2.5 样本中有机碳和元素碳的比例。结果发现，在收集到的 PM2.5 样本中有机碳和元素碳的比例同煤炭消费中有机碳和元素碳的比例非常相近，从而得出兰州市 PM2.5 污染的主要来源是煤炭燃烧的结论。

（2）经济增长。

长期以来，经济增长与环境污染（PM2.5）之间的关系被国内外广大学者所关注，并进行了广泛深入的研究，提出了很多理论、假说和模型。

最经典的假说当属“环境库兹涅茨曲线假说”（Environmental Kuznets Curve，EKC）（Stern 等，1996），该假说认为，经济增长与环境污染之间关系是随着时间的推移而变化。在经济增长的早期阶段，粗放式的经济增长会导致环境污染不断加重。随着经济进一步发展，社会大众环境意识增强，政府会加大节能减排技术的研发和应用，经济增长减少环境污染的作用凸显出来（李强和高楠，2016）。另外，基于卡亚（Kaya）恒等式，Dietz 和 Rosa 于 1997 年提出了经典的反映环境污染影响因素的可拓展随机性的环境影响评估模型（Stochastic Impacts by Regression on Population，Affluence and Technology，STIRPAT）。这个模型认为，影响环境污染的主要因素有三个，即经济增长、人口规模和技术进步。由此可以看出经济增长与 PM2.5 污染关系密切。Selden 和 Song（1994）使用多国面板数据研究了四种大气污染物（PM2.5、二氧化硫、一氧化碳和二氧化碳）排放与经济增长之间的关系，结果发现，这四种污染物排放与经济增长之间都存在一个倒“U”形关系。Zhang 等（2009）运用一个动态分析方法，研究了亚洲国家的空气污染（包括 PM2.5）与经济发展之间的关系。结果发现：经济增长与空气污染的关系在不同国家、不同时间阶段是不同的。Mathiesen 等（2011）评估了经济系统如果使用可更新能源对环境污染的影响，研究结果表明，完全使用可更新能源是可行的，并且将减少经济增长，能源消耗对环境产生的危害。Katrakilidis 等（2016）使用 1960~2002 年希腊社会经济变量数据和动态协整方法，检验经济增长对居民身体健康和环境的影响，结果显示，经济增长与环境恶化之间存在长期因果关系。对于发达国家，Halkos 等（2016）运用一个非参数计量回归模型分析人口规模、经济增长对美国环境污染的影响，结果发现，在经济增长和人口增长后期阶段，经济发展是有利于减少环境污染的。

国内学者马丽梅和张晓（2014）利用空间面板数据模型，分析了中国各个省份雾霾污染的影响因素。研究结果表明：经济增长是导致 PM2.5 污染的主要因素；但是两者之间关系并没有表现出一个支持“环境库兹涅茨假说”的倒“U”形模式。因此，长期来看，改变经济增长方式、优化产业结构是根治雾霾污染的关键之一。彭茜薇（2014）基于 1990~2010 年湖南省雾霾污染和经济增长数据，运用向量自回归模型（VAR）、利用脉冲响应函数和方差分解，对雾霾污染和经济增长之间的关系进行了分析。实证研究表明，经济增长会导致湖南省工业碳排放的增加，进而对雾霾污染产生正向影响。通过方差分解得到经济增长对 PM2.5 污染贡献率较大的结论。Hu 等（2014）基于中国北部平原城市和长江三角洲城市 2013 年 6 月 1 日至 8 月 31 日 PM2.5 小时浓度数据，分析了两个区域不同城市 PM2.5 和 PM10 污染与经济增长的关系，得出经济增长同 PM2.5 污染是正相关的结论。倪文佳等（2015）的研究结果表明，经济增长同雾霾污染呈正相关关系，但经济发展达到一定程度以后，环境污染开始减轻，即总体上呈现倒“U”形的变化趋势。相似地，Hao 和 Liu（2016）基于 2013 年中国 73 个城市 PM2.5 污染数据，运用空间计量模型研究发现，PM2.5 浓度同城市 GDP 呈现倒“U”形关系。王敏和黄滢（2015）基于全国 112 座城市 2003~2010 年的大气污染数据，考察了环境污染同经济增长之间的关系。研究结果表明，我国城市的大气污染同人均收入之间存在“U”形关系。基于中国 50 个城市的经济增长和 PM2.5 污染数据，Stern 和 Zha（2016）验证了环境库兹涅茨曲线在中国的存在性。Wang 等（2016）使用 1990~2014 年北京市大气污染和经济增长相关数据，得到相似的结果，即北京市大气污染强度在 2006 年是一个转折点，即在 2006 年以后，北京市大气污染强度是逐步下降的。Xu 等（2016）使用非参数可加回归模型研究中国 PM2.5 污染影响因素，也得到经济增长与 PM2.5 污染之间关系是倒“U”形的结论。根据这一结果他们指出：在经济增长早期阶段，政府应该控制高耗能产品的出口贸易，加大基础设施建设工地烟尘和粉尘污染治理；在后期阶段，政府应该优化交通运输行业的能源结构、扩大新能源燃料的研发和使用。

（3）城市化。

城市化是人类社会文明进步的标志之一，也是一个国家或地区由农业社会向工业社会转变的必经阶段（Glaeser 和 Steinberg，2017）。但是，城市化也会带来一系列环境问题：一方面，快速的城市化导致城市人口规模不断扩大；而城市人口增加、人口流动频繁必然需要大量的交通运输工具；大量的交通工具消费大量柴油和汽油等化石燃料，从而导致 PM2.5 排放增加（戴小文等，2016）。另一方面，快速的城市化也会使得城市居民收入增加明显。不断增加的收入和不断加快的生活节奏导致越来越多的居民购买私家车，以方便出行。大量私家车的使用必然消费大量化石燃料，从而排放出大量汽车尾气，导致PM2.5污染不断加重。Cardelino和Chameides（1990）基于美国亚特兰大地区经济社会和大气污染监测数据，研究城市化与大气污染的关系。结果显示，城市地区存在明显的“热岛效应”，即城市化导致城市地区空气污染加重。Simon等（2011）通过研究奥地利维也纳地区的城市、郊区和农村三种地区的空气污染状况发现，城市地区空气中包含的颗粒物（铝、钡、钙、铜、铁、钾和镁等）浓度远高于郊区和农村地区，这表明城市化是大气污染的重要来源。Mraihi等（2015）基于1989~2008年突尼斯大城市相关数据，研究城市化、交通运输等因素对大气空气质量的影响。结果表明，城市化和机动车都是正相关于空气污染。Rasheed等（2015）对巴基斯坦不同城市城市化发展和PM2.5污染浓度进行了分析，得出相似结论，即城市化发展加重了PM2.5污染。使用1990~2013年的数据，Abbasnia等（2016）对伊朗城市地区的研究也发现，城市化和人口规模对空气污染产生一个正影响。因此，城市管理者应该制定合理的城市发展规划，减少城市交通堵塞、能源消费带来的空气污染。

当前我国经济社会正处于关键的转型时期，城市化发展加快，预计到2020年将有60%的人口居住在城市地区。但是，城市化所带来的大规模基础设施建设和房地产业发展需要消耗大量的钢铁和水泥产品，这些产品的生产要消费大量的煤炭，从而排放出大量的粉尘，加重PM2.5污染。另外，城市基础设施和房地产建设活动也直接排放出大量烟尘，导致PM2.5污染不断加重。Han等（2014）研究中国县域城镇化对城市PM2.5浓度的影响发现，城市化和产业结构对PM2.5污染产生一个正向影响。刘伯龙等（2015）基于2001~2010年我国省域PM2.5动态面板数据，采用改进型的STIRPAT模型，研究了城市化对雾霾的影响。实证结果表明，城镇化每提高1%所导致的雾霾污染浓度增加的比例是不同的，在全国范围内，高、中和低排放区的增加幅度分别是0.029%、0.121%、0.054%和1.992%。彭迪云等（2015）以长江经济带11个省市为研究对象，利用门槛回归模型分析城市化发展对雾霾影响的门槛效应。实证研究表明，城镇化与雾霾污染之间存在明显的“双门槛效应”，即当居民消费水平位于第一门槛以下时，城镇化会加速雾霾污染；当位于第一门槛以上，第二门槛以下时，城镇化对雾霾污染的影响仍然为正，但强度减弱；当位于第二门槛以上时，城镇化对雾霾污染产生负向影响关系。Wang和Fang（2016）基于环渤海城市群中新增的 241 个观测点 PM2.5 浓度数据，运用空间数据模型分析了各影响因素对 PM2.5 污染的时空影响。研究结果表明：在不同季节，PM2.5 浓度并不相同，秋冬季高而春夏季低；在不同地区，PM2.5 浓度也有着明显的差异，河北省南部和山东省西部较高，沿海地区较低；而且，城镇化与 PM2.5 浓度有着密切的联系。相似地，Ma 等（2016）对京津冀经济带研究也发现城市化是造成 PM2.5 污染的重要原因。

（4）工业化。

工业化是任何一个国家或地区从落后走向繁荣的必经阶段。工业化最明显的特征是，随着经济发展，制造工业产值在总产值中的比重逐步提高。本质上，工业化不仅是经济规模总量的增加，也包括经济结构不断优化，生产关系更加合理（Schmitz 和 Nadvi，1999）。工业化发展对人类社会的发展既有积极作用，也有消极的影响。一方面，工业化推动各国经济快速发展和文明进步；另一方面，工业化也会产生严重的环境问题，工业生产会排放出大量废气、废水和固体废弃物，从而导致大气污染、河流水质变坏和垃圾遍地（曾建文，2011）。Brimblecombe（1978）通过研究1660~1800 年工业革命时期英国工业发展和大气污染发现，以高污染煤炭为主的工业化，必将排放出大量废气（包括 PM2.5），导致雾霾天气频繁发生。基于 1995~1998 年亚洲国家雾霾和经济发展相关数据，Kwon 等（2002）研究发现，粗放式的工业发展将导致大气污染不断加重。Samara 等（2003）对希腊北部地区工业城市的 PM2.5 和 PM10 污染检测发现，工业化发展使城市地区的细颗粒物污染更加严重，水泥、钢铁、金属电镀、废金属冶炼回收和铅铜冶炼等生产活动是 PM2.5 排放的主要来源。通过对土耳其工业地区的大气污染检测，Pekey 等（2010）得到相似的结论，即工业化发达地区的 PM2.5 污染浓度远高于非工业区域和农村地区。Rogula-Kozłowska 等（2014）基于 2010 年的月度数据，研究了波兰南部、北部三个城市 PM2.5 污染的季节、空间和构成差异，研究结果表明：在波兰南部工业较发达地区的 PM2.5 污染水平较高，而在波兰北部工业相对不发达地区的 PM2.5 污染水平较低，从而得到工业化发展同 PM2.5 污染水平是正相关的结论。Pandolfi 等（2016）利用 2004~2014 年的数据检验了西班牙东北地区 PM2.5 污染与宏观经济发展之间关系。结果表明工业生产过程的能源消费是导致 PM2.5 污染的主要来源。

目前我国还处于工业化快速发展的时期，工业也是中国经济快速发展的动力和源泉。同样，快速的工业化对资源和环境产生了很大的压力，也成为PM2.5浓度不断上升和雾霾天气频发的重要因素。李瑞和蔡军（2014）通过分析河北省的工业结构状况、能源消费以及雾霾天气发现，工业结构中重化工业和工业集中程度过高成为河北省PM2.5污染的主要因素。东童童等（2015）将雾霾污染纳入Ciccone和Hall的产出密度模型，构建了工业集聚同雾霾污染的理论模型。通过中国2001~2010年省域数据实证研究表明，工业劳动和资本集聚会造成PM2.5污染的加重，但工业产出的集聚却会降低PM2.5污染；工业效率的提升可以有效降低工业劳动和资本集聚造成的PM2.5污染。冷艳丽等（2015）运用2001~2010年中国省域面板数据，考察了产业结构对雾霾污染的影响。通过实证研究表明，雾霾污染同产业结构呈正相关关系，即工业化程度与雾霾污染程度是正相关的。何枫和马栋栋（2015）基于2013年中国74个城市PM2.5污染的截面数据，运用TOBIT模型对PM2.5污染同工业化之间的关系进行了研究。通过实证研究发现：如果城市工业产业增加值占GDP比重每增加1%，城市遭到PM2.5污染的天数将会增加四天；如果城市的霍夫曼系数的倒数（衡量城市重化工业的指标）提高1%，那PM2.5排放超标天气也将增加一天。这说明工业化程度同PM2.5之间有着较强的相关关系。Zheng等（2016）基于长江经济带省份的数据，运用Greenhouse Gas-Air Pollution Interactions and Synergies（GAINS）模型检验了人口规模、能源消费、经济增长、工业结构和工业生产对PM2.5污染的影响，结果表明，工业部门是PM2.5污染的最大来源。

（5）机动车。

随着世界汽车工业快速发展，各个国家汽车保有量增长迅速。汽车给人们的生活和工作带来很多便利，但是也给社会带来不少消极影响，如有害气体排放、噪声污染、交通事故和大量固体废弃物等。其中汽车尾气排放是现在各个国家关注的主要问题（牛坤玉和郭静利，2016）。科学实验显示，汽车尾气包含很多不同的化合物，例如一氧化碳、碳氢化合物、硫氢化合物和固体悬浮颗粒物等。随着城市化快速发展，各个城市的高层建筑物越来越多，这导致机动车尾气不容易散发，PM2.5浓度不断提高，容易形成雾霾天气。Small和Kazimi（1995）对美国拉斯维加斯地区机动车保有量和空气污染监测发现，高机动车保有量是导致城市空气污染的主要来源。相似地，Mayer（1999）对德国南部地区城市空气质量和机动车之间关系检验发现，机动车是空气污染的一个重要来源。Marr 等（2002）基于机动车燃油消费数据，使用机动车尾气排放影响因素模型（Motor Vehicle Emission Factor Model）对美国加利福尼亚地区机动车尾气排放进行了分析，结果表明，柴油卡车是城市空气污染的主要来源。Hatzopoulou 等（2013）基于 2011 年加拿大夏天监测的机动车运输量和空气污染数据，实证研究机动车使用量与空气污染之间关系，结果发现，如果每小时增加 10 辆机动车，将导致 PM2.5 污染水平提高 15%。Oanh 等（2013）研究了位于泰国曼谷城区和郊区五个观测点的 PM2.5 浓度值，并通过对比城区和郊区观测点的交通流量得出结论：在不同的季节（旱季和雨季）PM2.5 浓度值在城区和郊区存在较大差异。同时还指出，道路 PM2.5 污染水平同每小时交通流量有着密切的关系。Pongpiachan 等（2013）基于对泰国曼谷市中心 2010 年 11 月至 2012 年 1 月 PM2.5 样本数据分析，通过对其中不同碳元素种类的分析认为，PM2.5 浓度同交通尾气排放，尤其是柴油车辆有着较强的关联。同时，通过对比周末和平时 PM2.5 浓度发现，柴油机尾气排放是平时 PM2.5 的主要来源。Vallamsundar 和 Lin（2016）利用 AERMOD 模型对美国大气污染的影响因素进行了实证分析，结果显示，机动车尾气排放对空气质量产生重要影响，并且交通堵塞时机动车排放出更多的尾气。

随着中国经济快速发展，居民收入增长明显，越来越多的家庭购买和使用机动车，机动车保有量激增。当前中国机动车保有量位居世界第二，仅次于美国。机动车的大量使用必然消费大量化石燃料，再加上中国低的尾气排放标准和燃料油硫含量和氮含量偏高，大量燃油的使用必然排放出大量细颗粒物，导致 PM2.5 污染不断加重。孙华臣和卢华（2013）基于北京、山东和四川等全国 12 个典型省市的数据分析发现：由于汽车既可以通过燃料的燃烧直接排放 PM2.5，也可以通过尾气的间接转化形成 PM2.5，因此高汽车保有量是导致 PM2.5 污染不断加剧的重要原因。周峧（2015）根据 2013 年末北京雾霾的 PM2.5 污染数据研究得出，机动车尾气成为 PM2.5 污染最大污染源的结论。同时他认为，虽然机动车尾气造成的污染在总量上无法同工业污染相比较，但是由于机动车污染主要集中在城市区域内，更容易造成城市 PM2.5 污染浓度的上升。Hong 等（2016b）通过调查 2014 年 11 月到 2015 年 8 月上海市、南京市和宁波市的 PM2.5 污染数据发现，机动车和煤炭消费是导致 PM2.5 污染加重的决定性因素。

（6）其他因素。

除了煤炭消费、城镇化、经济增长、工业化和机动车以外，国内外学者还研究了其他因素与 PM2.5 污染之间的关系：

第一，进出口贸易。Guan 等（2014）基于 1997~2010 年中国省级面板数据，使用投入产出法研究了 PM2.5 污染的驱动因素。研究结果显示，出口贸易是促进 PM2.5 污染的主要因素，因为中国很多出口商品属于能源密集类产品，这些产品的生产活动直接或间接地消费大量煤炭，从而导致 PM2.5 污染不断加重。康雨（2016）基于全国 31 个省份 1998~2012 年 PM2.5 数据，运用空间计量模型对贸易开放程度与雾霾的关系进行了分析，得到相似的结论，即贸易开放加剧了我国 PM2.5 排放和雾霾污染。以世界多个国家为研究样本，Le 等（2016）使用面板协整检验方法，从短期和长期两个角度研究贸易开放度、经济增长与雾霾污染之间的关系。结果表明，从整体来看，提高贸易开放度加重了样本国家雾霾污染。具体来看，提高贸易开放度减少了高收入国家的大气污染，但是却加重了中低收入国家的大气污染。

第二，技术水平。Walsh（2014）研究指出，技术进步不仅可以清洁机动车的能源燃料，而且可以促使新能源汽车的研发和应用。所以，技术进步有利于减少 PM2.5 污染。同时，他进一步指出，假如工业化国家不加紧清洁燃料和新能源汽车的研发和使用，在未来 15 年内，世界公路运输排放的 PM2.5 总量将增加 1 倍。国内的魏巍贤和马喜立（2015）从能源结构调整角度论述了技术进步（能源效率提高和清洁技术进步）对 PM2.5 污染的影响。通过分析得出结论：在治理雾霾污染的同时，如果仅仅提高能源利用效率会促使能源使用成本降低，进一步导致能源消费的增加，因此需要加快清洁技术的发展。从区域差异的视角，Xu 和 Lin（2016a）利用 2001~2012 年中国 31 个省份面板数据，考察了我国 PM2.5 污染影响因素。结果表明，技术进步对中西部地区 PM2.5 污染的影响要高于东部地区，这表明中西部地区技术进步的减排潜力更大。

第三，外商直接投资。冷艳丽等（2015）基于 2001~2010 年中国省域面板数据，分析了外商直接投资对雾霾的影响。实证研究表明：外商直接投资同中国的雾霾污染呈正相关关系，但是在分地区模型中显示外商直接投资与雾霾污染的关系呈现出明显的区域差异，即内陆地区的影响为正，而沿海地区的影响为负。同样利用中国省级面板数据，Tang 等（2016）采用空间自回归模型对中国雾霾污染的空间自相关性及其外商直接投资的影响进行了研究。结果显示，中国雾霾污染存在空间溢出效应；而且，外商直接投资是正相关于雾霾污染，外商直接投资每增加 1%，雾霾污染强度将增加 0.0235%。采用空间杜宾模型，Huang 等（2016）研究外商直接投资对经济增长和 PM2.5 污染的影响。结果发现，香港、澳门和台湾的投资产生一种“环境亲民权”，即来自这些地区的投资没有加重中国大陆的 PM2.5 污染；而来自世界其他国家的外商直接投资则加重了中国 PM2.5 污染。Hille（2016）运用联立方程模型检验韩国外资引进与空气污染之间关系，结果发现，外商直接投资增加有利于经济增长和减少大气污染强度，但是大气污染总水平基本没有发生变化。

第四，生物质燃烧。Shi 等（2014）研究了农作物燃烧给环境带来的影响，结果发现，中国农业燃烧大概清除了 1/4 的农作物秸秆，释放了 16 亿~22 亿吨 PM2.5 污染物。这表明农作物秸秆在收获季节的燃烧已经成为 PM2.5 污染产生的重要因素之一。陈晓红等（2015）基于 2013 年 9~10 月长株潭城市群中 PM2.5 浓度数据，运用主成分分析法对 PM2.5 污染的来源进行了分析研究。实证研究发现，秸秆或稻草燃烧成为长沙市 PM2.5 污染主要来源。Chen 等（2015）基于 2001~2012 年天津市水稻秸秆燃烧数据，使用地理信息系统分析水稻秸秆燃烧对 PM2.5 污染的影响。结果显示：2002~2012 年，天津市 PM2.5 污染增加了 209.5%，年平均增长率达到 23.24%。Zhang 等（2016a）利用卫星遥感数据，计算出 1997~2013 年中国 31 个省份的秸秆燃烧量和 PM2.5 污染水平。结果发现，全国每年秸秆燃烧排放出的 PM2.5 数量达到 10.36 万吨，如何减少农业收获季节各种秸秆燃烧成为减少 PM2.5 污染的主要课题。Hong 等（2016a）调查 2011 年中国水稻秸秆燃烧与 PM2.5 污染发现，在稻草秸秆燃烧排放的污染颗粒物中，PM2.5 占 2.16%。因此，如何控制或有效利用稻草秸秆是减少 PM2.5 污染的重要途径；政府应该鼓励稻草秸秆的回收再利用，例如，加工成家禽饲料或有机肥料、火力发电等。Nirmalkar 和 Deb（2016）对印度东部地区的空气污染和水稻秸秆调查得出相似的结论。He 等（2016）通过研究澳大利亚昆士兰地区的生物质燃烧和当地空气质量变化发现，当地农业收获季节的生物秸秆燃烧导致 PM2.5、PM10、二氧化氮和二氧化硫等污染物成倍增长。

总体来看，不同学者从不同角度分析了不同因素与 PM2.5 污染的关系。这为我们的研究提供了丰富的借鉴资料，拓展了我们的研究思路和研究视角。

1.2.2 PM2.5 污染研究方法综述

近年来，PM2.5 污染的经济学研究不断增多，研究方法也不尽相同，归纳起来，主要包括以下几类：

（1）描述性统计分析法。

Che 等（2009）运用统计描述分析法，研究了中国 1981~2005 年 31 个省会城市的雾霾污染趋势发现，其中 12 个城市雾霾污染存在下降趋势，而其余 19 个城市的雾霾污染则呈现上升趋势。同时发现，在中国东部和南部地区，雾霾污染呈现增加的趋势。任保平和宋文月（2014）从经济学角度分析城市雾霾的空间分布特点，描述了能源结构、经济结构和经济发展与雾霾污染的经济关系，并提出相应的政策和建议。郝江北（2014）分析指出，雾霾污染不断加重的直接原因是快速增长的能源消费，而深层次原因则是深入推进的城市化。同时，通过统计数据和一系列统计指标对两种原因进行分析，最终提出相应的对策和建议。Shen 等（2014）分析了北京市轻型汽油车辆对 PM2.5 污染的影响，测算了车辆对 PM2.5 污染的贡献。通过对车辆排放的统计分析得出，如果改进车辆科技，可以有效地减少 PM2.5 排放的结论，并提出了相应的减排方法和策略。徐艳勤（2015）运用统计调查法，考察了我国雾霾污染的成因及其主要危害，并提出了应对雾霾污染的对策和建议。

（2）投入产出分析法。

Suh（2005）基于美国 480 种商品的投入产出表，使用投入产出法分析要素投入与大气污染之间的关系，以检查不同要素对大气污染的贡献度。Wiedmann 等（2007）使用多部门、多区域投入产出分析法计算各影响因素对环境的影响，结果显示，国际贸易、能源消费、生产规模和技术水平对不同部门废气排放影响是不同的。Cui 等（2015）也是用一个多区域投入产出法调查中国对外贸易中隐含的能源消费和大气污染。结果显示：中国出口贸易活动引致的能源消费从 2001 年的 156 百万吨增加到 2007 年的 514 百万吨；限制能源密集型工业出口贸易将有利于减少中国能源消费和废气排放。Li 等（2015）使用拓展的投入产出法调查化石能源消费对北京空气污染的影响，结果显示，能源消费间接带来的污染物排放量是其直接引起的污染物排放量 1.5 倍，其中煤炭消费对空气污染的贡献度是最大的。Zhang 等（2016b）基于 2002 年和 2007 年中国多地区的投入产出表评估每个部门的间接能源消费。研究结果表明，在这两个样本期内，河北省能源消费产生的废气排放量是最多的，北京市位居第二。Fan 等（2016）使用投入产出法分析工业能源消费对环境污染的影响，结果显示，环保事业发展和环保投资应该优先考虑环保措施缺乏的行业，例如农产品加工业和大宗商品制造业。这些研究结果可以为政府相关部门制定具体的环保政策提供依据，以减少环境污染。Roman 等（2016）使用多区域投入产出模型分析了西班牙 35 个生产部门与欧盟各国贸易中产生的废气排放，结果显示，在国际贸易中农产品加工出口产生的废气最多，其次是金属制造、焦炭生产和石油化工产品的出口贸易。

（3）计量经济学方法。

部分学者使用传统的线性计量模型对 PM2.5 污染进行了研究。秦蒙等（2016）基于我国 264 个城市 2001~2013 年的面板数据，采用线性计量模型分析城市规模和城市蔓延对 PM2.5 污染的影响，得出以下结论：城市蔓延会加重 PM2.5 污染，但是这种影响会随着城市规模的扩大而逐步削减，城市蔓延对小城市 PM2.5 污染的影响更为强烈。因此，他们指出，地方政府部门应该合理规划城市发展，以减少不合理的城市蔓延和快速扩大的城市规模对 PM2.5 污染产生的不利影响。Xu 和 Lin（2016a）使用面板数据模型调查了我国 PM2.5 污染的区域差异指出，经济增长成为我国东部、中部、西部三大区域 PM2.5 污染的主导因素，城市化对 PM2.5 污染的影响则表现出从中部地区向西部和东部地区逐步下降的趋势，而私家车和煤炭对东部地区 PM2.5 污染的影响高于其对中西部地区 PM2.5 污染的影响。使用相同的面板数据模型，刘修岩和董会敏（2017）检验了我国贸易结构和贸易开放度对 PM2.5 污染的影响。研究表明，如果出口贸易中重工业比重提高将加重 PM2.5 污染；相反，增加高技术产品出口则有利于缓解 PM2.5 污染。而贸易开放对 PM2.5 污染的影响是不显著的。

因为PM2.5污染属于大气污染，具有明显的空间集聚和溢出效应。因此，部分学者使用了能有效揭示空间集聚和溢出效应的空间计量模型对PM2.5污染进行了考察。马丽梅和张晓（2014）运用空间滞后计量模型研究了能源结构和经济发展对地区PM2.5污染的影响指出，经济发展与PM2.5污染的关系是线性的，即随着经济发展，PM2.5污染是不断增加的；以煤炭为主的能源结构也是造成PM2.5污染的重要原因之一。使用相同的模型，杨昆等（2016）调查了我国PM2.5污染的主要驱动因素，结果表明，人口规模扩大、汽车保有量增加和工业化发展加重了PM2.5污染，而增加森林面积则有利于缓解PM2.5污染。杨冕和王银（2017）使用空间滞后回归模型考察长江经济带PM2.5污染影响因素发现，城市化发展对PM2.5污染产生一个正影响，而经济增长与PM2.5污染之间关系则支持“环境库兹涅茨曲线”假说，即经济增长对PM2.5污染产生一个先增加后减少的倒“U”形影响。

另外，还有部分学者把计量经济学方法运用到PM2.5污染研究中。王书斌和徐盈之（2015）基于我国2007~2012年省级面板数据，使用门槛回归模型调查了环境规制对PM2.5污染的影响。实证结果显示：严格环境规制促使生产企业安装节能和减排技术，从而有利于减少废气排放和PM2.5污染。但是，不同的环境规制工具对生产企业减排效用是不同的。环境污染监管的加强将促使生产企业投资于低耗能、低排放的生产项目；环境规制强度的提高则会削弱生产企业投资低污染项目的积极性。Xu等（2016）利用我国30个省份2001~2012年的面板数据，使用非参数可加回归模型调查我国PM2.5污染的主要驱动因素，结果发现，经济增长、城市化、煤炭消费和私家车对PM2.5污染都产生一个倒“U”形的非线性影响，而能源效率则产生一个“U”形的非线性影响。黄寿峰（2016）使用半参数面板模型研究影子经济和环境规制对我国PM2.5污染的影响，结果显示，一方面加强环境规制可以通过促使生产企业使用节能和减排技术来直接对PM2.5减排产生直接积极影响；另一方面环境规制的加强导致影子经济活动频繁，从而加重了PM2.5污染。而且，影子经济对PM2.5污染的影响表现出明显的非线性特征。

总体来看，对PM2.5污染的研究大多使用统计描述分析法、投入产出法和传统的线性计量经济学模型。已有的研究已经证明，PM2.5污染具有明显的空间集聚和溢出效应，而且各影响因素与 PM2.5 污染之间关系并不一定是线性的，而是存在着大量的非线性关系。因此，我们在研究 PM2.5 污染的过程中，应该采用能有效揭示空间集聚、空间溢出效应以及大量非线性关系的计量经济学方法。

1.2.3 文献总结与述评

综上所述，由于 PM2.5 污染是我国现阶段面临的严重环境污染之一，越来越多的学者使用不同的研究方法调查 PM2.5 污染与其主要影响因素之间的关系。现有研究为本书提供了丰富的研究资料、拓展了研究思路，但是现有研究仍然存在以下不足之处。

（1）研究视角。

在研究视角上，大多数 PM2.5 污染经济学研究局限于国家整体层面或以某个城市为观测单位。众所周知，中国地域广阔，其内部各地区之间，无论是在资源禀赋还是在经济社会发展等方面均存在较大的差异。所以，基于全国层面或单独某一城市的研究可能会掩盖 PM2.5 污染区域差异及其影响因素。但是这些研究视角给我们基于省级和市级面板数据研究 PM2.5 污染问题提供了借鉴。

（2）研究方法。

在研究方法选择上，一方面，国内现有对 PM2.5 污染的经济学研究大多采用传统的线性模型或方法，忽视了 PM2.5 污染与其相关主要因素之间存在大量非线性关系的客观现实。另一方面，现有的大多数研究忽视经济现象普遍存在的空间异质性和空间相关性，而使用假定经济变量在区域空间上是相互独立的模型进行研究，从而导致估计结果存在较大误差，研究结论实用性差。

因此，本书将基于现有的研究成果，并在充分考虑现有研究成果不足的基础上，采用非参数可加回归模型、地理加权回归模型、空间滞后回归模型和非线性经验模态分解法对我国 PM2.5 污染影响因素、空间分布差异、溢出效应以及波动变化进行深入实证研究。以期为各级政府部门有效地进行 PM2.5 污染防治提供决策参考。

1.3 本书研究思路与方法

1.3.1 本书研究思路

随着工业化和城市化快速推进，由于PM2.5污染程度不断加重而产生的雾霾污染现象频繁发生。大范围雾霾污染不仅影响正常的交通运输，更对居民身体健康产生严重不利影响，引起了公众广泛的关注。治理PM2.5污染关系到人民群众的切身利益，关系到我国经济能否可持续发展，关系到小康社会能否按时全面实现，关系到中国民族复兴和中国梦的实现。因此，系统、深入地研究我国PM2.5污染具有重要现实意义。本书在吸收、借鉴现有相关研究成果的基础上，对PM2.5污染进行研究，具体研究思路如下：

第一，搜集和整理相关文献资料，把握国内外PM2.5污染研究的现状及发展趋势，为本书研究打下基础。

第二，调查分析我国PM2.5污染及其相关主要社会经济因素发展变化现状。

第三，在对我国PM2.5污染及其相关的主要社会经济因素现状分析基础上，进入本书主体研究，即围绕我国PM2.5污染影响因素、空间分布差异及溢出效应这三方面来开展研究。首先，我们使用非参数可加回归模型调查各影响因素在不同发展阶段对PM2.5污染的差异影响，为政府在不同发展阶段实施有针对性的PM2.5污染防治政策和措施提供客观依据。

第四，在对我国PM2.5污染影响因素进行详细调查之后，我们采用能有效揭示经济变量空间分布异质性的地理加权回归模型对我国PM2.5污染在不同省份和地区的差异进行详细分析，以期为各地方政府实施灵活、差异的防治政策提供依据。

第五，在对我国PM2.5污染影响因素和空间分布差异研究之后，我们使用空间滞后回归模型对PM2.5污染空间溢出效应进行实证分析，揭示各地区 PM2.5 污染相互关联、相互影响的机制和路径，为中央和地方政府制定出系统、联动的污染防治政策提供依据。

第六，在对本书研究主体“我国区域 PM2.5 污染影响因素、空间分布差异及溢出效应研究”按顺序完成之后，我们发现，相关社会经济因素与 PM2.5 污染之间存在着非线性关系，而且 PM2.5 污染存在空间异质性和空间溢出效应。由于在相当长一段时期内，我国仍将处于快速推进的工业化、城市化进程中，这导致我国 PM2.5 排放将继续增长。但是，PM2.5 污染属于一种大气污染，其也会随着季节变化而呈现明显周期波动的特征。研究近年来我国 PM2.5 污染波动变化及其背后隐藏的深层次原因对于政府部门制定有效的 PM2.5 污染防控政策和措施具有重要意义。因此，我们接着使用非线性经验模态分解法（EMD）对我国四大主要污染分布带 PM2.5 污染波动变化进行实证分析，以期找出长、中、短周期上 PM2.5 污染波动变化的主要根源。

第七，在实证分析基础上，有针对性地提出相关对策建议。根据前面实证分析章节获得的研究结论，分别从不同角度提出相应的 PM2.5 污染防治对策与建议。

本书研究思路的框架如图 1.1 所示。

1.3.2 研究方法

（1）比较分析法。

基于 2001～2015 年的数据，从纵向和横向两个角度对 PM2.5 污染及相关主要社会经济因素（经济增长、城市化、工业化、人口规模、煤炭消费、能源强度、烟尘和粉尘、外商直接投资等）发展现状进行分析，为后面的 PM2.5 污染影响因素、区域差异和溢出效应研究打下基础。

（2）空间计量模型。

传统的经济计量模型一般都假定社会经济现象和事物在空间维度上是相互独立的、均质的。事实上，很多经济社会现象都存在空间相关性和空间异质性，即一个区域的某种经济社会现象与附近地区相同现象既存在着一定的关联性，又存在一定的差异性。空间计量回归模型就是为了解决空间异质性和空间关联性而发展起来的一种计量经济学方法。在本书中，首

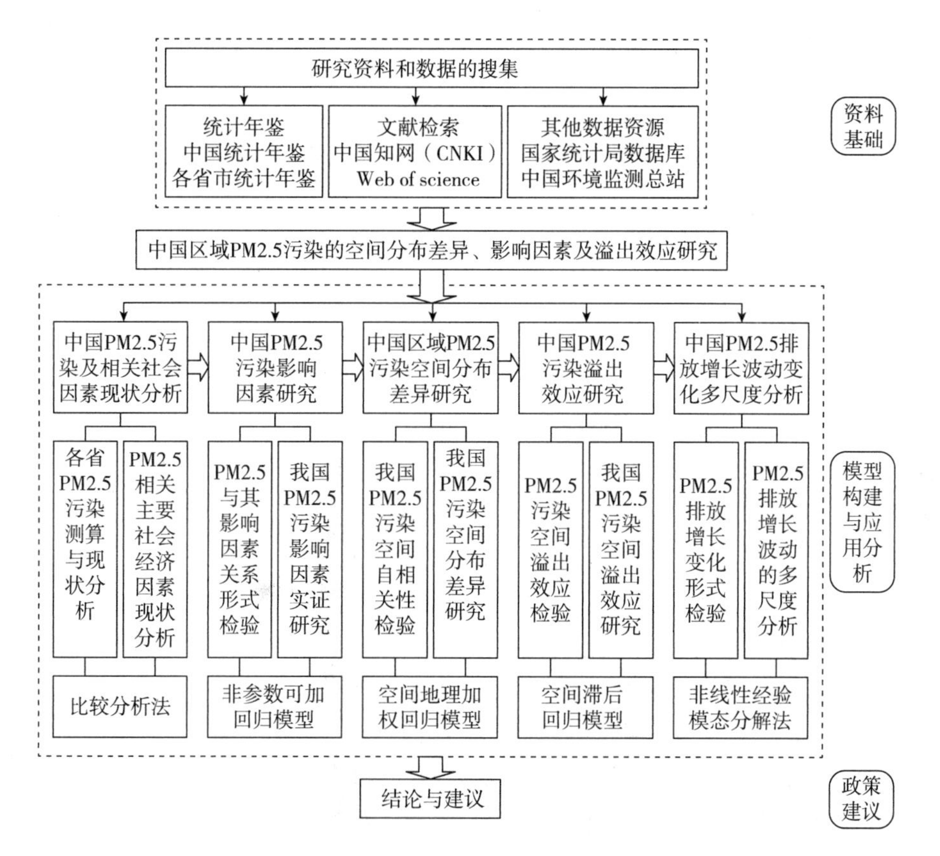

图 1.1　本书研究思路及技术路线

先使用地理加权回归模型考察了 PM2.5 污染存在的空间差异性，并根据估计结果提出相应的 PM2.5 污染防治政策与建议。其次运用空间滞后回归模型分析经济增长、城市绿化率、技术进步、烟尘和粉尘排放、货物周转量和旅客周转量对 PM2.5 污染溢出效应的影响，并详细分析各变量对 PM2.5 污染溢出效应的传播机制和路径，从而为系统减少 PM2.5 污染提供决策依据。

（3）非参数方法。

现有的 PM2.5 污染研究大多基于经济变量之间关系是线性的假设，而采用线性计量模型进行研究。大量的实际检验发现，经济社会变量之间的关系是复杂多变的，往往同时存在着大量线性和非线性的关系，而不是过去认为的线性关系。因此，我们使用可以有效揭示经济变量之间同时存在大量线性和非线性关系的非参数可加回归模型，深入考察经济增长、能源效率、外商直接投资、民用汽车、工业化和人口规模对 PM2.5 污染的线性和非线性影响。并根据非线性估计结果，针对不同发展阶段，提出相应的 PM2.5 污染防治政策和建议。

（4）非线性模型。

经济增长具有明显的周期变化特征，这导致很多宏观经济变量也存在周期性波动变化的特点。目前，时间序列周期波动分析方法主要分为时域分析法和频域分析法。但是，对于分析具有周期波动变化特征的社会经济变量序列，这两类方法都存在明显的不足。

时域分析法的局限性：第一，在含有多个周期分量的时间序列中，如果自回归移动平均阶数较低，就难以将多个周期反映出来；第二，自回归移动平均并不能够区分出不同时间尺度波动的关系。

频域分析法的不足：第一，经济变量的时间序列数据较少，如果直接运用频域分析方法存在一定难度；第二，经济变量一般都存在多个周期，用频域分析法很难一次性将所有的周期分辨出来。经验模态分解法（EMD）对非线性和非平稳信号进行逐级线性化和平稳化处理。EMD 方法能够更加准确地反映出原始信号本身的物理特性，具有较强的局部表现能力，在处理非平稳和非线性的信号时更加有效。因此，我们使用 EMD 方法分别对我国四大污染带（京津冀、长江三角洲、华中和川渝地区）PM2.5 污染时间序列进行分解，获得各时间尺度的变化趋势图和解释方差率。从趋势变化图可以得出我国四大污染地区 PM2.5 污染波动在不同时间尺度上的主要来源；由各时间尺度上的解释方差率可以得出我国不同污染分布带 PM2.5 排放增长波动是以何种时间尺度波动为主，从而向地方政府部门提出长、中、短期的 PM2.5 减排措施和建议。

1.4 本书总体结构与主要内容

基于上述研究思路，本书共分八章，总体结构如图 1.2 所示。

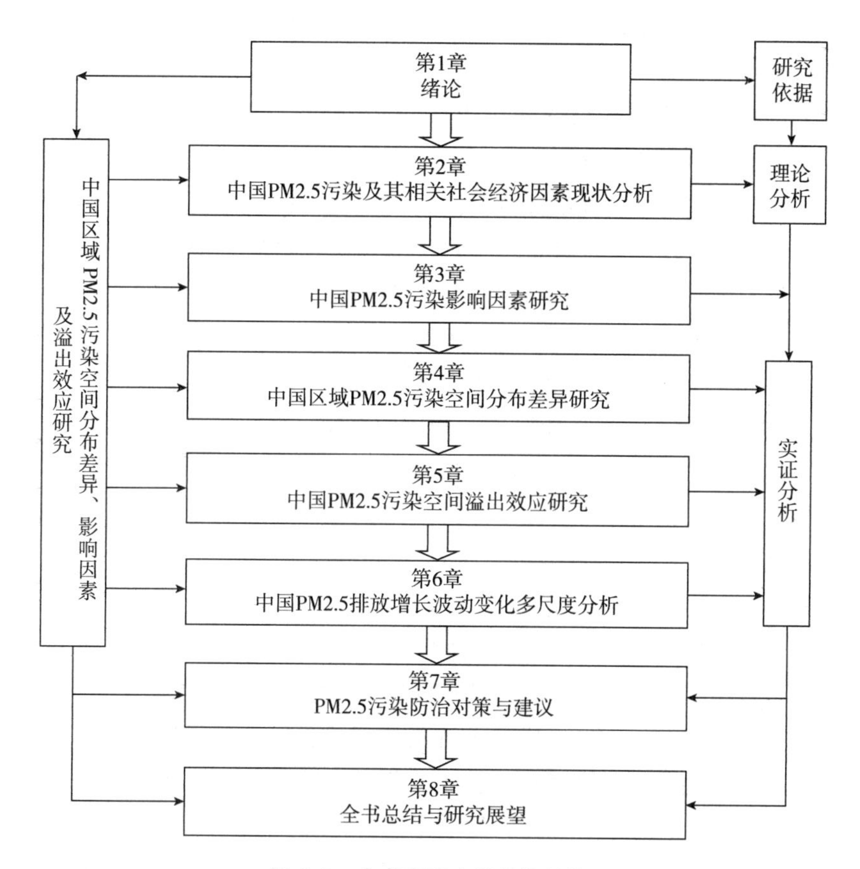

图 1.2 本书研究内容总体结构

本书主要内容阐述如下：

第 1 章，绪论。首先阐述本书的研究背景和研究意义，然后在系统综述国内外 PM2.5 污染研究文献的基础上，提出本书的主要研究内容及其使用的研究方法。

第 2 章，中国 PM2.5 污染及其相关社会经济因素现状分析。从纵向和横向两个角度，对 PM2.5 污染及其相关社会经济因素（经济增长、城市化、工业化、人口规模、煤炭消费、能源强度、烟尘和粉尘、外商直接投资和能源结构等）的发展现状进行分析。

第 3 章，中国 PM2.5 污染影响因素研究。首先，对 PM2.5 污染与其影响因素之间关系形式进行检验，以确定拟用模型的适用性；其次，概述非参数可加回归模型基本原理；最后，使用非参数可加回归模型细致分析各影响因素（经济增长、能源效率、外商直接投资、民用汽车、工业化和人口规模等）对我国 PM2. 5 污染的非线性影响。

第 4 章，中国区域 PM2. 5 污染空间分布差异研究。首先，对 PM2. 5 污染区域分布进行描述性统计分析；其次，进行 PM2. 5 污染空间异质性检验；再次，系统介绍空间计量基本理论与方法；最后，使用地理加权回归模型对我国区域 PM2. 5 污染空间分布差异进行实证分析。

第 5 章，中国 PM2. 5 污染空间溢出效应研究。在本章，首先，使用 Moran's I 指数检验中国 PM2. 5 污染是否存在空间溢出效应；其次，在确定 PM2. 5 污染存在溢出效应以后，利用拉格朗日乘数检验选择出适用于空间溢出效应分析的空间计量模型；再次，在结果显示空间滞后回归模型适用的情况下，我们对该模型基本原理进行简述；最后，使用空间滞后模型调查我国 PM2. 5 污染空间溢出效应。

第 6 章，中国 PM2. 5 排放增长波动变化多尺度分析。在本章，首先，对 PM2. 5 排放增长变化形式进行检验，以确定拟使用模型的适用性；其次，在检验结果显示 PM2. 5 排放增长具有非线性周期性波动变化特点后，我们对拟使用的非线性经验模态分解法的理论进行简要阐述；最后，使用经验模态分解法分别对京津冀、长江三角洲、华中和川渝地区 PM2. 5 排放增长时间序列进行分解，并对分解结果进行详细分析解读。

第 7 章，PM2. 5 污染防治对策与建议。本章将根据第 3 章到第 6 章的实证分析结果，提出相应的 PM2. 5 污染防治对策与建议。首先，根据第 3 章实证分析结果，提出不同发展阶段 PM2. 5 污染防治的对策与建议；其次，根据第 4 章实证分析结果，从区域差异视角提出 PM2. 5 污染防治的对策与建议；再次，根据第 5 章实证分析结果，从空间关联角度提出 PM2. 5 污染防治的对策与建议；最后，根据第 6 章实证分析结果，从长、中、短周期视角，提出 PM2. 5 污染防治对策与建议。

第 8 章，全书总结与研究展望。首先，简要概括了全书研究得出的基本结论；其次，对未来的研究提出了基本思路和需要解决的一些关键性问题。

1.5 本书主要创新点

1.5.1 研究视角上的创新

现有的PM2.5污染研究大多基于全国整体层面或某一具体省份或城市。众所周知，中国地域广阔，其内部各地区之间，无论是在资源禀赋还是在经济社会发展等方面均存在较大的差异。所以，基于全国层面或单独某一省份或城市的研究会掩盖PM2.5污染的区域差异性。为此，本书基于区域差异的角度，使用新近发展的计量经济学方法，系统、深入地研究了我国区域PM2.5污染空间分布差异和溢出效应。

1.5.2 研究方法上的创新

国内现有对PM2.5污染的经济学研究大多采用传统的线性模型或方法，忽视了PM2.5污染存在的空间异质性、空间相关性以及与其影响因素之间可能存在大量非线性关系的客观现实。Tobler地理第一定律指出："任何事物均相关，而且距离近的事物之间联系更加密切。"因此，本书采用可以有效揭示经济现象空间异质性和空间相关性的空间计量模型，深入分析PM2.5污染空间异质性和空间溢出效应。另外，Granger（1988）[①] 研究指出"世界几乎是由非线性关系构成的"，即社会经济变量之间存在着大量的非线性关系。因此，本书将运用可以有效揭示经济变量之间存在大量非线性关系的非参数方法和非线性模型，细致分析各影响因素对PM2.5污染的非线性影响以及PM2.5排放增长波动在长、中、短时间周期上的主要原因。

---

① Granger C. W. J. Some Recent Developments in a Concept of Causality [J]. Journal of Econometrics, 1988, 139 (1/2): 199-211.

1.5.3 研究内容上的创新

(1) 使用非参数可加回归模型揭示主要影响因素对 PM2.5 污染的影响，得到各因素对 PM2.5 污染产生复杂非线性影响的结果。

非参数可加回归模型是在传统线性模型基础上加入非参数部分而构建起来的。非参数可加回归模型的主要特点：变量之间关系形式完全是由变量数据本身来决定，即非参数可加回归模型属于数据驱动型模型。这就避免了人为设定模型形式而导致建立的模型难以有效揭示经济变量之间真实关系的困境。非参数可加回归模型可以有效地揭示经济变量之间同时存在的大量线性和非线性关系。基于此，本书使用非参数可加回归模型，深入、细致地调查各影响因素对 PM2.5 污染的线性和非线性影响。得到以下创新性结论：

其一，工业化对 PM2.5 污染产生一个 倒“U”形的非线性影响。主要原因是，中国工业化走的是优先发展重工业的道路，在早期重工业行业节能和减排技术低的条件下，导致早期阶段工业化消耗大量化石能源，从而加重 PM2.5 污染；随着工业化进一步发展，环境污染和技术进步促使中国政府采取一系列措施减少工业部门能源消费和污染物排放，使工业化的 PM2.5 排放强度逐步下降。

其二，经济增长对 PM2.5 污染产生一个“U”形的非线性影响。这可以由中国经济发展情况来解释，在早期阶段，我国经济发展相对落后、工业经济规模较小，导致经济增长消耗的能源总量及其排放的 PM2.5 规模较小。随着经济进一步发展，不断扩大的经济规模导致能源消费和 PM2.5 排放总量不断增长。

其三，能源效率对 PM2.5 污染的非线性影响呈现出一个“U”形模式。这主要由技术效应和规模效应在不同阶段的不同作用造成。在早期阶段，我国经济规模总量较小，节能和减排技术的研发和应用减少能源消费和 PM2.5 污染的效用明显。在后期阶段，节能和减排技术进步带来的技术效应被经济快速增长的规模效应逐步抵消掉，能源强度下降带来的碳减排作用难以显现出来。

其四，外商直接投资对 PM2.5 污染产生一个 倒“U”形非线性影响。

主要原因：在早期阶段，为了引进投资发展经济，我国实施宽松的环境政策，大量高耗能、高污染的企业进入我国，外商直接投资导致PM2.5污染增加；随着经济进一步发展，为了实现可持续增长，我国优化外商直接投资结构，从而有利于缓解PM2.5污染。

其五，民用汽车对PM2.5污染产生一个倒“U”形非线性影响。主要原因：在早期阶段，低品质燃油和低尾气排放标准导致民用汽车PM2.5排放强度高；在后期阶段，燃油质量改进、尾气排放标准提高和新能源汽车使用促使民用汽车的PM2.5污染强度逐步下降。

其六，人口规模对PM2.5污染产生一个“U”形非线性影响。主要原因：随着收入的增加，居民生活能源消费快速增加。

（2）根据PM2.5污染存在空间异质性的特点，使用地理加权回归模型对我国区域PM2.5污染空间分布差异进行实证分析。

现有的大多数PM2.5污染研究忽略经济现象存在着空间相关性和空间异质性的特点，而采用传统的方法进行研究。而Tobler地理第一定律指出：“任何事物均相关，而且距离近的事物之间联系更加密切。”所以，忽略经济现象存在的空间异质性和空间相关性，而使用假定经济现象在空间上是相互独立的模型，将导致回归结果不稳健，获得的结论实用性低。鉴于此，本书采用可以有效揭示PM2.5污染存在空间异质性的地理加权回归模型来深入分析PM2.5污染空间分布差异性。得到的主要创新性结论如下：

其一，从省份角度来看，经济增长对北京市PM2.5污染的影响强度最大；从区域角度来看，不同地区出口贸易的显著差异导致经济增长对东部地区PM2.5污染的影响高于其对中西部地区的影响。

其二，从省份的角度来看，城市化对北京、天津、福建、辽宁、河北、吉林、内蒙古和宁夏PM2.5污染的影响较大；从区域角度来看，房地产业发展和机动车保有量的区域差异导致城市化对东部地区PM2.5污染的影响高于其对中部、西部地区PM2.5污染的影响。

其三，从省份角度来看，能源强度对北京、广东、海南、河北、山东、浙江、江苏的影响系数为负，表示这些省份节能技术的发展显著起到了减少能源消费和PM2.5污染的作用；从区域的角度来看，高学历人才积累的差异导致能源强度对西部地区PM2.5排放的影响强度高于其对中东部地区PM2.5污染的影响。

其四，从省份角度来看，煤炭消费对福建省 PM2.5 污染影响强度最大，而对湖北省影响强度最小；从区域角度来看，煤炭消费的区域差异导致煤炭消费对东部 PM2.5 污染的影响高于其对中西部地区 PM2.5 污染的影响。

其五，从省份角度来看，固定资产投资对北京、上海、天津、福建、江苏、山东、浙江和河北等省 PM2.5 污染的影响系数为负，说明城市森林、公园和绿化的固定资产投资活动起到了减少这些省份 PM2.5 污染的作用；从区域角度来看，水利和环境投资的差异导致固定资产投资对东部地区 PM2.5 污染的影响强度高于其对中部、西部地区 PM2.5 污染的影响。因此，各地区政府相关部门应根据本地区 PM2.5 污染实际情况，制定出有针对性的减排和防治措施，以达到有效减少 PM2.5 污染的目的。

(3) 使用非线性经验模态分解法对四大污染地区 PM2.5 排放时间序列进行分解，以分析不同时间尺度上 PM2.5 污染的主要原因。

随着季节和经济增长的周期变化，PM2.5 污染也呈现明显周期波动变化的特征。而目前，时间序列周期波动分析方法主要分为时域分析法和频域分析法。但是，对于分析具有周期波动变化特征的社会经济变量序列，这两类方法都存在明显的不足。

时域分析法的局限性：第一，在含有多个周期分量的时间序列中，如果自回归移动平均的阶数较低，就难以将多个周期反映出来；第二，自回归移动平均并不能够区分出不同时间尺度波动的关系。

频域分析法的不足：第一，经济变量的时间序列数据较少，如果直接运用频域分析方法存在一定难度；第二，经济变量一般都存在多个周期，用频域分析法很难一次性将所有的周期分辨出来。经验模态分解法能对非线性和非平稳信号进行逐级线性化和平稳化处理，可以更加准确地反映出原始信号本身的物理特性，具有较强的局部表现能力，因此在处理非平稳和非线性的信号时更加有效。鉴于此，本书使用非线性经验模态分解法分别对我国四大污染带（京津冀、长江三角洲、华中和川渝地区）PM2.5 污染时间序列进行分解，得到一些创新性结论。

总体来看，四大污染分布带 PM2.5 污染变化长期趋势特征均不明显，PM2.5 污染主要受短期天气变化和中期政府宏观调控政策影响。具体来看：①居民生活冬季取暖能源消费、制造工业发展和大量的机动车是京津冀地区 PM2.5 污染的主要来源。②大量低技术的民营企业、乡镇企业、手工作坊式企业和高保有量的机动车是长江三角洲地区 PM2.5 污染的主要来源。③重工业发展是华中地区 PM2.5 污染的主要原因。④川渝地区 PM2.5 污染的主要原因则是其独特的地理环境、快速发展的房地产业、机动车和工业化。

第❷章

中国 PM2.5 污染及其相关社会经济因素现状分析

准确把握我国 PM2.5 污染及其密切相关的社会经济因素发展现状不仅是中央政府厘清各地 PM2.5 减排责任的重要依据，还是有效进行我国区域 PM2.5 污染影响因素、空间分布差异及溢出效应研究的必要条件。因此，我们有必要对我国 PM2.5 污染及其密切相关的社会经济因素发展变化状况进行分析。在本章，我们将从省份和区域两个角度对 PM2.5 污染及其密切相关的社会经济因素发展现状进行分析。

2.1 PM2.5 污染现状

2.1.1 数据来源

本书研究对象是我国 PM2.5 污染，所以，正确合理地搜集、整理出 PM2.5 污染数据是本书研究能否顺利完成的关键。在此，我们首先对本书研究所使用的 PM2.5 数据来源进行详细说明。中国国内 PM2.5 污染监测起步较晚，从 2011 年开始，国内才陆续开展 PM2.5 污染监测。2012 年，全国有 74 个城市进行 PM2.5 污染数据监测，2013 年扩大到 113 个城市，2014 年增加到 177 个城市。到 2015 年，全国已经有 366 个城市进行 PM2.5 污染数据的监测和搜集，已经覆盖到所有地级市。

虽然中国国内监测 PM2.5 污染数据起步较晚，但是，国际相关机构和研究人员则较早地关注着中国 PM2.5 污染状况的变化。美国耶鲁大学、哥伦比亚大学国际地球科学信息网络中心（Center for International Earth Science Information Network）和巴特尔研究所（Battelle Institute）的研究者，利用地球遥感卫星观测的中国大气雾霾污染数据，计算出2001~2010年中国31个省份的PM2.5污染年度数据①。PM2.5污染数值计算如式（2.1）所示。

$$PM2.5 = \frac{\sum_{i=1}^{k} PM2.5_i \times POP_i}{\sum_{i=1}^{k} POP_i} (i = 1, 2, \cdots, K) \tag{2.1}$$

其中，PM2.5表示各省份PM2.5污染水平，i表示每个省份内部公布PM2.5污染数据的城市个数，POP表示城市人口规模。

为了有效进行PM2.5污染研究，我们应该尽量获得比较长的样本期。因此，一方面，我们根据美国耶鲁大学、哥伦比亚大学国际地球科学信息网络中心和巴特尔研究中心基于卫星遥感数据计算公布的PM2.5污染数据，获得2001~2010年中国31个省份PM2.5污染年度数据；另一方面，根据"环保部环境监测总站空气质量实时发布系统②"实时公布的2011~2015年PM2.5污染监测数据，按照相同的计算方法，计算出2011~2015年我国各省份PM2.5污染年度数据，最终构建出2001~2015年中国PM2.5污染省级年度面板数据。

另外，2001~2010年我国各省份PM2.5污染数据是美国耶鲁大学、哥伦比亚大学和巴特尔研究中心学者基于卫星遥感数据计算获得的。而国内对PM2.5数据的监测是通过地面监测取得的。两者监测的方式是不同的、各有特点：①地面监测获得的PM2.5污染数据更贴合实际污染情况。但是，地面监测也存在着区域差异大的问题。②相对于地面获得的监测数据，卫星遥感获得的数据准确性相对较低。但是，卫星遥感获得的数据稳定性好，可以从整体上反映一个地区PM2.5污染情况。因此，数据搜集方式不同导致计算出的PM2.5污染数值有一定的差别。PM2.5污染属于一种低层大气污染，所以通过地面监测站搜集的PM2.5污染数值（2011~2015年）要高于通过卫星遥感搜集获得的PM2.5污染数值（2001~2010年）。

---

① http：//tech. ifeng. com/discovery/detail_2012_02/22/12689675_0. shtml.

② http：//106. 37. 208. 233：20035.

尽管如此，这些数据基本上可以反映出 2001~2015 年我国各省区市 PM2.5 污染发展变化的基本情况。另外，本书实证研究用到的 PM2.5 数据来源及其计算方法与本章 PM2.5 污染数据一样，特此说明。后面关于 PM2.5 污染数据来源及其处理方式不再赘述。

在本章，我们将从省份和区域两个角度对 PM2.5 污染及与其密切相关的社会经济因素现状进行分析，并阐述其背后隐藏的深层次原因，以期为研究提供资料铺垫。根据国家统计局关于我国三大区域的划分标准，中国 31 个省份被划分为东部、中部和西部三个地区（见表 2.1）。

表 2.1　中国 31 个省份的区域分布

区域	省份
东部地区	辽宁、山东、江苏、浙江、天津、福建、山东、河北、广东、海南、北京
中部地区	山西、吉林、黑龙江、安徽、江西、河南、湖北、湖南、内蒙古
西部地区	四川、贵州、云南、陕西、甘肃、青海、宁夏、新疆、广西、重庆、西藏

注：西藏自治区由于数据不完整，在样本中就没有包括；四川省和重庆市被合并在一起，统称为四川地区[①]。另外，在处理与 PM2.5 污染相关的主要因素的变量数据时，也将四川省和重庆市的数据合并在一起。

2.1.2　PM2.5 污染现状分析

中国幅员辽阔，各个省份在经济发展、城市化进程、工业化水平、能源消耗、人口分布、技术水平、人力资本积累和自然资源禀赋等很多方面都存在显著差异，从而导致 PM2.5 污染在不同省份和区域之间存在明显差异。首先，从省份角度来看。为了比较各省份 PM2.5 污染差异，我们基于各省份 2001~2015 年 PM2.5 污染数据，计算出这一时期 PM2.5 污染的平均值（见图 2.1）。由图 2.1 可以看出，2001~2015 年，山东省 PM2.5 平

① 在美国耶鲁大学、哥伦比亚大学和巴特尔研究中心公布的 2001~2010 年中国各省份 PM2.5 污染年度数据中，四川省和重庆市被合并为一个地区。为了保证样本数据的口径一致，我们在整理计算 2011~2015 年我国各省份 PM2.5 污染数值时，也将四川省和重庆市合并在一起，统称为四川地区，计算其 PM2.5 污染平均值。

均污染强度是最高的，达到 53.50 微克/立方米。紧随其后的分别是河南、河北、江苏和湖北等省份，这几个省份的 PM2.5 平均污染强度也分别达到了 53.28 微克/立方米、52.22 微克/立方米、47.93 微克/立方米和 47.59 微克/立方米。因为 PM2.5 污染主要来源于工业能源消费，所以大规模的工业生产必将排放出更多的烟尘和粉尘，从而导致 PM2.5 污染不断加重。《中国统计年鉴》的数据显示，2001～2015 年，江苏、山东、河南、河北和湖北的年均工业产值分别是 15590.0 亿元、15221.8 亿元、9206.7 亿元、7872.3 亿元和 5698.1 亿元，分别排在全国所有省份的第 2 位、第 3 位、第 5 位、第 6 位和第 9 位。所以，这几个省份 PM2.5 平均污染强度最高。PM2.5 污染强度比较低的省份主要有甘肃、青海、宁夏、福建、内蒙古、黑龙江和海南几个省份，这几个省份的平均 PM2.5 污染强度都在 24 微克/立方米以下。其中，海南省的 PM2.5 平均污染强度是最低的，平均污染强度仅为 6.62 微克/立方米。海南省 PM2.5 污染强度低得益于以下几个原因：第一，独特的地理位置。海南省位于海南岛上，为亚热带海洋性气候，常年海风吹拂有利于驱散 PM2.5 污染。第二，城市绿化和植被覆盖率高。典型的亚热带气候使海南省雨水丰富，有利于生态植被的生长，绿树成荫。这可以有效防止由于地面裸露、风吹尘土而产生的 PM2.5 污染。第三，精准定位海南的发展目标和模式。由于海南风景秀丽、气候宜人，海南省政府制定的发展目标是积极发展旅游经济，有限度地发展工业经济，一些高耗能、高排放的工业部门（例如钢铁与水泥）受到严格控制。这样就使工业经济发展带来的 PM2.5 污染程度较低。综合 29 个省区市来看，工业经济总量规模越大的省份，PM2.5 污染强度就越高，而工业经济相对欠发达地区省区市的 PM2.5 污染强度则较低。

其次，从区域角度来看。由图 2.2 可以看出，2001～2015 年，东部和中部地区 PM2.5 平均污染强度明显高于西部地区，东部、中部、西部三个地区的 PM2.5 平均污染强度分别为 35.16 微克/立方米、35.03 微克/立方米和 30.31 微克/立方米。这主要是由煤炭消费、工业经济和建筑业的区域发展差异造成的。第一，很多研究已经指出，大规模高污染的煤炭燃烧是 PM2.5 污染的主要来源之一。煤炭燃烧过程排放出大量烟尘和粉尘，从而导致 PM2.5 污染不断加重。《中国能源统计年鉴》的数据显示：2001～2015 年，东部和中部地区每省年均煤炭消费量分别是 1.22 亿吨和 1.33 亿

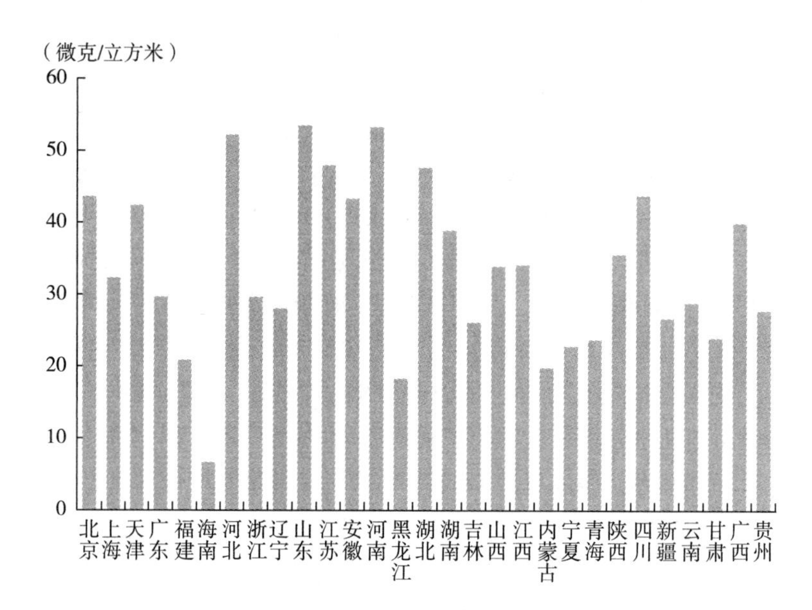

图 2.1　2001~2015 年中国 29 个省区市 PM2.5 污染平均水平

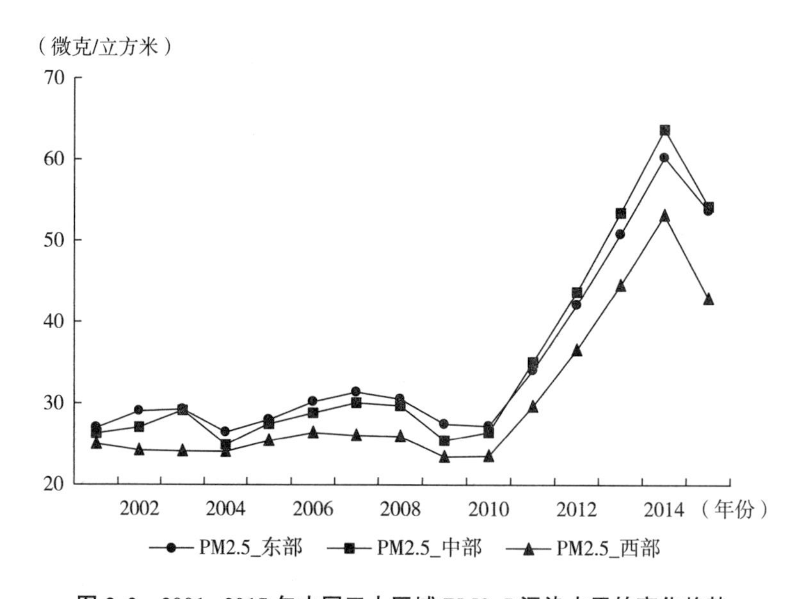

图 2.2　2001~2015 年中国三大区域 PM2.5 污染水平的变化趋势

吨，远高于西部地区每省年均煤炭消费量（0.69亿吨）。因此，东部、中部地区PM2.5污染平均强度高于西部地区PM2.5污染强度。第二，工业经济规模的区域差异也导致PM2.5污染区域差异明显。工业部门属于能源密集行业，其能源消费强度和PM2.5排放强度最大，例如钢铁、水泥、化工和机械制造行业。大规模的工业规模必然消费大量化石能源（煤炭和石油），从而排放出大量PM2.5。根据《中国统计年鉴》的数据，2001~2015年，东部、中部地区年均工业产值分别是8171.19亿元和4714.83亿元，远大于西部地区工业产值（2304.68亿元）。所以，东部、中部地区PM2.5污染平均强度要高于西部地区PM2.5污染平均强度。第三，建筑业发展区域差异也导致PM2.5污染区域差异明显。一方面，建筑业发展需要消耗大量钢铁、水泥和有色产品等。而这些行业属于高耗能、高污染行业，大规模的生产活动必然消费大量煤炭，排放出大量烟尘和粉尘，加重PM2.5污染。另一方面，建筑业生产活动往往产生大量扬尘。由于我国现阶段对建筑行业建设过程中的环保措施管理不严格，建筑行业运输车辆在运输过程中，往往不进行清洗。这导致运输车辆把大量泥土带到交通道路上，从而产生大量扬尘，加重PM2.5污染。根据《中国统计年鉴》的数据，2001~2015年，东部、中部地区年均建筑业产值是1006.48亿元和724.92亿元，而西部地区年均工业产值仅为501.56亿元。因此，东部、中部地区PM2.5污染平均强度要高于西部地区PM2.5污染平均强度。

另外，三大区域PM2.5污染在2010年后表现出明显的快速上升趋势。其主要原因可能有两个：第一，经过长期的经济发展积累，中国各个区域经济社会发展水平和总量都达到一个新的高度，机动车保有量、固定资产投资、钢铁和水泥产量都达到前所未有的规模。一方面，钢铁和水泥工业属于高耗能、高污染行业，大规模的钢铁和水泥生产必将消费大量能源（煤炭），从而导致PM2.5污染不断加重；另一方面，机动车购买和使用快速增长必将消费大量的化石燃料（汽油和柴油）。而且中国化石燃料中的碳、硫含量远高于欧美国家，大规模化石燃料的燃烧排放出大量汽车尾气，从而导致PM2.5污染不断加重。第二，本书2011~2015年的PM2.5污染数据是根据中国各个地区地面PM2.5监测站搜集获得。2001~2010年PM2.5污染数据是美国相关研究机构和学者根据卫星遥感数据计算获得的，卫星遥感测得的是大气高层PM2.5污染数据。PM2.5污染主要是由位于地球表面的大量人类经济社会活动产生的，大气底层的PM2.5污染水平要高于大气高层的PM2.5污染水平。所以，也导致2011~2015年PM2.5污染数值高于2001~2010年PM2.5污染数值。

从2015年开始，三大区域PM2.5污染水平有所下降。这主要是因为，近年随着各地PM2.5污染不断加重，民众要求治理PM2.5污染的呼声不断高涨。这促使中央和各地方政府出台一系列政策和采取措施以减少PM2.5污染，这些措施主要包括：①加快调整能源结构。长期以来煤炭消费占据中国能源消费总量的绝大比重，根据《中国统计年鉴》的数据，1990~2015年，煤炭消费占中国总能源消费的平均比重是71.1%。煤炭燃烧排放出大量的烟尘，是形成PM2.5污染的主要来源。因此，为了有效减少PM2.5污染，各地政府部门对城市地区煤炭的燃烧和使用严格管理，鼓励居民使用天然气。同时，强制要求所有的燃煤锅炉、火力发电厂安装脱硫和防尘设备，并对这些设备的使用实行严格监管和检查。②加强机动车污染治理。严格国家成品油质量标准，提高成品油质量。同时，严格汽车尾气排放标准，对于尾气排放标准不达标的汽车不准生产和销售，2014年底前全面淘汰黄标车。这些措施的实施促使PM2.5污染水平有所下降。

2.2 PM2.5污染相关社会经济因素发展现状

2.2.1 相关社会经济因素选择

本书研究内容是我国区域PM2.5污染的影响因素、空间分布差异及其溢出效应，筛选出导致PM2.5污染的主要相关社会经济因素是本书实证研究部分顺利完成的前提条件。与PM2.5污染关系密切的主要社会经济因素的选择过程如下：首先，可拓展随机性的环境影响评估模型（Stochastic Impacts by Regression on Population, Affluence, and Technology, STIRPAT）

是经典的反映环境污染影响因素的模型。该模型由 Dietz 和 Rose （1997）[①] 提出，他们经过大量实证检验发现，经济繁荣程度、人口规模和技术因素是影响环境变化主要因素[②]。其次，国内外很多学者根据各国经济社会发展实际状况深入研究了不同社会经济相关因素（煤炭消费、经济增长、城市化、工业化、机动车、进出口贸易、技术水平、外商直接投资等）对 PM2. 5 污染的影响（见本书文献综述部分）。因此，为了深入系统地研究中国 PM2. 5 污染的空间分布特征、影响因素及其溢出效应，我们将基于 STIRPAT 模型和现有的国内外 PM2. 5 污染研究，并结合我国社会经济发展的实际情况，筛选出与我国 PM2. 5 污染关系密切的一些主要社会经济因素。这些因素主要有经济增长、城市化、工业化、人口规模、煤炭消费、能源强度、烟尘和粉尘排放量、外商直接投资、固定资产投资、公路货物周转量、公路旅客周转量、民用机动车、能源结构和城市绿化率等[③]。本书实证研究过程中使用的相关解释变量均来自于这些因素。下面我们将从省份和区域两个角度深入分析与 PM2. 5 污染密切相关的社会经济因素的发展现状。

2. 2. 2　数据来源

通过 2. 2. 1 节的分析，我们选出与 PM2. 5 污染密切相关的主要社会经济因素：经济增长、城市化、工业化、人口规模、煤炭消费、能源强度、烟尘和粉尘排放量、外商直接投资、固定资产投资、公路货物周转量、公路旅客周转量、民用机动车、能源结构和城市绿化率等。因为 PM2. 5 污染的样本数据为 2001~2015 年的年度数据，为了保持变量样本数据的一致性和可比性，这些影响因素的样本数据也选择为 2001~2015 年的年度数据。

---

① Dietz T. , Rosa E. A. Effects of Population and Affluence on CO_2 Emissions [J]. Proceedings of the National Academy of Sciences of the United States of America, 1997 (94): 175-179.

② STIRPAT 模型的具体形式：$I_t = aP_t^b A_t^c T_t^d e_t$。其中，a 为截距项；P、A 和 T 分别为人口规模、经济繁荣程度和技术因素；b、c 和 d 分别为 P、A 和 T 的回归系数；e_t 为随机扰动。

③ 本书研究所使用的与 PM2. 5 污染密切相关的社会经济因素的变量数据均来自历年的《中国统计年鉴》《中国能源统计年鉴》《中国工业经济统计年鉴》《中国环境统计年鉴》和各省份统计年鉴等。

由于本书研究使用的是我国 29 个省份的面板数据，所以，经济增长、城市化、工业化、人口规模、能源强度、烟尘和粉尘排放量、外商直接投资、固定资产投资、公路货物周转量、公路旅客周转量、民用机动车、能源结构和城市绿化率的数据来源于历年各省份统计年鉴和《中国统计年鉴》；煤炭消费的数据来源于历年《中国能源统计年鉴》。这些变量的具体计算解释如下：①经济增长用人均 GDP（国内生产总值）来表示（元），并且用人均 GDP 缩减指数进行价格平减，折算为以 2001 年为基期的实际价格；②城市化用城市人口除以总人口的百分率来表示（%）；③工业化用工业部门增加值除以 GDP 的百分率来表示（%）；④人口规模使用年底人口数量来表示（万人）；⑤煤炭消费使用全年煤炭消费量来表示（万吨）；⑥能源强度使用能源消费量除以 GDP 来表示（吨标准煤/万元）；⑦烟尘和粉尘排放量用工业部门和居民生活排放的烟尘和粉尘排放量来表示（万吨）；⑧外商直接投资用每年外商投资额来表示（亿美元）；⑨固定资产投资用每年固定资产投资额来表示（亿元）；⑩公路货物周转量用每年公路货物运输量乘以运输里程获得（亿吨·公里）；⑪公路旅客周转量用每年公路旅客运输量乘以运输里程获得（亿人·公里）；⑫民用机动车用每年年底民用汽车保有量来表示（万辆）；⑬能源结构用煤炭消费量除以能源消费总量的百分率来表示（%）；⑭城市绿化率用城市各种绿化面积除以城区占地面积的百分比来表示（%）。

2.2.3 相关社会经济因素发展现状分析

2.2.3.1 煤炭消费现状

我国能源资源蕴藏具有“多煤、少油、少气”的特点。这导致高污染的煤炭长期成为我国工业能源消费和居民生活用能的主要来源（潘文卿等，2017）。《中国统计年鉴》的数据显示：1970~2015 年，煤炭消费占我国总能源消费的平均比重是 72.3%。中国已经是世界上最大的煤炭生产国和消费国（Xu 和 Lin，2017）。《中国能源统计年鉴》的数据显示，2015 年中国煤炭生产量和消费量分别达到 26.08 亿吨标准煤和 27.39 亿吨标准煤。与石油和天然气相比，低热能的煤炭在燃烧过程中排放出大量的烟尘和粉尘，成为形成 PM2. 5 污染的主要来源之一（林伯强和李江龙，2015）①。因此，我们有必要详细分析各省份和区域煤炭消费的差异。

首先，从省份角度来看（见图 2. 3）。《中国能源统计年鉴》的数据显示：2001~2015 年，山东省平均煤炭消费量是最多的，每年消费量达到 3. 00 亿吨。其他省份的年均煤炭消费明显要少于山东省，紧随其后的山西、河北、河南、江苏、辽宁、内蒙古和四川的年均煤炭消费量分别是 2. 84 亿吨、2. 42 亿吨、2. 06 亿吨、1. 99 亿吨、1. 69 亿吨、1. 5 亿吨和 1. 43 亿吨。煤炭消费量最小的几个省份分别是甘肃、宁夏、天津、北京、青海和海南，它们的年均煤炭消费量分别仅为 0. 48 亿吨、0. 42 亿吨、0. 41 亿吨、0. 2. 5 亿吨、0. 12 亿吨和 0. 06 亿吨。可以看出，煤炭消费最多的这些省份都属于工业经济比较发达的地区，高污染的煤炭是工业部门主要能源来源（孙传旺和朱悉婷，2016），因此它们的煤炭消费量是最大的。天津市和北京市由于经济结构转型，从过去的以工业经济发展带动经济增长，转变为以第三产业发展拉动当地经济增长，很多传统工业转移到周边省份和地区（例如河北和山东）。所以，这两个直辖市的煤炭消费量快速下降。甘肃、宁夏和青海三省属于西部欠发达省份，工业规模较小，其煤炭消费总量也较小。海南省的经济发展定位是积极发展旅游业和服务业来拉动地区经济增长，严格控制工业经济发展规模，因此其煤炭消费量小，排名最后。

其次，从区域角度来看（见图 2. 4）。2001~2015 年，中部地区的平均煤炭消费是最多的，平均每省每年煤炭消费为 1. 33 亿吨，东部地区次之（1. 22 亿吨），西部地区则明显低于前两个地区，仅为 0. 69 亿吨。中部地区平均煤炭消费最多的原因主要有两个：第一，中部地区是中国煤炭主要产区。煤炭的易获得性和低廉价格使它成为中部地区工业经济能源消费和居民生活用能的主要来源。中部地区的山西、内蒙古、吉林、安徽和河南都是产煤大省。第二，中部地区也是很多重工业的主要分布区（Xu 和 Lin，2016b）。长期以来，中国工业是以煤炭作为主要能源来源。

① 林伯强，李江龙. 环境治理约束下的中国能源结构转变——基于煤炭和二氧化碳峰值的分析［J］. 中国社会科学，2015（9）：84-107.

为了减少运输成本，很多重工业都是建设在煤炭主要产区。例如，吉林省的机械和化工工业；黑龙江省的石油化工和机械工业；湖北省的大冶钢铁和机械工业区以及湖南省的湘西工业区。因此，中部地区的平均煤炭消费

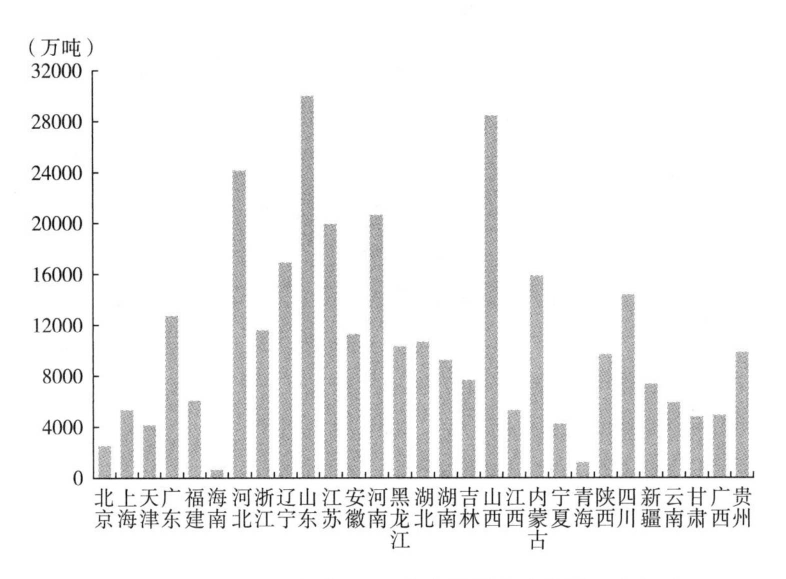

图 2. 3　2001~2015 年中国 29 个省份煤炭消费量平均水平

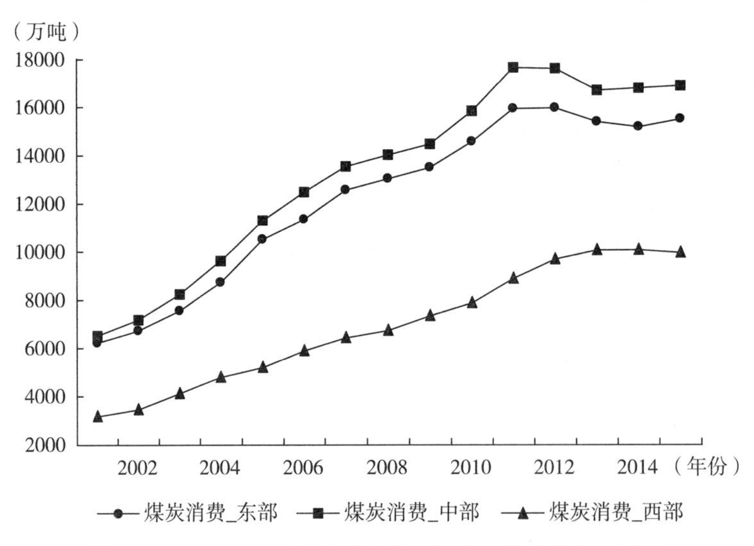

图 2. 4　2001~2015 年中国三大区域煤炭消费的变化趋势

量高于东部和西部两个地区。西部地区的平均煤炭消费量明显低于东部和中部地区的主要原因：一方面，经济欠发达的西部地区工业规模较小，这导致工业部门的煤炭消费量相对较少；另一方面，近年来，随着环境不断恶化，中央和地方政府已经意识到控制和减少煤炭消费，增加其他替代能源的重要性。因为西部地区蕴藏丰富的天然气资源，并且天然气远洁净于煤炭。因此，西部地区积极开发当地天然气资源，促使西部地区工业和居民生活使用低污染的天然气，减少高污染煤炭的消费量。

2.2.3.2　经济增长现状

相较于国内生产总值，人均 GDP 更能表示一个国家和地区经济发展实际水平和富裕程度。所以，国内外很多学者都是用人均 GDP 来表示一个国家或地区的经济增长水平（王艺明和胡久凯，2016；陈建勋等，2017）。因此，我们采用人均 GDP 来表示每个省份和地区的经济增长水平。根据环境污染的 STIRPAT 模型，经济增长是影响环境污染的重要因素。因此，在这里我们有必要对全国各个省份和三大区域的经济增长现状进行比较分析。

首先，从省份角度来看（见图 2.5）。《中国统计年鉴》的数据显示，2001~2015 年，上海、北京和天津三个直辖市的人均 GDP 远高于其他省市，分别达到 67630.7 元、64355.9 元和 60664.2 元；而经济相对落后的江西、安徽、广西、云南、甘肃和贵州这几个省份的人均 GDP 不超过 20000 元，位于所有省份最后。一般来说，高收入地区的居民生活能源消费强度远高于低收入地区的居民生活能源消费强度。因为高收入会促使居民更多地使用电能和化石燃料，这些都会间接导致 PM2.5 排放增加。具体原因如下：第一，高收入会导致城乡居民更多地使用家用电器，例如空调、电冰箱和电视等。这些电器的使用必然需要大量电力能源，而中国的电力能源主要来自于燃烧煤炭的火力发电（刘平阔和谭忠富，2017），煤炭燃烧排放的大量烟尘和粉尘成为 PM2.5 污染的主要来源。第二，快速增长的收入和不断加快的生活和工作节奏促使越来越多的家庭购买和使用汽车出行，机动车的使用需要消耗大量化石燃料（柴油和汽油）。我国汽车燃油的碳和硫含量过高、汽车尾气处理设备技术落后，从而导致汽车在使用过程中排放出大量细颗粒物，成为 PM2.5 污染的主要来源之一。近几年，北京、天津、上海、山东、江苏和浙江等经济发达省份的 PM2.5 污染严重就证明了经济增长与 PM2.5 污染存在着一定正相关性。

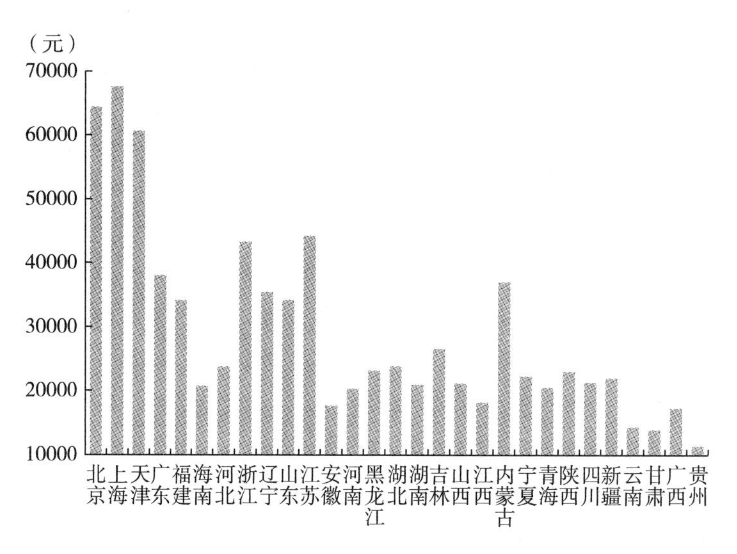

图 2.5　2001~2015 年中国 29 个省份经济增长平均水平

其次，从区域角度来看（见图 2.6）。《中国统计年鉴》的数据显示：2001~2015 年，东部地区人均 GDP 为 42399.8 元，而中部、西部地区的人均 GDP 则分别为 23175.3 元和 18402.5 元。可以看出，东部地区的人均 GDP 是中、西部地区的 1.8 倍和 2.3 倍。而且，从绝对水平来看，中部、西部地区人均 GDP 和东部地区人均 GDP 的差距有逐步扩大的趋势。这主要是因为：①东部沿海地区凭借优越的地理位置条件经济发展较快，并且享受到中央政府一系列优惠政策，例如设置经济特区、开展国际贸易和引进外商直接投资。而且，近年来，为了促进经济进一步发展，中央政府又陆续批准设立自由贸易区，这些自由贸易区主要分布在经济发达的东部地区，例如上海市、福建省、天津市和广东省。这促进了东部地区贸易进出口和经济发展，但也无形中进一步拉大了中西部地区经济发展和东部地区经济发展的差距。②快速的经济增长和大量就业机会吸引大量各类型中西部地区人才进入东部地区工作，中西部地区人才流失严重。虽然，近年来中央政府为了促进中西部地区经济发展而实施了“西部大开发”和“中部崛起战略”，使中西部地区经济发展有一定起色，但是，工业结构不合理，高耗能、高污染企业比重过高都导致当地经济增长质量有限。东部地区经过早期粗放式经济积累阶段后，经济结构和工业结构都进行了优化升级，高附加值、高技术含量工业部门所占的比重不断提高，这显著地提高了当地经济增长质量。中部、西部地区和东部地区经济增长差距仍然较大，这应该引起中央政府的重视。但是，从增长率来看，中、西部地区的人均 GDP 增长率分别是 14. 6%和 14. 8%，高于东部地区的人均 GDP 增长幅度(12. 02%)①。中部、西部地区经济增长加快速度，迎头赶上东部地区经济发展是缩小经济差距的必由之路。中央和地方政府应该根据中西部地区的特点，制定有针对性的措施、政策以有效地促进当地经济快速增长。例如，中西部地区拥有丰富的自然旅游资源和绿色农牧业资源，当地政府应该制定相关政策积极发展旅游经济、绿色农业经济等。这不仅有利于减少 PM2. 5 污染，而且有利于促进当地居民收入快速增长。

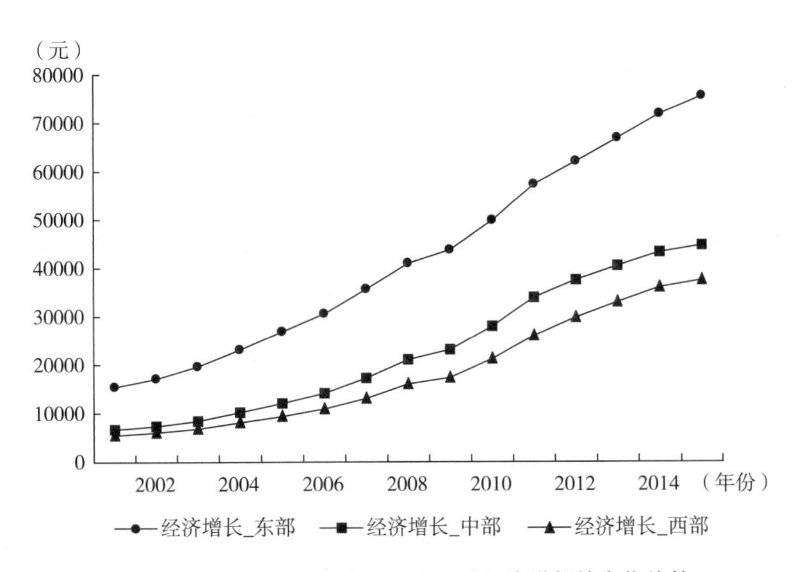

图 2. 6　2001~2015 年中国三大区域经济增长的变化趋势

2. 2. 3. 3　能源强度现状

能源强度是用能源消费量除以 GDP 表示，其计量单位是吨标准煤/万

① 基于《中国统计年鉴》的数据计算得出。

元产出。能源强度数值越大，表示一个国家或地区的节能和减排技术水平越低，导致经济增长能源消费越多，PM2.5 污染越严重，反之亦然（程时雄等，2016）。同样，根据 STIRPAT 模型，技术水平也是影响环境污染的重要因素。因此，在这里我们有必要对全国各省份和三大区域的能源强度进行详细的比较分析。

第一，从省份的角度来看（见图 2.7）。《中国能源统计年鉴》和《中国统计年鉴》的数据显示，2001~2015 年，宁夏、山西、贵州、新疆、甘肃、内蒙古、河北、辽宁、云南、青海和黑龙江这些省份的能源强度平均值位于前列，分别为 3.13 吨标准煤/万元、2.46 吨标准煤/万元、2.33 吨标准煤/万元、1.85 吨标准煤/万元、1.79 吨标准煤/万元、1.78 吨标准煤/万元、1.58 吨标准煤/万元、1.37 吨标准煤/万元、1.35 吨标准煤/万元、1.32 吨标准煤/万元和 1.24 吨标准煤/万元。可以看出，这些省份的能源强度是高的，即经济增长要耗费大量的能源。能源强度值较小的省份主要有上海、海南、浙江、广东、北京、湖南、福建和江苏，这些省份的能源强度值都小于 0.80 吨标准煤/万元，可以说这些省份经济增长效率是高的。综合来看，经济越发达的省份，技术水平越高，经济增长耗费的能源就越少。主要原因是经济发达的省份集聚大量的技术研发人才，大规模的研发投入必将导致它们拥有数量众多的先进节能和减排技术，从而有利于减少能源消费。经济欠发达的中西部省份不仅缺少充足的研发人才，而且也缺少技术研发资金，从而导致这些省份的节能和减排技术低，经济增长的能源消耗大。

第二，从区域角度来看（见图 2.8）。三大区域能源强度都表现出逐步下降的趋势，表示随着时间的推移，三大区域的节能和减排技术是不断提高的。西部地区能源强度从 2001 年的 2.32 吨标准煤/万元下降到 2015 年的 1.10 吨标准煤/万元。同期，中部地区能源强度从 1.79 吨标准煤/万元下降到 0.72 吨标准煤/万元，东部地区能源强度则是从 1.12 吨标准煤/万元下降到 0.52 吨标准煤/万元。但是，从平均能源强度来看，西部最高，东部最低，中部地区居中。这表明从东部地区向中西部地区，节能和减排技术水平是逐步降低的。因为决定节能和减排技术水平高低的主要因素是研发资金投入和研发人员投入。①研发人员投入规模的差异必将导致节能和减排技术差异明显，从而进一步引起能源强度的差异。《中国统计年鉴》

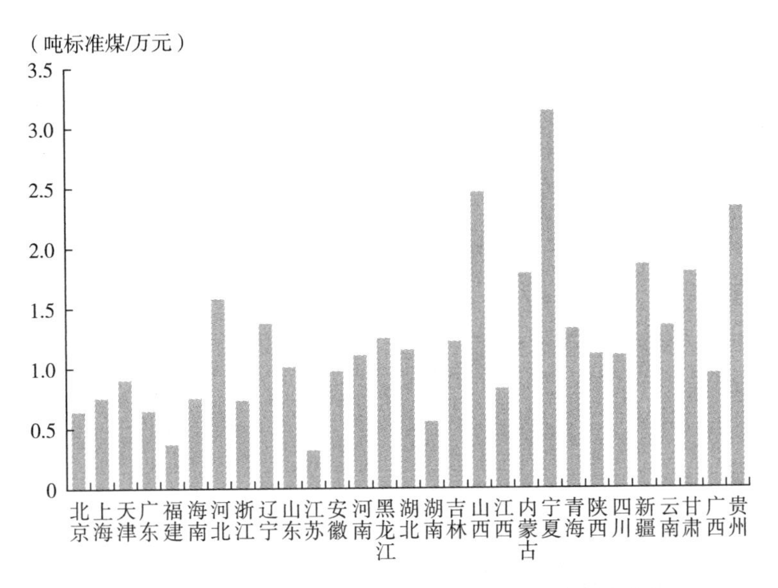

图 2.7　2001~2015 年中国 29 个省份能源强度平均水平

的数据显示：2001~2015 年，东部、中部、西部地区的年均研发人员投入分别是 106899 人、47751 人和 22136 人。可以看出，研发人员投入规模从东部地区向中西部地区逐步减少，这必然导致东部地区节能和减排技术水平高于中西部地区。因此，东部地区的能源强度最低，中部地区能源强度次之，西部地区能源强度最高。②研发资金投入的差异也会导致能源强度的区域差别。研发资金投入是技术研发活动的基本条件，先进的节能和减排技术研发往往风险较大，并需要长期大规模资金的投入。《中国统计年鉴》的数据显示：2001~2015 年，东部地区每省年均研发资金投入规模是 258.42 亿元，远高于中部地区（83.68 亿元）和西部地区每省年均研发资金投入规模（35.75 亿元）。大规模的研发资金投入使东部地区的节能和减排技术水平要明显高于中西部地区，从而导致东部地区的能源强度最低。

2.2.3.4　公路货物周转量现状

货物周转量是用运输货物重量乘以运输里程表示，反映出一个国家或地区货物运输的规模（Xu 和 Lin，2015）。目前，我国货物运输方式主要包括铁路、公路、水运、民航和管道五种方式。铁路运输基本实现电气化，

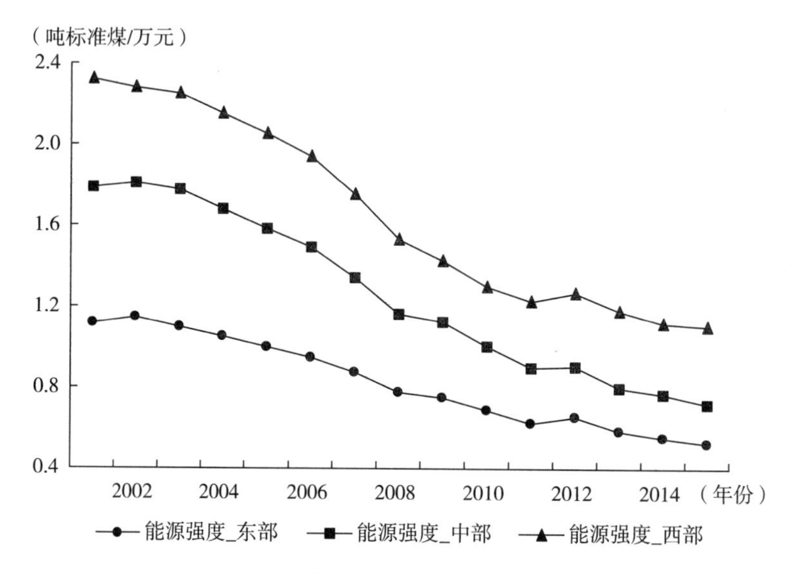

图 2.8　2001~2015 年中国三大区域能源强度的变化趋势

即铁路运输是以电力机车为主，而不是以内燃机车为主。所以，铁路货物运输不是 PM2.5 污染的主要原因。水路运输是货物运输另外一个运输方式，由于水路运输局限于河流和海洋，对于各地区 PM2.5 污染影响有限。民航货物运输在总货物运输的比重过低，《中国统计年鉴》的数据显示：2001~2015 年，民航货物运输量占货物运输总量的平均比重仅为 0.11%。因此，从交通运输角度来看，民航货物运输也不是导致 PM2.5 污染的主要因素。管道货物运输一般是运输石油和天然气，这种运输方式不消耗化石能源，属于一种清洁运输方式。近年来，随着我国公路建设快速发展，公路逐步成为货物运输的主要方式。《中国统计年鉴》的数据显示：公路货物运输占货物运输总量的比重直线快速上升，从 2001 年的 13.3%快速增长到 2015 年的 32.5%。公路货物运输需要消耗大量的化石燃油（汽油和柴油），从而排放大量汽车尾气，成为 PM2.5 污染的主要来源之一。综合上述各种货物运输方式的特点，可以看出，铁路、水运、航空和管道运输不是各地区 PM2.5 污染的主要因素，而公路货物运输由于消耗大量化石燃料，成为 PM2.5 污染的主要来源之一。因此，在本部分，我们将从省份和区域两个角度分析不同省份和地区公路货物运输的发展现状。

首先，从省份角度来看（见图 2.9）。2001~2015 年，山东、安徽、河北和河南四省的平均货物周转量位居全国各省前列，它们的货物周转量分别达到 3520.17 亿吨・千米、3180.92 亿吨・千米、3073.57 亿吨・千米和 2782.49 亿吨・千米。完善的公路网是公路货物运输快速增长的先决条件之一。《中国统计年鉴》的数据显示，截至 2015 年底，山东、河南、安徽和河北省的公路运输里程分别达到 26.34 万千米、25.06 万千米、18.69 万千米和 18.46 万千米，排列全国所有省份的第 2 位、第 4 位、第 8 位和第 10 位。因此，这四个省份的公路货物运输量排全国前列。到 2015 年底，青海省、海南省、北京市、天津市和上海市的公路营运长度分别是 7.56 万千米、2.68 万千米、2.19 万千米、1.66 万千米和 1.32 万千米，排在全国所有省份倒数的第 6 位、第 4 位、第 3 位、第 2 位和第 1 位。因此，这几个省市的公路货物周转量则明显较低，年均货物周转量都没有超过 200 亿吨・千米。公路货物运输需要消耗大量化石燃料（柴油和汽油），在我国化石燃料碳、硫含量过高的情况下，不同的公路货物运输量必然排放不同规模的汽车尾气，加重 PM2.5 污染。

其次，从区域角度来看（见图 2.10）。2001~2007 年，东部地区的平均货物周转量高于中西部地区。主要原因是：东部地区经济发达、区域内部各地区之间经济货物交往频繁，从而导致货物周转量大。鉴于中部地区的河南、湖南、江西、安徽、湖北和山西六省经济发展缓慢、动力不足的现状，国务院于 2006 年 4 月制定出台了《关于促进中部地区崛起的若干意见》①。该意见即俗称的“中部崛起战略”，其主要目标是把属于农业主要产区的中部地区建设成全国重要的粮食生产基地，现代装备制造业、能源、原材料、高新技术产业基地和交通运输枢纽。同时，国务院还出台相应的优惠配套政策，如税收优惠、豁免历史欠税。这不仅有效地促进了中部地区内部各省份之间的经济和文化交流，还促进了这些省份与周边其他省份之间的货物运输往来。从 2008 年开始，中部地区的平均货物周转量超过东部地区，成为平均货物周转量最高的区域。而且，我国公路货物运输占货物运输总量的比重在快速增加，这必然消费大量的化石燃料，例如柴油和汽油。同时，由于技术原因，中国的化石燃料碳、硫含量明显高于欧

---

① 国务院．关于促进中部地区崛起的若干意见（中发［2006］10 号）［Z］．2006-04-15.

美国家。所以，大量化石燃料的燃烧将排放出大量汽车尾气，导致 PM2.5 污染不断加重。

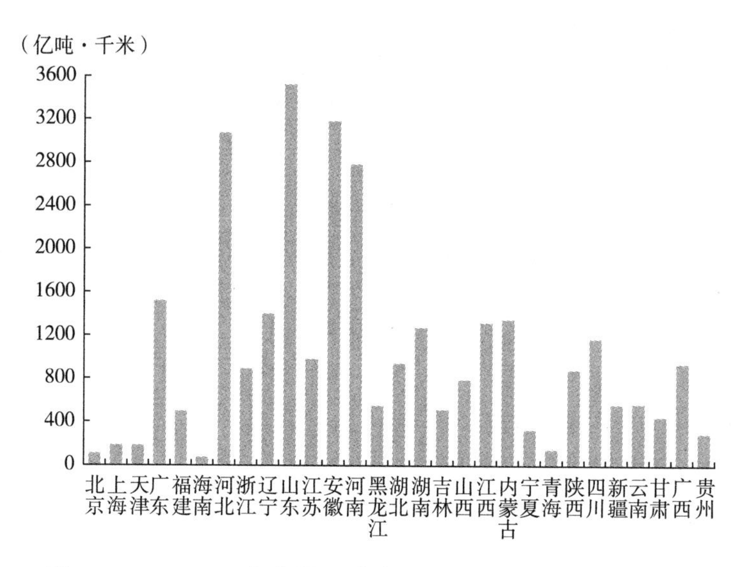

图 2.9　2001~2015 年中国 29 个省份公路货物周转量平均水平

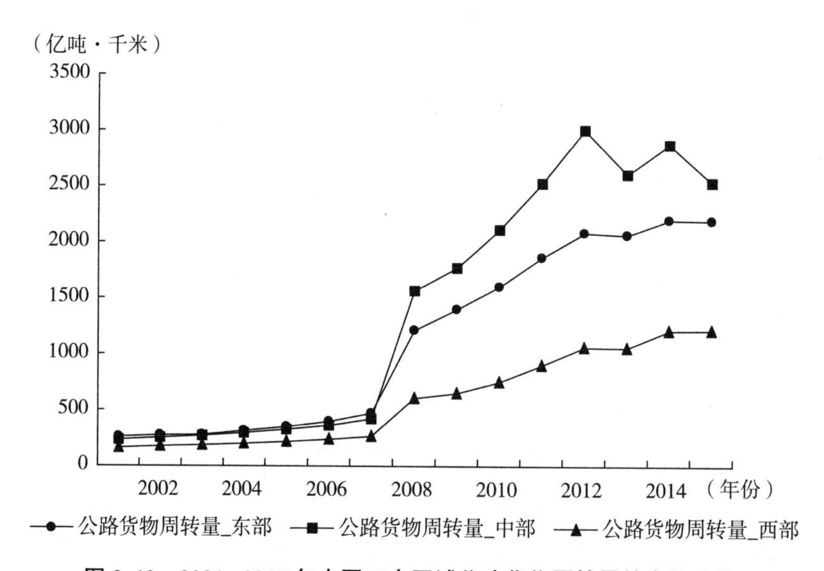

图 2.10　2001~2015 年中国三大区域公路货物周转量的变化趋势

2. 2. 3. 5　公路旅客周转量现状

公路旅客周转量是用公路运输旅客量乘以运输里程表示，数值越大表示公路旅客运输强度越高。与公路货物运输一样，现阶段我国公路旅客运输车辆也主要以传统化石燃料（柴油和汽油）为动力能源。所以，公路旅客周转量越大，消耗的化石燃料越多，必将排放出大量的汽车尾气，加重 PM2. 5 污染。中国旅客运输主要包括四种方式，即铁路、公路、水运和民航。①铁路旅客运输。当前，我国铁路旅客运输车辆已经全部改装和更新完毕，内燃机车逐步退出市场，旅客运输机车基本为电力机车。电力机车用电力驱动，不再直接消费传统的化石燃料（煤炭和柴油），即铁路旅客运输不直接对 PM2. 5 污染产生影响。②水路旅客运输。当前，我国水路旅客运输主要是以旅游观光为主要目的。水路运输具有速度慢，运输线路单一的特点，不断加快的生活和工作节奏使得水路不可能成为人们日常主要出行交通方式。《中国统计年鉴》的数据显示：1990~2015 年，我国水路旅客运输量占旅客运输总量的平均比重仅为 1%。并且，该比重呈现不断下降的趋势，从 1990 年的 2. 9%逐步下降到 2015 年的 0. 2%。因此，从交通运输角度来看，水路旅客运输也不是导致 PM2. 5 污染的主要因素。③民航旅客运输。近年来，随着人们收入不断增加，越来越多的居民乘坐飞机出行。民航旅客运输量占旅客运输总量比重逐步提高，1990~2015 年，民航旅客运输量占旅客运输总量的平均比重是 11%。民航运输需要消费大量航空燃油，但是由于航空运输主要是高空运输，而 PM2. 5 污染主要是大气底层的近地面空气污染。所以，航空旅客运输不是导致近地面 PM2. 5 污染的主要直接因素。④公路旅客运输。为了积极促进城乡经济发展，长期以来中央和各级地方政府都积极进行公路建设投资。中国公路运输里程和高速公路运输里程快速增加，截至 2015 年底，我国公路里程达到 457 万千米，其中高速公路里程为 12 万千米，位居世界第一。《中国统计年鉴》的数据显示：1990~2015 年，我国公路旅客运输量占旅客运输总量的平均比重是 51%，成为旅客运输的主要方式。但是，由于技术的原因，现阶段世界各国的公路运输车辆主要以化石燃料（柴油和汽油）作为动力燃料来源，而且我国交通燃油质量标准远低于欧美发达国家（谭丕强等，2015）。目前，我国汽油主要有 90 号、93 号和 97

号无铅汽油三种，而通过汽油的辛烷值含量比较发现，我国汽油品质最好的 97 号汽油只相当于美国品质最差的 87 号汽油。不断增长的旅客运输必将消耗大量的汽车燃油，并排放大量的汽车尾气，导致 PM2.5 污染不断加重。综合以上分析可以发现，公路旅客运输是造成 PM2.5 污染的主要因素之一。因此，在本部分，我们将从省份和区域角度详细分析公路旅客运输的现状。

首先，从省份角度来看（见图 2.11）。2001~2015 年，公路旅客周转量最多的几个省份分别是广东、江苏、四川、山东和河南，它们的平均旅客周转量分别是 1406.23 亿人·千米、982.613 亿人·千米、918.527 亿人·千米、734.53 亿人·千米和 707.568 亿人·千米。其中，广东、江苏和山东三省拥有高的公路旅客周转量，其主要原因是这三个地区属于经济发达省份，一方面，发达的经济和充足的就业机会吸引了大量的外来务工人员到本地就业，这必然增加旅客运输量；另一方面，这些经济发达省份内部各城市、地区之间的经济交往密切，导致人员流动频繁，从而引起旅客运输量快速增加。而四川和河南两省的公路旅客周转量规模较大的主要原因是：一方面，这两个省份本来就是人口大省，《中国人口统计年鉴》的数据显示，截至 2015 年底，四川省（包括重庆市）和河南省的人口规模分别达到 1.12 亿人和 0.95 亿人，分别位居全国第一和第四。随着经济

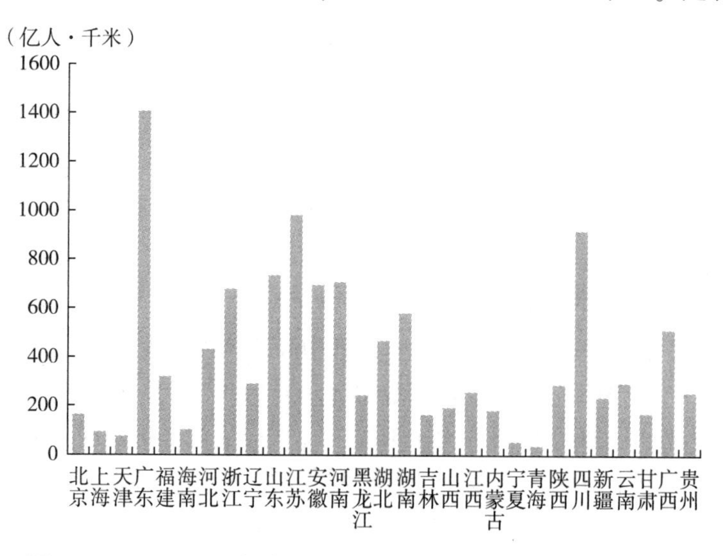

图 2.11　2001~2015 年中国 29 个省份公路旅客周转量平均水平

发展，省份内部人口流动性逐步提高，必然使公路旅客周转量快速增加。另一方面，这两个省也是劳务输出大省，大量劳动力外出务工和节假日返乡也必然需要大量公路汽车运输，导致公路旅客周转量不断增加。上海、天津、宁夏和青海四省份的公路旅客周转量最低，年均公路旅客周转量都没有超过 100 亿人 · 千米。对于上海市和天津市来说，这两个是直辖市，辖区面积小。所以，旅客周转量规模有限。而宁夏和青海两省份公路旅客周转量低的主要原因：一方面，这两个省份本来常住人口就少，地广人稀；另一方面，这两个省份属于经济欠发达地区，人员流动低，劳务输出和外来务工人数都明显偏低。所以，这两个省份的公路旅客周转量排在所有省份最后。

其次，从区域角度来看（见图 2. 12）。东部地区的公路旅客周转量要高于中西部地区。《中国统计年鉴》的数据显示：2001 ~ 2015 年，东部地区年均每省公路旅客周转量是 476. 15 亿人 · 千米，而中部和西部地区的年均每省公路旅客周转量则分别是 387. 89 亿人 · 千米和 307. 28 亿人 · 千米。这主要是因为东部地区经济发展水平明显高于中西部地区，发达的经济吸引大量中西部地区劳动力到东部地区寻找就业机会。另外，发达的经济导致东部地区内部各省份之间经济交往和人员流动越来越密切和频繁，从而导致东部地区平均公路旅客周转量高于中西部地区。从 2013 年开始，三大区域公路旅客周转量都出现了明显的下降。这并不表示这三年三个地区的人口流动少了，而是因为现在越来越多的家庭拥有私家车，居民乘坐私家车出行越来越普遍。私家车的运输人数是不在统计部门的公路旅客周转量统计范畴之内。所以，统计年鉴数据显示了三个地区的公路旅客周转量呈现快速下降的趋势。

2. 2. 3. 6　人口规模现状

根据反映环境污染的 STIRPAT 模型，人口规模也是影响环境污染的重要因素。人口规模对于 PM2. 5 污染的作用机理解释如下：PM2. 5 污染主要是由氮氧化物、硫氧化物和易挥发的有机物等与气溶胶相互融合，通过光化学反应而形成，而这些气体又主要来源于人类的化石燃料和垃圾的燃烧，例如汽车尾气排放、火力发电中的煤炭燃烧、居民生活用能过程中的煤炭燃烧、石油冶炼、生活垃圾焚烧等。人口规模越大，生活用能燃煤、

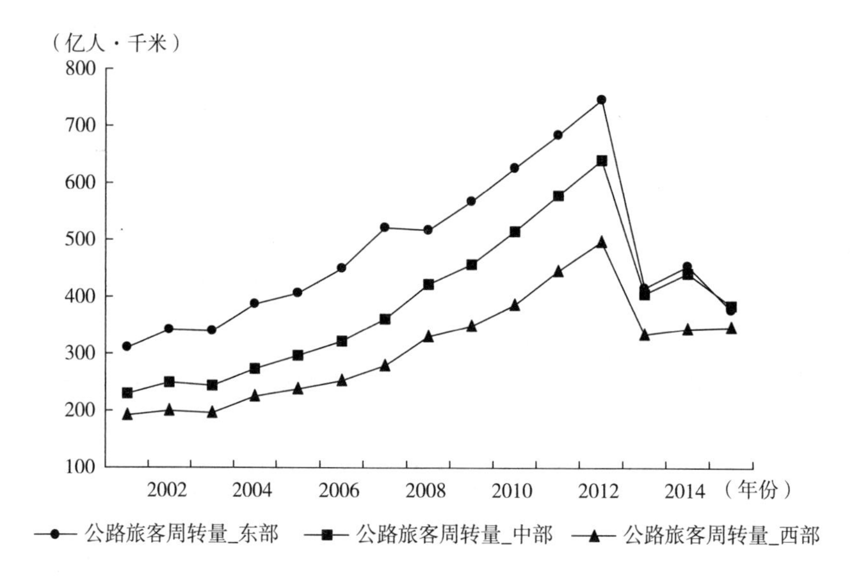

图 2.12　2001~2015 年中国三大区域公路旅客周转量的变化趋势

冬季取暖燃煤、机动车使用燃油、生活垃圾排放量就越多。生活用能燃烧排放的大量烟尘、机动车燃油的尾气排放和垃圾燃烧排放的大量易挥发性有机物经过光化作用即形成 PM2.5 污染（韦敏和蔡仲，2016）。因此，在这里我们有必要对全国各个省份和三大区域人口规模分布和变化状况进行详细分析。

首先，从省份角度来看（见图 2.13）。2001~2015 年，四川（包括重庆市）、河南、山东、广东和江苏五个省份的平均常住人口规模位居全国所有省份的前五，它们的年均人口规模分别为 1.182 亿人、0.985 亿人、0.938 亿人、0.863 亿人和 0.768 亿人。但是，这几个省份人口规模大的原因是不同的。对于四川和河南两省来说，由于历史的原因，这两个省份都是农业大省，也是人口大省，人口总规模居高不下；广东、山东和江苏三省的大规模人口则主要因为这三个省份有漫长的海岸线，有利于与世界其他国家的贸易往来，自古以来都是中国经济发展早，人民生活富裕的地区。尤其是在改革开放以后，这三个省份经济发展迅速、人民收入增长明显。发达的经济和众多的就业机会吸引着大量的中西部各类型人才。同时，为了促进经济均衡发展，中央和当地政府也逐步实施灵活的人口户籍管理政策。越来越多的居民长期工作在这些省份，并有相当多的居民转变成为常住居民。所以，这三个省份的人口规模高居全国前列。宁夏和青海两省份常住人口规模最小，平均人口规模不超过 900 万人。其主要原因：由于自然条件的限制，这两个省份历史上就人口分布稀少。近年来经济发展速度和规模也有限，当地很多居民迁移到东部发达地区寻找更好的就业机会，以获得更高的收入，从而导致其人口规模增长缓慢。

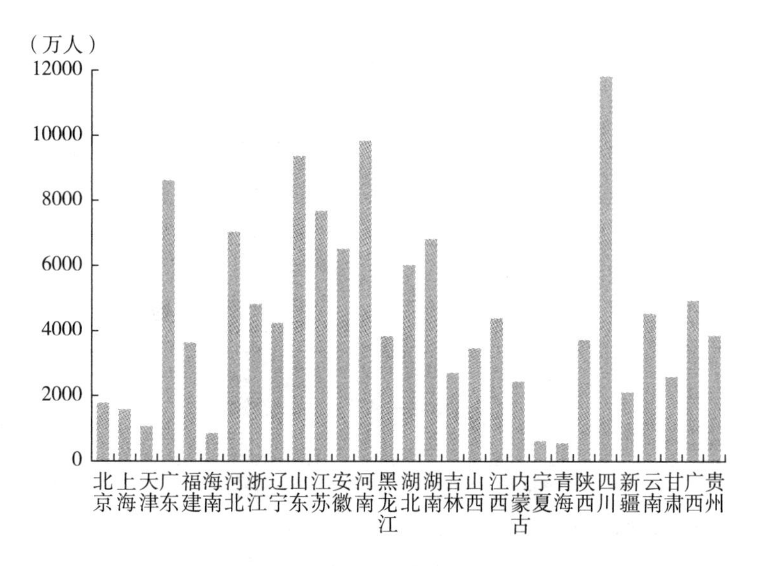

图 2.13　2001~2015 年中国 29 个省份人口规模平均水平

其次，从区域角度来看（见图 2.14）。2001~2015 年，中部地区平均人口规模明显高于东部和西部地区。中部地区平均每省人口规模达到 5112.84 万人，而东部和西部地区平均每省人口规模则分别是 4615.88 万人和 3858.31 万人。这主要是因为，历代以来，中部地区都是我国农作物主要产区，河南、湖北、湖南、黑龙江、安徽和吉林都是农业大省。我国是一个农业大国，农业的发展决定着人民生活水平的高低。中部地区是农作物主要产区，富饶的农业产出滋养了大量人口，尤其是农村人口。因此，中部地区的人口平均规模高于东部和西部地区。但是，从 2013 年开始，东部地区的人口平均规模超过中部地区的人口规模，成为人口规模最大的区域。主要原因：一方面，改革开放以来，东部沿海地区经济发展迅速，吸引了中西部地区大量农业剩余劳动力和其他各类型技术人才迁移到东部地区寻找就业机会。因此，东部地区的流动人口和常住人口均快速增长。另一方面，经济和社会的发展逐步改变着人们的生育观念，过去多子多福、养儿防老的观念逐步被人们抛弃。而且，严格的计划生育政策也使农村居民家庭人口规模快速变小。再加上越来越多的居民迁移到经济发达的东部地区，成为当地常住居民，从而导致中部地区的人口规模逐步变小，被东部地区所超越。

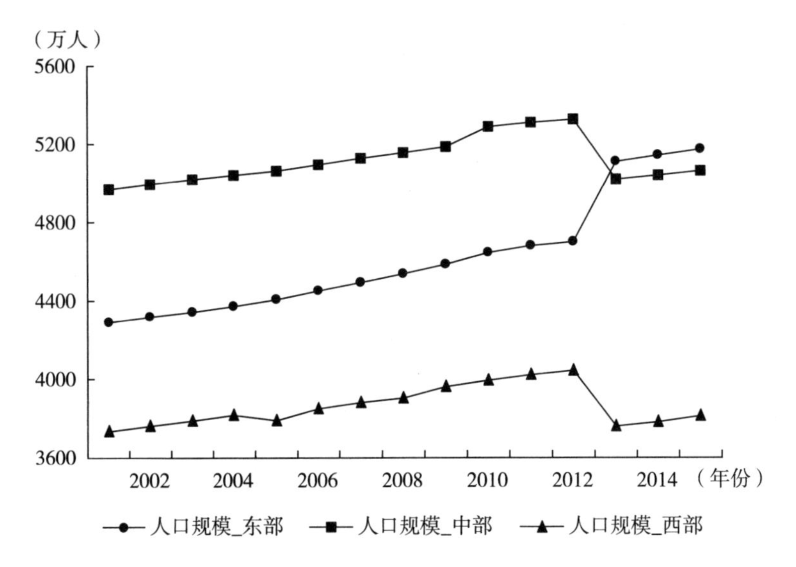

图 2.14　2001~2015 年中国三大区域人口规模的变化趋势

2.2.3.7　城市化现状

城市化是指随着生产力发展、技术进步以及产业结构的优化调整，一个国家或地区从以农业发展为主的农业社会向以第二产业（工业和建筑业）和第三产业（服务业）发展为主的现代型社会转变过程（保罗和琳达，2016）。城市化率是用城市人口除以总人口计算表示。目前，我国正处于快速推进的城市化阶段①。而且，由于农村人口众多，未来相当长一段时期内，我国都将处于城市化发展进程中。城市化具有鲜明的优点：①促

① 林伯强，刘畅．收入和城市化对城镇居民家电消费的影响［J］．经济研究，2016（10）：69-81.

进人才培养与人力资本积累，推动科技进步和社会进步；②促进农业剩余劳动力向第二和第三产业转移，促进农村地区经济发展；③有利于促进城乡交流互动，缩小城乡发展的差距。但是，城市化也会带来一定负面影响，例如污水排放、垃圾排放、交通拥挤和大气污染等。城市化也会对 PM2.5 污染产生影响，其具体影响机理如下：

其一，快速的城市化导致越来越多的农村人口涌入城市地区，城市人口骤增。城市人口增加、人口流动频繁必然需要大量的交通运输工具。而且，我国各个城市的公共交通工具主要还是公交汽车，而公交汽车的大量使用必然消费大量的柴油和汽油等化石燃料，从而排放出大量汽车尾气，导致 PM2.5 污染不断加重。

其二，快速的城市化也会使城市居民和农村居民的收入快速增加。加上不断加快的生活和工作节奏，越来越多的居民（尤其是城市居民）购买汽车，以方便出行。当前，中国已经是世界第二大机动车保有国。《中国统计年鉴》的数据显示，截至 2015 年底，我国私家车保有量是 1.41 亿辆。大规模使用私家车必然消耗大量的化石燃料，从而排放出大量的细颗粒物，成为 PM2.5 污染的主要来源之一（陈弄祺和许瀛，2016）。首先，从省份角度来看（见图 2.15）。2001~2015 年，上海、北京和天津三个直辖市的城市化率是最高的，分别达到 85.2%，83.7%和 72.3%；而四川、贵州和广西的城市化率则是最低的，分别仅有 29.98%、29.66%和 24.11%。城市化的巨大差异必将导致各个省份的机动车保有量差别巨大，进一步导致对 PM2.5 污染影响差异明显。

从区域角度来看（见图 2.16）。2001~2015 年，东部地区平均城市化率明显高于中部、西部地区的城市化率。东部、中部和西部地区的平均城市化率分别是 54.25%、43.15%和 34.97%。而且，从 2013 年开始，三大地区的城市化率有明显提高。主要原因：①近年来，为了加快城市化发展，促进经济发展，中央和各级地方政府实施一系列举措，例如放松户籍管理制度、取消农村劳动力进城务工和生活的限制。这极大地促进了农村人口的城市化转变，越来越多的农村居民在城市购房，成为城市常住人口。②当前，中国经济有逐步放缓的趋势。为了使经济增长保证一定的增长速度，政府必然塑造新的经济增长点。房地产作为近十多年来中国经济增长的火车头，对经济增长的拉动作用显而易见。但是，近年来，我国房地

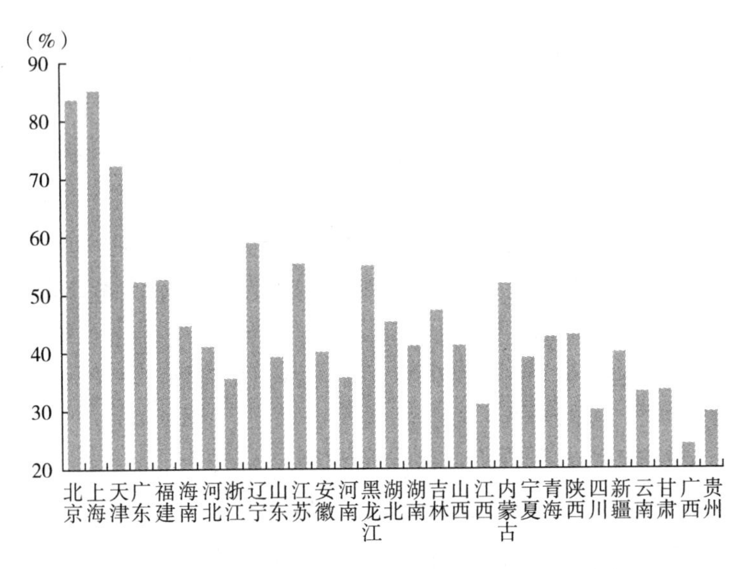

图 2.15　2001~2015 年中国 29 个省份城市化平均水平

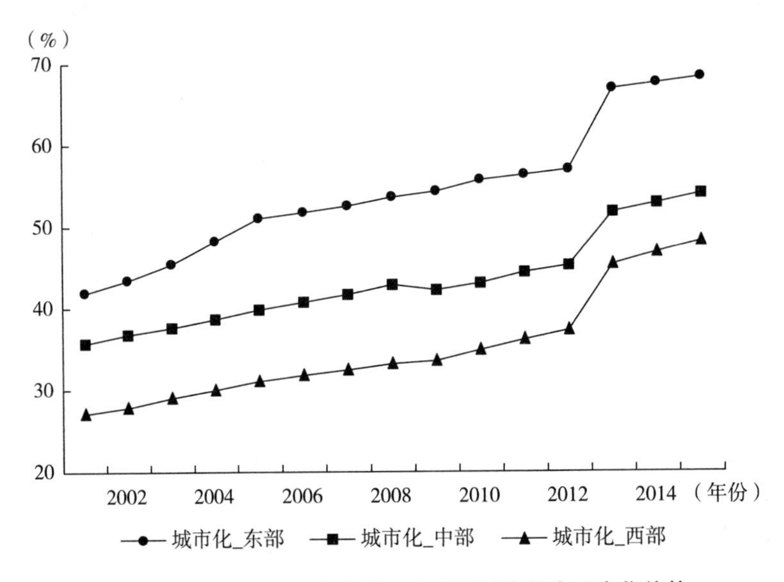

图 2.16　2001~2015 年中国三大区域城市化发展变化趋势

产发展遇到瓶颈问题，即城市房地产市场空置房现象比较严重，尤其是在三四线城市。空置房过多不仅会导致房地产泡沫严重，也会阻碍房地产企业进一步发展。解决这些空置房问题是摆在房地产商和各级政府面前一项不容忽视的问题。解决空置房问题最直接、最有效的方法就是鼓励农民进城购买住房。近几年，很多三四线城市已经实施了这项举措，效果明显。大量有购买能力的农村居民在城市购房，成为正式的城市居民。因此，三大区域的城市化率有明显提高。

2.2.3.8　民用汽车保有量现状

国内外很多研究已经证实，汽车化石燃料使用产生的汽车尾气是 PM2.5 污染的主要来源之一（赵雪艳等，2015）。尽管近年来汽车和化石燃料油的环保性逐步提高，但机动车尾气仍然是导致 PM2.5 污染不断恶化的重要来源之一。其主要原因是：①汽车燃料品质低。长期以来，我国汽油品质滞后于汽车尾气排放标准。1998 年，国务院办公厅颁发了《关于限期停止生产销售使用车用含铅汽油的通知》[①]，督促我国石油冶炼企业加快汽油品质的提升。2000 年 7 月 1 日，全国实现了停止含铅汽油的生产和使用。随之而来的问题是如何进一步降低汽油中的硫含量。因为汽油含硫量过高会使汽车燃油燃烧后产生大量硫酸盐，这些硫酸盐会腐蚀机动车催化器的金属表面，导致催化器的作用面积变小，最终导致机动车尾气排放量增加。为了减少汽油中的含硫量，中央相关部门采取逐步降低含硫量的方法，但是每次汽油含硫量达标使用都晚于政府制定的时间规划。例如，2003 年 6 月我国实现汽油含硫量低于 800ppm（匹配汽车尾气排放国 I 标准），但是这已经晚于预定的实现时间有半年之久。2008 年 7 月 1 日，国家实施汽车尾气排放国Ⅲ标准，但是与国Ⅲ排放标准相匹配的汽油品质要求硫含量要低于 150ppm。实际上，达到这个标准的汽油到 2010 年 6 月全国才实现全面市场供应，比相匹配的汽车尾气排放标准晚了两年。汽油含硫量高，并明显滞后于汽车尾气排放标准，导致汽油使用过程中排放出大量汽车尾气，加重 PM2.5 污染。另外，我国柴油品质与相应的柴油机动车尾气排放标准差距更大。2009 年之前，所有的机动车（柴油汽车、船舶和农用机械设备）都使用轻柴油标准的柴油。这些柴油的硫含量达到

① 国务院办公厅．关于限期停止生产销售使用车用含铅汽油的通知（国办发［1998］129 号）［Z］．1998-09-02．

2000ppm。2009 年，国务院出台《车用柴油》标准①，规定要在 2011 年 7 月 1 日前，柴油硫含量不超过 350ppm（国Ⅲ柴油标准）。但是，2011 年 7 月以后，国内大部分地区的柴油机动车仍使用硫含量达到 2000ppm 的柴油。2013 年，国务院颁布国Ⅳ车用柴油标准，规定要在 2015 年底之前使用硫含量不超过 50ppm 的柴油。而实际上，全国仍有相当多的地区在使用硫含量超标的柴油，尤其是在农村地区。高硫含量柴油的大量使用导致机动车排放出大量尾气，其尾气颗粒物含量往往占所有机动车颗粒物排放总量的 90%以上，从而导致 PM2.5 污染不断加重。②快速增长的机动车导致 PM2.5 减排成为极其困难的问题。《中国统计年鉴》的数据显示：2001~2015 年，民用汽车保有量年均增长率达到 17%。快速增长的机动车必然消耗大量燃料油（汽油和柴油），从而排放出大量的汽车尾气，成为 PM2.5 污染主要来源之一。中国汽车工业协会统计显示，2011 年全国机动车污染物排放量达到 4607.9 万吨，这些污染物是构成 PM2.5 污染的主要要素②。鉴于民用机动车使用会对 PM2.5 污染产生重要影响，下面我们将从省份和区域两个角度对此进行分析。

首先，从省份角度来看（见图 2.17）。截至 2015 年底，山东、广东、江苏、浙江、河北和四川（包括重庆市）六个省份的民用机动车保有量分别达到 1510.81 万辆、1471.40 万辆、1240.91 万辆、1120.58 万辆、1075.03 万辆和 1045.74 万辆。可以看出，除去四川省，剩下的五个省份都处于经济发达的东部沿海地区。不断密切的经济往来、居民的高收入和不断加快的工作和生活节奏导致越来越多的居民购买和使用机动车，民用汽车保有量快速增加。上海、天津、甘肃、宁夏、海南和青海六省份的民用机动车保有量排名最后，分别为 282.23 万辆、273.62 万辆、239.36 万辆、100.94 万辆、83.29 万辆和 78.18 万辆。其中，上海和天津两个直辖市属于经济高度发达地区，为什么其民用汽车保有量较少？主要原因：上海和天津两个直辖市的辖区面积小。近年来不断增加的机动车产生了一系列问题，例如交通堵塞和汽车尾气排放引起的大气污染。为了减少机动车

---

① 中华人民共和国国家质量监督检验检疫总局，中国国家标准化管理委员会. 车用柴油国家标准（GB 19147-2009）[Z]. 2009-06-12.

② http：//www.caam.org.cn/.

快速增加带来的不利影响，两个直辖市政府实施机动车控制政策，严格控制民用机动车的过快增长，因此其民用汽车保有量较低。海南省也属于沿海经济发达省份，为什么其民用汽车保有量也低？其主要原因：①海南省人口总量较小，2001~2015年，其平均人口规模为851.3万人，有限的人口规模必然使其民用汽车保有量不高；②海南省经济发展的定位是积极发展旅游经济和服务经济以拉动经济增长。如果机动车过多必然加重城市PM2.5污染，为了减少空气污染，保持优美的城市环境，海南省政府出台相关政策，控制城市地区民用汽车过快增长。因此，海南省汽车保有量不高。甘肃、宁夏和青海三省份民用机动车保有量过低的主要原因是其经济发展水平有限，居民收入不高，从而导致汽车购买力有限。

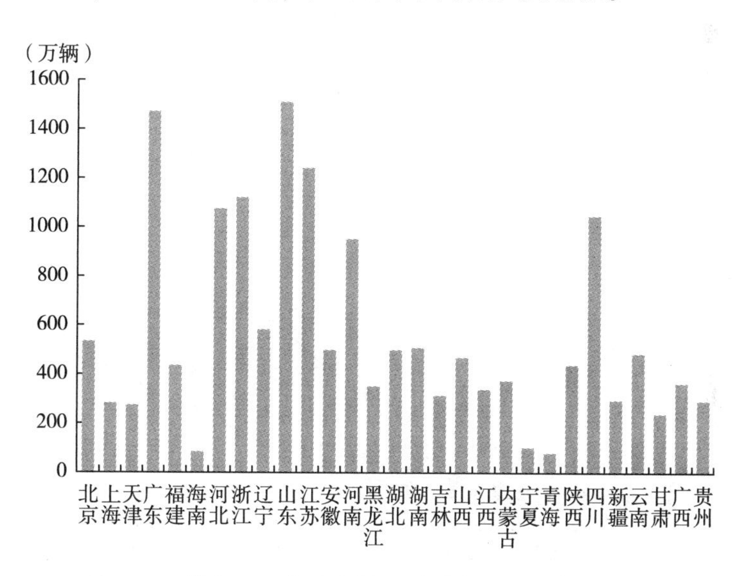

图2.17 截至2015年底中国29个省份民用汽车保有量

其次，从区域角度来看（见图2.18）。2001~2015年，民用汽车保有量从东部地区向中西部地区逐步下降。东部、中部、西部地区的民用汽车平均保有量分别是344.22万辆、195.33万辆和146.49万辆。导致这种结果的主要原因是显著的居民收入差异。汽车的购买和使用主要是在城镇地区，城镇居民收入水平的高低直接决定着居民的汽车购买能力。一般情况下，城镇居民收入较低时，居民主要将收入用于满足食品、衣着等基本生活需求，没有足够的汽车购买力。随着经济发展，城镇居民收入不断增长。在满足基本生活需求之后，城镇居民对中高档耐用消费品需求逐步提高，购买和使用民用汽车的居民越来越多，导致民用汽车保有量快速增加。城镇居民的收入水平一般使用城镇居民家庭可支配收入来度量，它是城镇居民家庭总收入扣掉应该缴纳的各种税费（个人社会保障支出和个人所得税），并加上各级政府的补贴所得。《中国统计年鉴》的数据显示：2001~2015 年，东部地区城镇居民平均可支配收入为 20214.4 元，明显高于中部地区城镇居民平均可支配收入（14201.2 元）和西部地区城镇居民平均可支配收入（13768.7 元）。这必定使东部地区更多居民购买和使用汽车，从而导致东部地区民用汽车保有量高于中西部地区的民用汽车保有量。

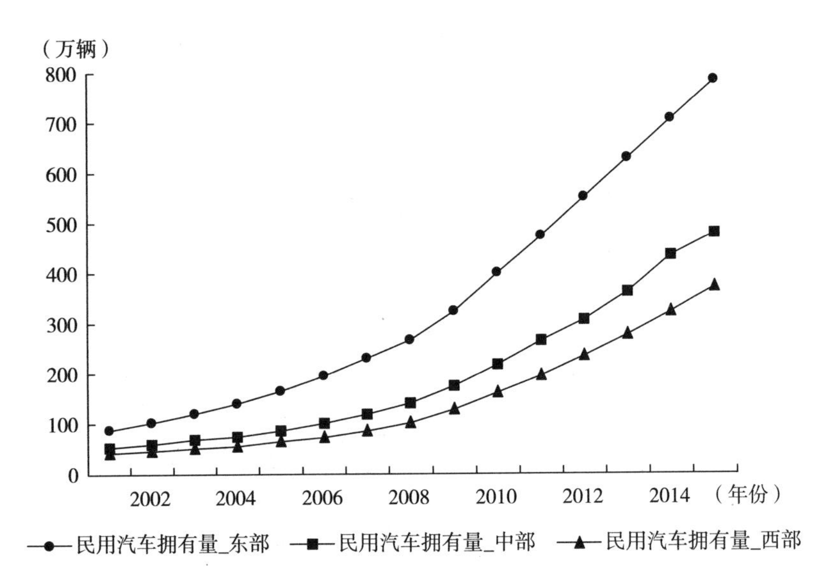

图 2.18　2001~2015 年中国三大区域民用汽车保有量的变化趋势

2.2.3.9　工业化现状

工业化是一个国家或地区从传统农业社会向现代文明工业社会过渡的一个演变过程（蒲志仲等，2015）。工业化水平是由工业部门产值增加值占国内生产总值的比重来衡量。工业化发展是一个漫长的进步过程，它对人类社会的发展既有积极作用，也有消极的影响。一方面，工业化推动各国经济快速发展和文明进步；另一方面，工业化也会产生严重的环境污染。工业化发展需要消耗大量的化石能源（煤炭、石油和天然气），高污染的煤炭由于易获得性和低廉的价格，长期成为世界各国工业化进程中的主要能源。化石能源大量消费必将排放出大量废气、废水和固体废弃物，从而导致大气污染、河流水质变坏、垃圾遍地（袁程炜和张得，2015）。当前，中国仍处于快速推进的工业化阶段，需要消耗大量化石能源（林伯强和刘畅，2016）。从 2010 年开始，中国超过美国成为世界最大的能源消费国①。《中国能源统计年鉴》的数据显示，2015 年，中国能源消费总量达到 40.22 亿吨标准煤。中国工业化一个明显特征是重工业比重过高，因为中国直接从半封建、半殖民地社会过渡到现代文明社会，不像欧美国家，中国没有经过充分的工业化发展，导致工业基础薄弱。中华人民共和国成立后，为了尽快建立健全的工业生产体系和发展国民经济，中央政府制定了优先发展重工业（钢铁、水泥、机械制造和石油化工）的重大决策。重工业的发展可以为国民经济各部门生产提供原材料和生产设备，但是重工业生产会消费大量化石能源（煤炭和石油）。同时，由于中国能源蕴藏具有“多煤少油”的特点，这导致煤炭成为工业发展和居民生活用能的主要来源。《中国能源统计年鉴》的数据显示：1990~2015 年，煤炭消费占中国能源消费总量的平均比重是 74.5%。工业化发展带来的化石能源消费，尤其是高污染煤炭的大量消费，必将产生大量细颗粒物，成为 PM2.5 污染的主要来源。因此，我们有必要对工业化在不同省份和地区之间发展进行详细比较分析，以期为 PM2.5 污染的治理提供决策依据。

首先，从省份角度来看（见图 2.19）。江苏、天津、山西、山东、河南和河北的工业化水平是最高的，分布达到 61.9%、48.2%、48.1%、48.1%、47.7%和 46.7%。其中，山西省工业化水平过高的主要原因是，山西省是我国产煤大省，而工业发展需要消费大量的煤炭。因此，根据能源就近原则，山西省分布了大量的重工业行业，如煤炭加工、钢铁工业和重型机械制造工业等。河北省属于京津冀经济带，由于北京和天津城市发展定位从工业经济向金融经济和服务经济转变，原来属于这两个直辖市的

① Jiang Z., Lin B. China's Energy Demand and Its Characteristics in the Industrialization and Urbanization Process [J]. Energy Policy, 2012 (49): 608-615.

工业部门，逐步向相邻的河北省转移。这导致河北省的工业生产规模进一步扩大，分布了大量的工业行业，例如钢铁工业、装备制造工业、水泥工业和有色金属制造等，导致河北工业化水平进一步提高。江苏和山东两省是我国工业发展最为健全的省份，乡镇工业企业非常发达，导致其工业化水平较高。北京市和海南省的工业化水平最低，分别仅有 21.6%和 19.7%。这主要是因为这两个地区的发展定位目标显著不同于其他省份。北京市发展的定位目标是建设成为政治、文化中心，所以，以 2008 年奥运会为契机，北京市陆续把大批高耗能重工业企业搬出市区，迁移到附近的河北省。这使北京市工业化水平逐步下降。海南省的发展定位目标是以旅游经济带动经济增长，为了保持优美的环境，海南省政府严格控制工业经济发展，尤其是高污染重工业（钢铁、水泥和石油化工）的发展。因此，海南省工业化水平较低，位居全国所有省份最后。

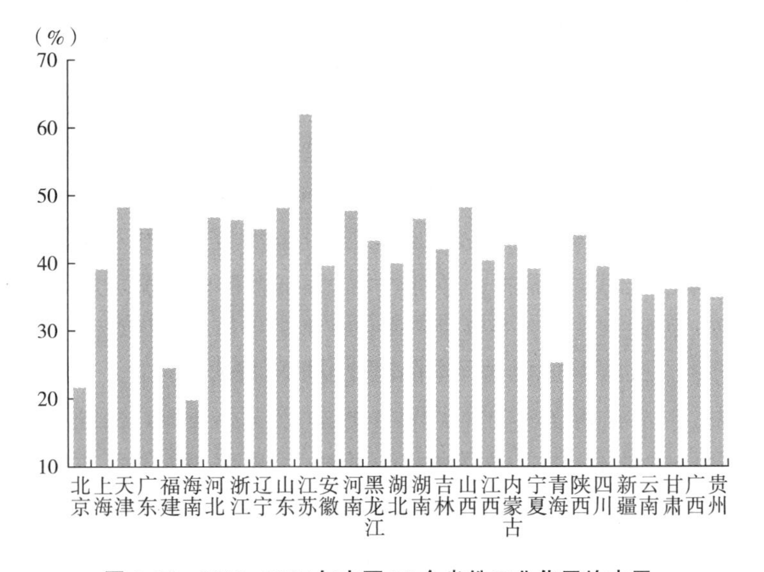

图 2.19　2001~2015 年中国 29 个省份工业化平均水平

其次，从区域角度来看（见图 2.20）。2001~2015 年，中部地区的工业化平均水平是 43.3%，而东部和西部地区的工业化平均水平分别仅是 40.6%和 36.6%。这可以由工业部门和建筑业部门的区域发展差异来解释。

根据国家统计局三次产业分类标准①，第二产业包括工业和建筑业，这两个部门的差异发展必然导致各地区工业化水平是不同的。①工业部门。长期以来，工业是推动我国经济快速发展、增强国家经济实力的关键部门，各省区积极发展工业经济。但是，由于地理位置和历史发展基础的差异，导致各地区工业发展规模差异明显。《中国统计年鉴》的数据显示：2001～2015 年，东部地区平均工业总产值是 8171.19 亿元，明显高于中部地区平均工业总产值（4714.83 亿元）和西部地区平均工业总产值（3054.03 亿元）。②建筑业。改革开放以来，为了消除基础设施短缺对国民经济发展的制约，中央和各级地方政府积极发展建筑业。建筑行业发展需要消费大量建筑材料，例如钢铁、水泥和有色金属产品等。这些产品的生产和消费直接和间接地带动国民经济其他工业部门的发展，并创造大量就业机会和增加了居民收入。因此，建筑业在国民经济发展中的拉动作用不断增强。《中国统计年鉴》的数据显示：2001～2015 年，东部地区平均每省建筑业产值是 1006.48 亿元，而中部、西部地区平均每省建筑业产值分别仅有 724.92 亿元和 524.48 亿元。因此，东部地区的工业化水平高于中、西部地区的工业化水平。

最后，从图 2.20 三大区域工业化水平变化趋势可以看出，东部地区工业化水平基本上表现出平稳发展、逐步下降的趋势。工业化发展史表明，一个国家或地区的工业化水平并不是持续提高的，当经济发展到一定阶段，工业化水平会逐步下降。东部地区经济发展和工业化进程都要早于中西部地区。经过 30 多年的工业化发展，东部地区工业发展已经达到相当的规模和水平，经济发展遇到了瓶颈问题。为了继续保持经济快速增长，东部地区进行产业结构转型，积极发展服务业。所以，从 2007 年开始，东部地区的工业化水平逐步下降，而对于中西部地区，中部和西部两个地区的工业化进程是明显晚于东部地区的。现阶段，这两个地区工业化还处于快速发展的中前期阶段，所以，这两个地区的工业化水平是稳步提升的。但是，从 2015 年开始，中西部地区工业化水平出现了明显下降。这主要是因为：工业化快速发展虽然促进了地方经济增长，但是工业化也会导致环境

① 国家统计局．关于印发三次产业划分规定的通知（国统字［2012］108 号）［Z］．2012-12-17.

污染，例如废气、废水和固体废弃物，这严重威胁着经济的可持续增长。为此，中共十八届五中全会通过了《中共中央关于制定国民经济和社会发展第十三个五年规划的建议》①，将发展绿色经济作为经济发展的一个基本原则，坚决关闭高污染工业。各地区一大批高污染工业企业被关闭和淘汰，因此工业化水平有所下降。

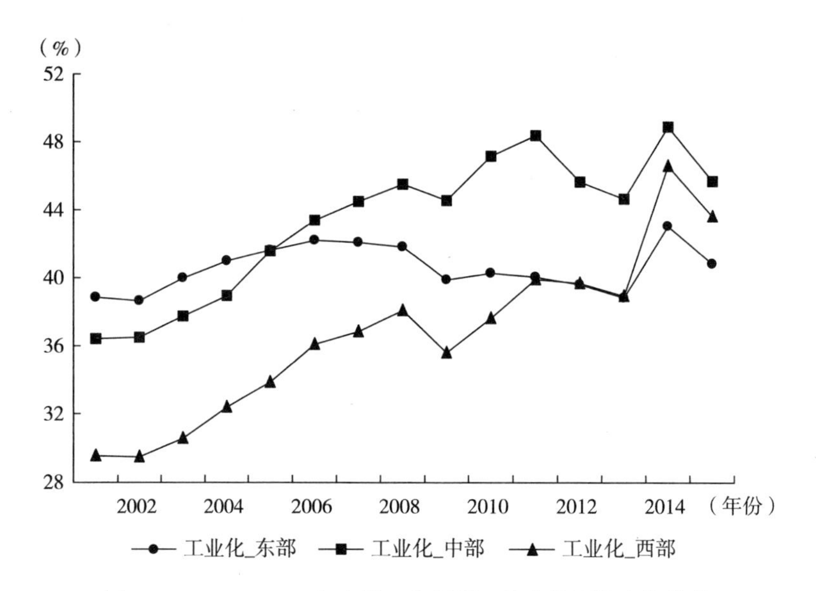

图 2.20 2001~2015 年中国三大区域工业化发展的变化趋势

2.2.3.10 外商直接投资现状

关于外商直接投资与环境污染的关系，有两个经典假说——“污染天堂”假说和“竞争到底”假说。“污染天堂”假说②认为，在一般情况下，发达国家对生产企业的污染物排放标准是严格的，企业排放污染物要缴纳高额的环境治理费用。企业作为一个利益主体，它是追求利润最大化的，所以，很多发达国家将高污染企业向发展中国家投资，从而导致发展中国家污染逐步加重。因此，发达国家既获得了投资收益，又把污染物排放在

---

① 中国共产党第十八届中央委员会第五次全体会议．中共中央关于制定国民经济和社会发展第十三个五年规划的建议［Z］．2015-10-29.

② 汤维祺，吴力波，钱浩祺．从“污染天堂”到绿色增长——区域间高耗能产业转移的调控机制研究［J］．经济研究，2016（6）：58-70.

发展中国家，避免了本国环境的污染。“竞争到底”假说①则认为，为了发展经济，发展中国家一般实施较为宽松的环境标准，发达国家的污染企业投资于发展中国家就会导致发展中国家的环境逐步恶化。发达国家为了维持经济增长，尽量阻止本国资金流向发展中国家，所以，发达国家也会放松环境污染管制，发达国家的环境污染也将逐步加重。随着国家之间相互竞争加速，所有国家不断降低环境标准，最终收敛于一个较低的环境规制水平，环境污染严重。因此，我们有必要对外商直接投资在不同省份和地区之间发展现状进行详细分析。

首先，从省份角度来看（见图2.21）。2001~2015年，江苏、广东、辽宁、上海、山东、浙江、福建和天津这八个地区的平均外商直接投资规模是最高的，分别达到221.32亿美元、186.16亿美元、136.29亿美元、103.61亿美元、99.62亿美元、98.10亿美元、91.98亿美元和90.71亿美元。可以看出，外商直接投资规模最靠前的这几个省份都属于沿海发达地区。这些省份位于沿海地区，具有漫长的海岸线，自古以来与世界其他国家和地区经济贸易往来密切。改革开放以后，鉴于沿海这些省份具有优越的地理位置，首先被作为改革开放的试点，并得到相应的税收和一些政策优惠，例如外商投资企业被减免一定的税收、设立经济特区等。加上当时我国具有丰富而廉价的劳动力，吸引了世界各国的企业来此投资建厂，外商投资规模快速增长。云南、广西、贵州、新疆、青海、宁夏和甘肃的外商直接投资最少、排名靠后，它们的平均外商直接投资规模均没有超过10亿美元。主要原因：这几个省份都处于经济落后、自然条件恶劣的西部地区，国外企业在该地区投资意愿不高。所以这几个省份的外商直接投资规模最少。

其次，从区域角度来看（见图2.22）。2001~2015年，东部地区吸引外商直接投资平均规模远大于中部、西部地区吸引外商直接投资的平均规模。东部地区每省吸引外商直接投资平均规模是102.82亿美元，而中部、西部地区每省吸引外商直接投资平均规模分别仅有35.08亿美元和11.43亿美元。造成这种差别的主要原因：①优惠的政策。东部沿海省份对外开

① 陈刚．FDI竞争、环境规制与污染避难所——对中国式分权的反思［J］．世界经济研究，2009（6）：3-7.

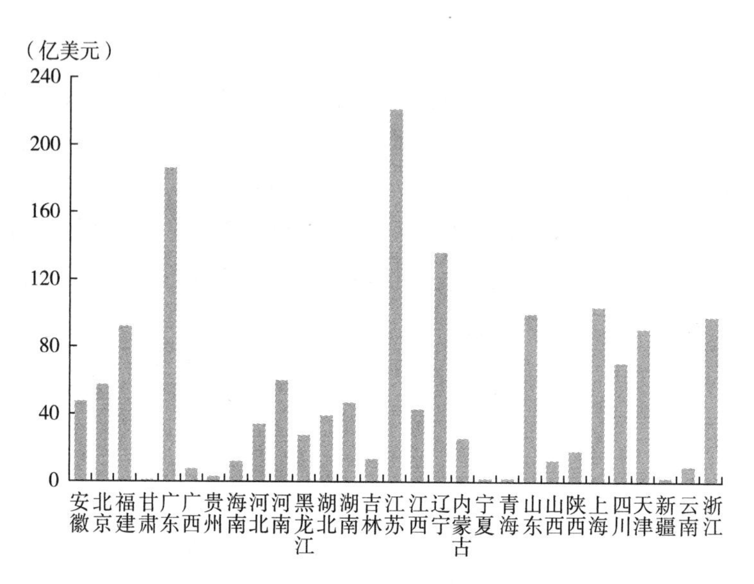

图 2.21　2001~2015 年中国 29 个省份外商直接投资平均水平

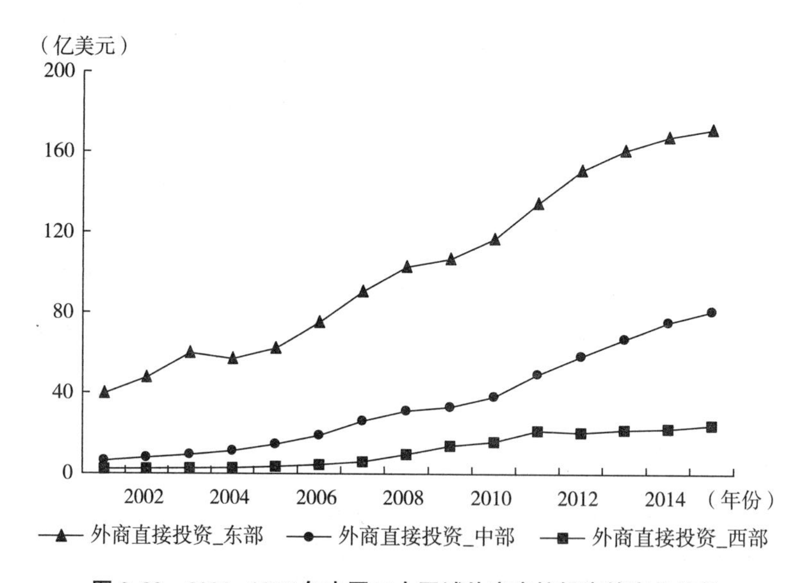

图 2.22　2001~2015 年中国三大区域外商直接投资的变化趋势

放实施更早，国家给了很多倾斜和优惠政策，例如税收优惠，国家制定政策规定外商投资企业生产经营超过 10 年的，年均缴纳营业税在 5 万元以上的，从其正常生产之日起，前两年当地财政部门按其缴纳营业税额的 50%来实施财政补贴，从第三年开始，补贴比例为 30%，直到投资企业收回原始投资。土地优惠政策，外商一次性投资金额超过 400 万美元以上的项目，其用地费用每亩 600 元，当地政府部门支付其中 50%的用地费用，外资企业只需要支付另外 50%即可。对于中西部地区，一方面，中央政府采取逐步推进的策略来实施对外开放和引进外资，中西部地区受到相关法规、政策的限制，吸引外商直接投资的步伐远落后于东部地区。另一方面，即使在中央政府实施全面对外开放的年代，中西部地区由于经济和财政能力有限，也无法像东部地区那样，为外商投资企业提供大幅度的税收和土地使用等优惠政策。所以，东部地区吸引外商直接投资额明显高于中西部地区。②丰富的人才资源。外商投资企业不仅需要硬件设备（厂房与土地），更需要大量的具有相关技术和专业知识的人才。由于历史的原因，东部地区经济基础发展较好，居民受教育程度普遍较高。同时，东部地区分布着大量的大专院校，这些学校培养了大批各类型专业人才，可以满足外商投资的人才需求。《中国统计年鉴》的数据显示：2001~2015 年，东部地区的每省年均毕业大学生人数是 17. 856 万人，而中西部地区的每省年均毕业大学生人数分别是 17. 03 万人和 8. 89 万人。这也导致东部地区吸引着更多的外商直接投资。

2. 2. 3. 11　烟尘和粉尘排放现状

工业生产消耗大量能源（煤炭和石油），而化石能源的燃烧会产生大量的烟尘和粉尘（曲卫华和颜志军，2015）。对于居民生活燃煤消费来说，其烟尘和粉尘排放量是工业生产燃煤消费烟尘和粉尘排放量的 2~3 倍，主要原因是居民生活燃煤没有安装任何除烟、除尘设备。煤炭燃烧排放的烟尘含有大量硫、氮和碳氧化物等有害气体和粉尘。这些烟尘和粉尘颗粒有大有小，大的颗粒物很快会沉降到地面，而小于 10 微米的颗粒物则难以快速下沉到地面，可以长时间飘浮在空气中。在风力的作用下，这些细颗粒物可以长期飘浮在空气中，并且和其他污染物混合，导致 PM2. 5 污染产生。因此，我们有必要对不同省份和区域烟尘和粉尘排放现状进行详细分析。

首先，从省份角度来看（见图 2. 23）。2001~2015 年，山西、河北、河南和四川四个省份的烟尘和粉尘排放量是最多的，其年均烟尘和粉尘排放量分别为 137.57 万吨、128.4 万吨、105.636 万吨和 104.08 万吨。其中山西省是我国煤炭生产和消费大省，煤炭的易获得性和低廉的价格导致山西工业生产和居民生活用能都以高污染的煤炭为主。山西的很多工业企业（钢铁厂和水泥厂）和手工作坊在使用煤炭过程中，或者没有采取任何除尘措施，或者为了减少生产成本不安装、不使用除尘设备，从而排放出大量工业烟尘和粉尘。河北省是工业大省，为了举办奥运会，北京市从 2003 年开始就陆续把一些高耗能、高污染工业企业搬迁到邻近河北省，例如首都钢铁厂、中石油冶炼厂等。这些工业企业以高污染的煤炭作为主要能源，大量煤炭消费必然排放出大量烟尘和粉尘。所以，河北省的烟尘和粉尘排放量位居全国前列。另外，上海、天津、北京和海南四省市的烟尘和粉尘排放量是最少的，分别仅有 10.93 万吨、9.60 万吨、7.49 万吨和 2.00 万吨。其中北京市的发展目标定位是把北京建设成全国政治中心和文化中心。为了改善北京的城市环境，北京市分步骤把市区的高耗能、高污染工业企业搬迁到紧邻的河北省。所以，北京市的烟尘和粉尘排放量快速减少。上海市的发展定位是建设成金融中心和文化中心，严格控制高耗能工业发展，例如钢铁工业、水泥工业和石油化工，而且，市区现有的其他工业企业（医药制造、服装制造、食品制造与机械设备制造）和居民生活能源消费主要以电力和天然气为主。因此，上海市的烟尘和粉尘排放量是低的。海南省的经济发展定位是积极发展旅游经济，以带动经济增长。为了保持环境、减少污染，海南省政府严格控制高耗能工业企业的发展，禁止居民生活使用煤球作为燃料来源。所以，海南省烟尘和粉尘排放量是最少的。

其次，从区域角度来看（见图 2.24）。2001~2015 年，中部地区的烟尘和粉尘排放量明显高于东部和西部地区。中部地区平均每省烟尘和粉尘排放量是 74.14 万吨，而东部和西部地区平均每省烟尘和粉尘排放量分别是 47.37 万吨和 46.54 万吨。这可以由煤炭消费的区域差异来解释。煤炭属于高污染的化石能源，煤炭的大量使用必然排放出大规模的烟尘和粉尘。中部地区是我国煤炭主要产区，煤炭的易获得性和低廉的价格使中部

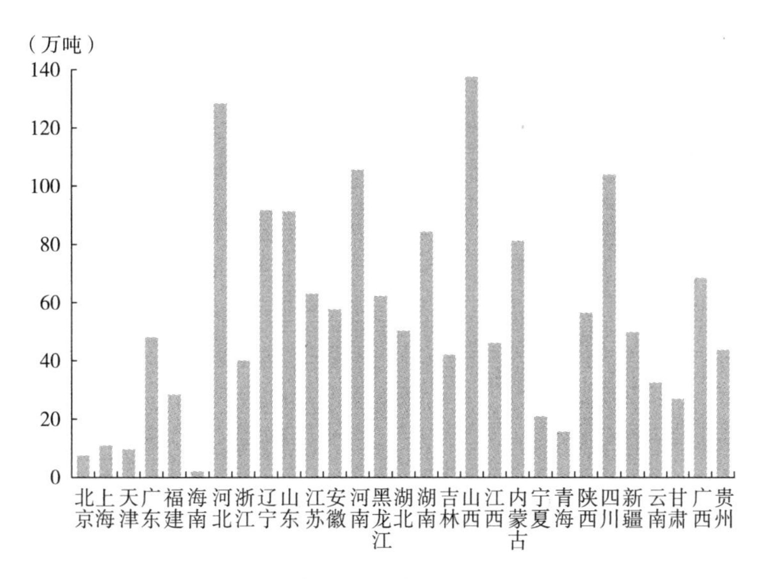

图 2. 23　2001~2015 年中国 29 个省份烟尘和粉尘排放平均水平

地区工业生产和居民生活用能都以高污染的煤炭为主①。《中国能源统计年鉴》的数据显示：2001~2015 年，中部地区平均每省煤炭消费量是 1. 326 亿吨，而东部和西部地区平均每省煤炭消费量分别是 1. 107 亿吨和 0. 691 亿吨。更多的煤炭消费必然使中部地区烟尘和粉尘排放量高于东西部地区烟尘和粉尘排放量。

2. 2. 3. 12　能源消费结构现状

能源消费结构是指一个国家或地区一次能源和二次能源的构成。我国蕴藏着丰富的煤炭资源，而石油的蕴藏量相对偏少。“多煤少油”的蕴藏特点决定了高污染的煤炭成为我国工业生产和居民生活能源消费的主要来源（韩建国，2016）。现在，中国已经是世界上最大的煤炭生产国和消费国。但是，由于煤炭是一种高污染化石能源，它的大量使用必然排放大量细颗粒物，成为 PM2. 5 污染的重要来源。为此，2014 年，国务院制定的

① Xu B. , Lin B. How Industrialization and Urbanization Process Impacts on CO_2 Emissions in China: Evidence from Nonparametric Additive Regression Models [J]. Energy Economics, 2015 (48): 188-202.

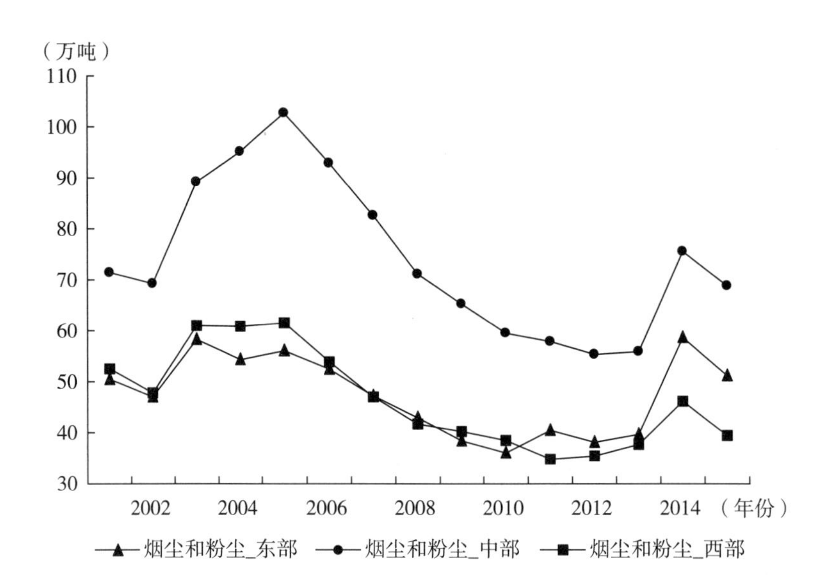

图 2.24　2001~2015 年中国三大区域烟尘和粉尘排放的变化趋势

《能源发展战略行动计划（2014~2020 年）》[①] 指出，为了保护环境，促进经济可持续增长，我国应该逐步降低煤炭消费比重，提高天然气在总能源消费中的比重，大力发展太阳能、风能和地热等可再生能源，稳步推进核电建设。到 2020 年，非化石能源在一次性能源消费中的比重要超过 15%；煤炭消费比重不超过 62%；天然气比重在 10%以上；石油消费的比重控制在 13%左右。根据此行动计划，中央和各级地方政府都采取一系列措施减少煤炭消费在总能源消费中的比重。这些措施主要有：关闭大批无生产资质的小煤窑；放开煤炭市场价格，让煤炭价格反映煤炭应有价值，上升的煤炭价格会促使工业企业和居民增加使用其他可替代清洁能源（水电、太阳能与生物质能）；强制高耗能工业企业安装节能和减排设备等。近年来，各省份和地区能源消费结构变化情况如何？煤炭消费在总能源消费中比重是上升，还是下降？我们有必要对其进行详细分析。

① 国务院办公厅．能源发展战略行动计划（2014~2020 年）（国办发［2014］31 号）［Z］．2014-06-07.

首先，从省份角度来看（见图 2.25）。2001~2015 年，贵州、山西、安徽、内蒙古、宁夏、陕西和河南七省平均能源消费结构最高，煤炭消费占总能源消费的比重分别达到 95.51%、93.98%、93.78%、88.65%、87.45%、87.03%和 83.67%。这几个省份都属于煤炭蕴藏丰富的地区，而且其他能源（水电资源与太阳能）蕴藏或开发规模较少，从而导致它们过度依靠煤炭来满足工业生产和居民生活能源消费需求。而上海、广东、海南、青海和北京的能源消费结构相对更合理，煤炭消费占总能源消费的平均比重分别为 41.9%、41.7%、40.6%、34.8%和 31.0%，位于所有省份最后。其中，北京市的发展定位是成为全国政治和文化中心，以第三产业发展拉动经济增长。因此，近年来，北京市有步骤地将城区中的高耗能、高污染工业企业搬迁出北京市区，这些工业包括钢铁工业、水泥工业、大型机械设备制造工业和金属制品工业等。这些工业主要依靠煤炭作为其能源消费主要来源，它们搬出北京市区后，明显降低了煤炭消费占总能源消费的比重。因为，第三产业和居民生活能源消费主要是天然气和电力。当前，上海市经济发展已经达到中等发达国家的水平。为了促进经济持续、高效地增长，上海市政府采取一系列措施促进产业结构升级和优化，过去高耗能、高污染、低附加值的工业企业（钢铁企业、石油化工、电气机械和器材制造）被逐步淘汰和进行区域转移。这些高耗能企业主要以煤炭作为能源主要来源，它们的淘汰和区域转移有效地减少了上海市的煤炭消费。为了满足不断增加的电力消费，国家已经在上海市周边建立了秦山核电站和连云港田湾核电站，以满足上海能源消费需求。煤炭消费减少和核电供应增加明显地降低了煤炭消费在上海市总能源消费中的比重，促进了其能源消费结构的优化。

其次，从区域角度来看（见图 2.26）。2001~2015 年，东部地区平均能源消费结构为 55.46%，明显低于中部地区（69.63%）和西部地区平均能源消费结构（66.26%）。这主要是因为煤炭生产和新能源的差异使用。①煤炭蕴藏和产量存在显著区域差异。中部地区蕴藏着丰富的煤炭，成为中国煤炭主要产区。例如，山西煤炭储量大，年产量多年位居全国第一，占全国煤炭总产量的平均比重达到 25%，被称为“煤海”（胡炜霞等，2016）。另外，内蒙古和河南的煤炭产量也位居全国前列。例如，《中国能源统计年鉴》的数据显示，2014~2015 年，内蒙古和河南平均煤炭生产量分别位居全国所有省份的第一和第七。西部地区的煤炭蕴藏量和产量也较大。例如，陕西省煤炭蕴藏量丰富，也是我国主要的煤炭资源储藏和产出

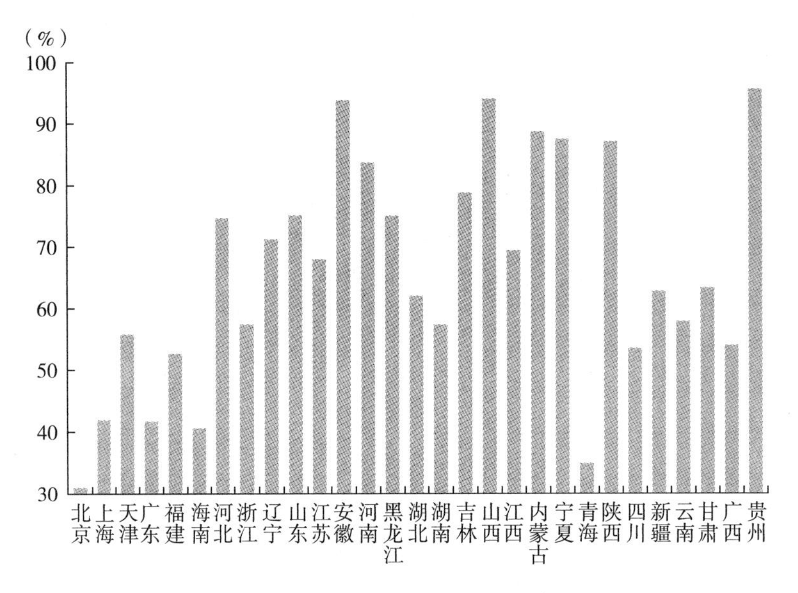

图 2.25　2001~2015 年中国 29 个省份能源消费结构平均水平

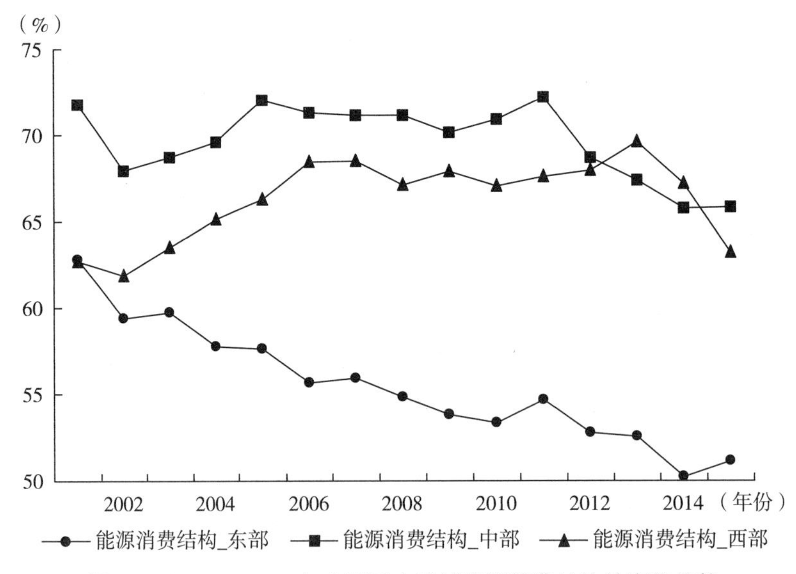

图 2.26　2001~2015 年中国三大区域能源消费结构的变化趋势

大省，已探明煤炭资源蕴藏量位居全国第四。陕西省煤炭资源蕴藏具有埋藏浅、品种全和适合开采的优点。东部地区各省份煤炭储量偏低，煤炭消费大多是从中西部地区进行调度，这无形中增加了东部地区省份煤炭使用的成本。所以，东部地区各省市在调入煤炭满足工业和居民生活需求的同时，积极发展其他类型能源（天然气与核电）以逐步减少煤炭消费。因此，东部地区煤炭消费占总能源消费的平均比重是最低的。②新能源发展的区域差异。经过40多年的改革开放，我国各个地区（尤其是东部地区）经济发展获得了巨大成就。但是，经济长期粗放式增长必然消费大量化石能源（煤炭），从而产生严重的环境污染（PM2.5污染、二氧化碳排放与水污染）。因为我国能源具有“多煤少油”的特点，使煤炭成为中国能源消费的主要来源，环境污染也大多是由于大量煤炭燃烧而产生的。近年来，中央和地方政府意识到环境严重污染将危及我国经济增长的可持续性和居民生命和健康。因此，中央和各级地方政府陆续出台一系列措施减少煤炭消费，促进其他替代性能源的发展和消费，例如清洁无污染的核能。目前中国核能技术已经逐步成熟，建立了秦山核电站一期、二期和三期项目，以及大亚湾核电站。所以，为了减少煤炭消费、优化能源消费结构和减少环境污染（PM2.5），发展核能成为一个必然选择。但是，发展核能需要一些条件，如充足的水源、稳定的地质条件、不能处于地震带等。一方面，东部沿海地区具有漫长的海岸线，经济发展水平高；另一方面，东部地区经济规模大，需要消耗大量能源。如果使用煤炭，需要从中西部地区调入，成本较高，污染严重，而核能具有原料体积小、发电效率高和清洁无大气污染的优点。因此，东部地区应积极发展核能，扩大和增加核电站建设。目前，我国已经建成的核电站有秦山、大亚湾、岭澳、田湾、宁德、辽宁红沿河和阳江核电站，这些核电站全部处于东部地区。这些核电站生产大量核能，提供给东部地区各省份，有助于东部地区省份减少煤炭消费、降低煤炭消费在总能源消费中的比重。所以，东部地区平均能源消费结构低于中西部地区的能源消费结构。西部地区蕴藏着丰富的天然气和太阳能资源。近年来，西部地区积极开发天然气资源和发展太阳能光伏产业，有效地减少了煤炭消费，促进了能源消费的优化。因此，西部地区的平均能源消费结构也低于中部地区的能源消费结构。

2.2.3.13 固定资产投资现状

固定资产投资主要包括房地产开发投资、基础建设与大型设备更新改造等。一方面，这些固定资产投资和建设活动需要消费大量的钢铁、水泥和有色金属制造产品，引起钢铁、水泥和有色金属制造生产企业扩大生产规模，以满足市场需求。现在，我国的钢铁和水泥产量均位居世界第一。但是，我国钢铁、水泥和有色金属行业主要以高污染的煤炭作为其能源消费的主要来源，大规模的生产活动必然消费大量煤炭，从而排放出大量细颗粒物，成为 PM2.5 污染的重要来源。另一方面，大规模的固定资产投资建设使中国成为一个大工地，全国各地都在进行房屋、工厂、道路、桥梁和水利等固定资产建设活动，大部分建设工地施工地面没有进行防风、除尘保护，大面积的土层完全裸露出来。在风力吹拂下，大量尘土被吹到空中，从而加重 PM2.5 污染。可以看出，固定资产投资从直接和间接两方面加重了 PM2.5 污染。因此，我们从省份和区域两个角度对固定资产投资发展变化情况进行分析研究。

首先，从省份角度来看（见图 2.27）。2001~2015 年，山东、江苏、四川、河南、广东和河北六省份的年均固定资产投资额分别是 19657.9 亿元、19207.1 亿元、15686.1 亿元、13292.6 亿元、13097.0 亿元和 11847.3 亿元，位居所有省份最前面。这几个省份辖区面积大、人口多，经济规模总量也位居全国前列。大规模的人口和大的经济总量必然需要大量住房、道路、工厂建设，从而导致其固定资产投资规模巨大。天津、北京、上海、新疆、贵州、甘肃、宁夏、海南和青海则排名在所有省份最后，其年均固定资产投资额均没有超过 5000 亿元。天津、北京和上海三个直辖市也位居其中，其主要原因：①这三个直辖市的管辖面积较小、城市化率高，导致其固定资产更新建设投资需求小；②三个直辖市也是我国经济发展最早的地区，经过多年的发展建设，其基础设施建设已经较为完善，大规模的道路、桥梁等基础设施建设需求较小。因此，它们的固定资产投资平均规模较小。新疆、贵州、甘肃、宁夏和青海五个省份都属于经济欠发达的西部地区，不管是宏观经济总量，还是人均居民收入水平都明显低于中东部地区。这不仅制约了居民住房消费的需求，也导致工业经济发展所需要厂房、道路等固定资产投资需求较少。所以，这些省份的固定资产投资平均规模排名靠后。海南省依靠其独特的亚热带气候和秀丽的海岛景色，积极发展旅游业，而且，为了保持美丽的旅游环境，当地政府严格控制工业经济发展规模，工业发展的固定资产投资少，从而导致海南省固定资产投资平均规模较小。

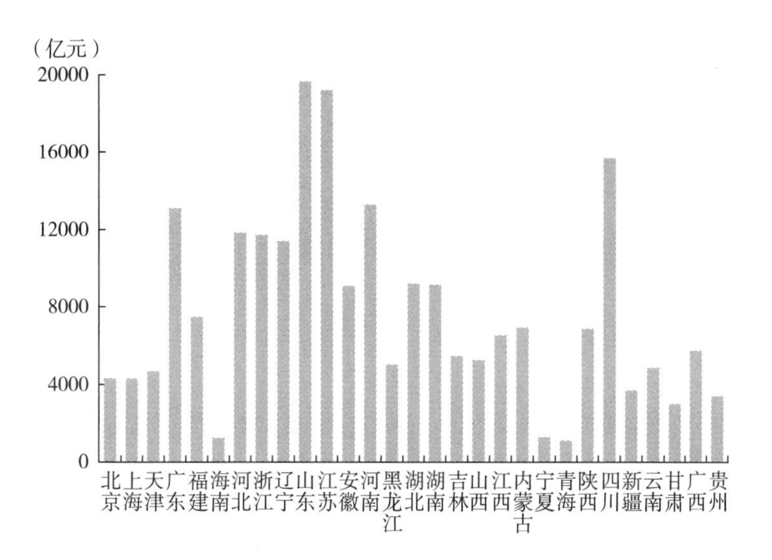

图 2.27　2001~2015 年中国 29 个省份固定资产投资平均水平

其次，从区域角度来看（见图 2.28）。2001~2015 年，东部地区平均固定资产投资规模高于中部、西部地区的固定资产投资规模。这主要是因为差异的外商直接投资和房地产业发展：①东部地区地处沿海，具有与世界其他国家进行经贸往来的独特优势，再加上它分布着数量众多的知名高等院校，能提供大量的各类型专业技术人才。因此，东部地区吸引着世界各国企业来此投资建厂，从而带动当地的固定资产投资快速增加。中西部地区由于地处内陆，在地理位置、交通运输和人才资源等各方面都无法和东部地区相比。所以，外商投资及其产生的固定资产投资建设均明显少于东部地区。《中国统计年鉴》的数据显示：2001~2015 年，东部地区的年均外商直接投资额为 1724.78 亿美元，而中部和西部地区的年均外商直接投资额分别仅为 269.84 亿美元和 169.58 亿美元。大的外商直接投资规模必然需要大量工业基础设施类的固定资产投资，使东部地区的平均固定资产投资规模高于中西部地区。②房地产投资是固定资产投资一个重要组成部分。房地产的发展主要受人口规模和居民收入水平的影响。一般来说，人口越多，收入越高，对住房需求就越大。相较于中西部地区，经济发达的东部地区吸引了大量人口来此就业，常住人口规模大；同时，快速发展的经济也使东部地区的居民收入增长明显。《中国统计年鉴》的数据显示：2001~2015 年，东部地区城镇居民年均可支配收入为 20214. 4 元，而中西部地区城镇居民年均可支配收入分别仅为 14201. 2 元和 13768. 7 元。同期，东部地区每省平均城镇人口是 2349. 29 万人，也高于中部地区每省平均城镇人口（2122. 42 万人）和西部地区每省平均城镇人口（1237. 07 万人）。因此，大规模的城镇人口和高的城镇居民收入必然导致东部地区住房需求大，促进当地房地产业的快速发展，进而使东部地区的固定资产投资规模高于中西部地区。

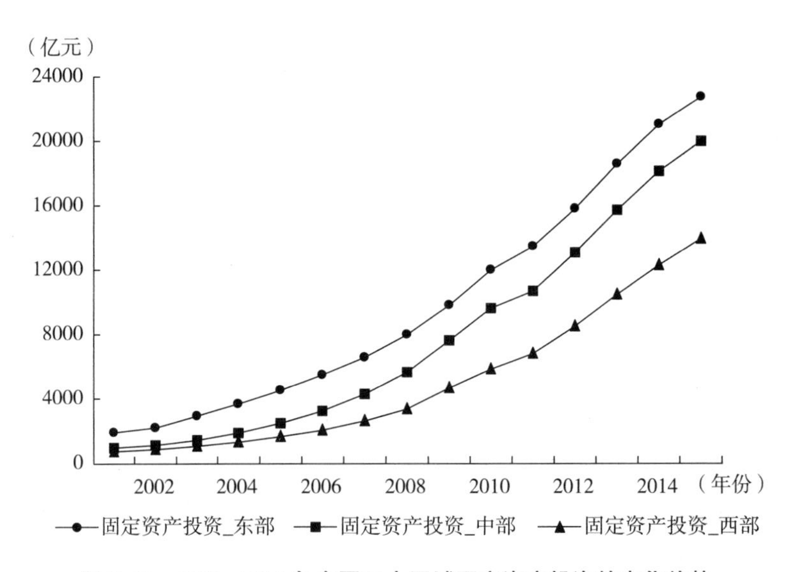

图 2. 28　2001~2015 年中国三大区域固定资产投资的变化趋势

2. 2. 3. 14　城市绿化率现状

城市绿化率是指城市各种绿地面积占城市地区占地面积的比率。城市绿地主要包括公园绿地、居民小区绿地、各种机构单位管辖绿地和城市风景园林等。树木和花草不仅具有改善城市风景的作用，还有吸附各种污染物、减少环境污染的功效（唐昀凯和刘胜华，2015）。例如，城市绿色树木的枝叶能吸附空气中的烟尘和粉尘，减少粉尘中铅、碳、氮氧化物、硫化物的含量，有助于净化空气。另外，花草叶面所具有皱纹及其分泌的植物油脂也可以吸着空气中的浮尘和粉尘，同样可以起到减少空气中污染颗粒物的作用。已有的科学研究证明，一棵阔叶树木平均一年可以吸附 3 公斤左右的空气粉尘。因此，为了减少城市地区 PM2.5 污染，各地城市管理部门加大城市绿化建设工作，努力提高城市绿化率。下面，我们将从省份和区域两个角度分析城市绿化率现状，并分析背后隐藏的深层次原因。

首先，从省份角度来看（见图 2.29）。2001~2015 年，北京、江苏、山东、江西、福建、海南和广东七省城市绿化率排名最靠前，平均绿化率分别达到 42.9%、40.4%、39.2%、39.1%、38.5%、38.3%和 38.3%。其中，北京市的城市绿化率最高。这主要是因为：一方面，随着国际化步伐不断加快，北京吸引着越来越多的广大国内外游客和商务人士。城市绿化是影响城市形象的一个重要方面，因此，近年来北京市加大城市园林和绿地建设，有效地提高了城市形象。另一方面，北京是中国的首都，不断涌入的人口导致机动车激增，城市交通异常拥堵，排放的大量汽车尾气进一步加重了城市 PM2.5 污染。为了减轻 PM2.5 污染，北京市加大城市树木和绿地建设，城市绿化率显著提高。江苏、山东、福建和广东四省都是经济强省，雄厚的经济实力和居民对城市环境要求不断提高，使当地政府注重城市绿化规划与建设，城市森林公园数量和道路绿化带面积快速增加，有效地提高了城市绿化率。江西省虽然地处我国中部地区，经济发展水平落后于东部地区。但是，江西省政府坚持走绿色发展道路，避免走“先污染再治理”的经济发展老路。2009 年 12 月，鄱阳湖生态经济区被确立，发展低碳绿色经济即成为江西省经济发展的必然选择。以此为契机，江西省各级政府部门更加注重城市绿化建设。所以，江西省城市绿化率领先于国内众多省份。

其次，从区域角度来看（见图 2.30）。2001~2015 年，东部地区的平均城市绿化率达到 38.0%，高于中部地区的平均城市绿化率（34.0%）和西部地区的平均城市绿化率（31.3%）。这主要是由各地区城市园林绿化投资差异引起。城市园林绿化投资直接决定城市绿化面积的变化，一般来说，城市园林绿化投资越多，城市园林和绿地面积越多。《中国环境统计年鉴》的数据显示：2003~2014 年，东部地区的城市园林绿化平均每省投资为62.83亿元，而中西部地区城市园林绿化平均每省投资仅分别为37.25亿元和21.09亿元。因此，东部地区城市绿化率高于中西部地区的城市绿化率。

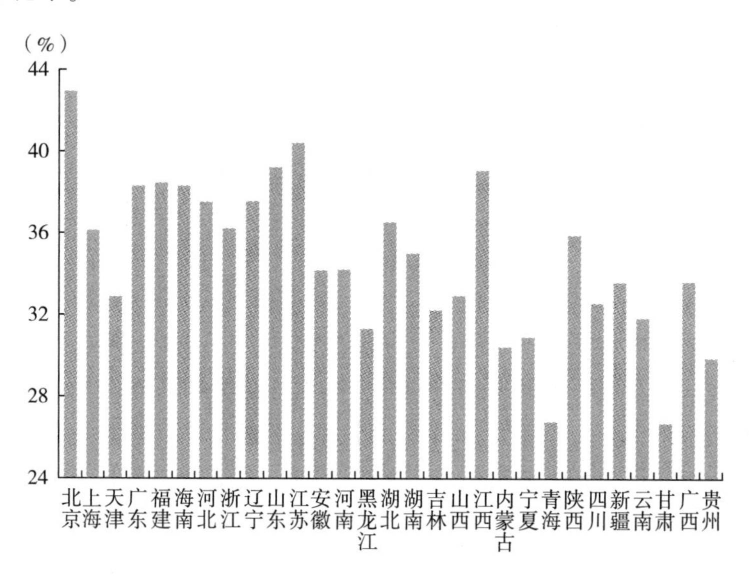

图2.29　2001~2015年中国29个省份城市绿化率平均水平

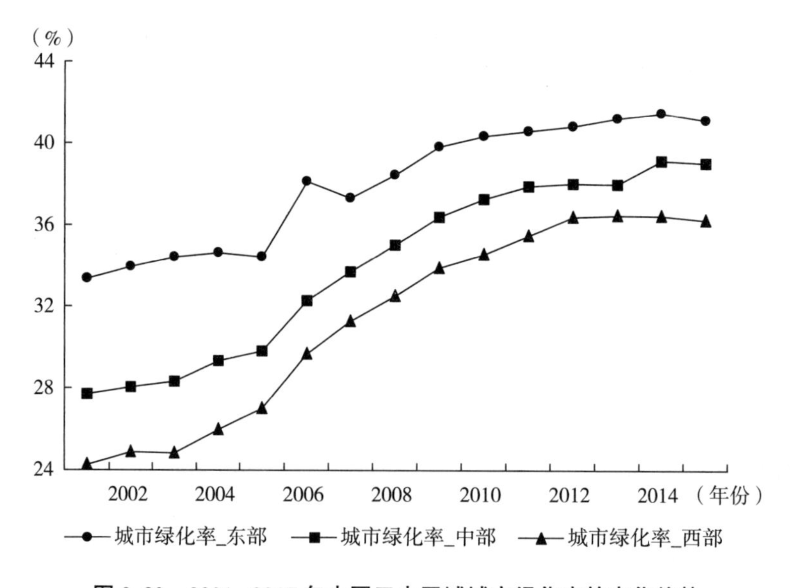

图2.30　2001~2015年中国三大区域城市绿化率的变化趋势

2.3　本章小结

准确把握中国 PM2. 5 污染及其相关社会经济因素现状，是制定有效污染减排政策和措施的前提条件。本章从省份和区域两个角度对我国 PM2. 5 污染及其相关因素（经济增长、城市化、工业化、人口规模、煤炭消费、能源强度、烟尘和粉尘、外商直接投资、固定资产投资、货物周转量、旅客周转量、民用机动车、能源结构和城市绿化率）发展现状进行了详细分析，并深入剖析了隐含的深层次原因。这将为随后的 PM2. 5 污染影响因素、空间分布差异和溢出效应研究打下坚实的资料基础。

第❸章
中国 PM2.5 污染影响因素研究

在完成对我国 PM2.5 污染及其相关社会经济因素发展现状进行详细分析后，将进入本书研究的主体，即围绕我国区域 PM2.5 污染影响因素、空间分布差异及溢出效应来开展研究。在本章，我们将使用非参数可加回归模型细致揭示 PM2.5 污染与其主要影响因素之间的非线性关系，主要原因：由于社会经济现象是复杂多变的，导致经济变量之间存在大量的非线性关系。非参数可加回归模型属于数据驱动式模型，即变量之间的关系形式完全是由变量数据来决定，而不是由人为事先设定的。这就保证非参数可加回归模型可以有效地揭示经济变量之间存在的复杂关系。本章主要内容如下：首先，绘制面板数据散点图，检验 PM2.5 污染与其主要影响因素之间关系形式，为选择合适的计量模型提供依据；其次，在检验结果显示 PM2.5 污染与其主要影响因素之间同时存在着大量线性和非线性关系的基础上，鉴于非参数可加回归模型可以有效揭示经济变量之间存在的大量线性和非线性关系，简要介绍了非参数可加回归模型的基本理论；最后，使用非参数可加回归模型实证分析各影响因素对 PM2.5 污染的线性和非线性影响，以期为政府部门在不同发展阶段制定出灵活、差异的减排政策提供依据。

3.1　PM2.5 污染与其影响因素关系形式检验

3.1.1　影响因素的选择

由 Dietz 和 Rose（1997）① 提出的 STIRPAT 模型②成为研究影响环境变化因素的经典模型。他们经过大量实证检验发现，经济繁荣程度、人口规模和技术因素是影响环境变化主要因素，因此构建出 STIRPAT 模型，其模型具体形式如式（3.1）所示。

$$I_t = aP_t^b A_t^c T_t^d e_t \quad (3.1)$$

其中，a 表示截距项；I 表示某种环境污染；P、A 和 T 分别表示人口规模、经济繁荣程度和技术因素；b、c 和 d 分别表示 P、A 和 T 对环境污染的回归系数；e_t表示随机扰动项。为了去除可能存在的异方差，将所有的变量都进行对数化处理。因为我们是采用全国 29 个省份面板数据进行实证研究，所以 STIRPAT 模型的表达式转变为式（3.2）形式。

$$LI_{it} = La+bLP_{it}+cLA_{it}+dLT_{it}+e_{it} \quad (3.2)$$

其中，P 表示人口数量；A 表示一个国家或地区的富裕程度，用人均 GDP 来表示；T 表示技术水平；下标 i 表示所研究的省份数量；t 表示时间，因为我们使用的是年度数据，所以 t 在这里表示年份。为了调查我国 PM2.5 污染的影响因素，可将模型式（3.2）改写为式（3.3）形式。

$$LPM2.5_{it} = La+bLPOP_{it}+cLGDP_{it}+dLENE_{it}+e_{it} \quad (3.3)$$

其中，PM2.5 表示我国各省区市 PM2.5 污染强度（微克/立方米）；POP 表示人口规模（万人）；GDP 表示经济发展水平，用人均 GDP 表示，

---

① Dietz T., Rosa E. A. Effects of Population and Affluence on CO_2 Emissions [J]. Proceedings of the National Academy of Sciences of the United States of America, 1997 (94): 175-179.

② STIRPAT (Stochastic Impacts by Regression on Population, Affluence, and Technology) 称为可拓展的随机性的环境影响评估模型，可以反映经济增长、人口规模和技术进步对环境污染的影响。

为消除价格因素的影响，我们用人均 GDP 缩减指数对人均 GDP 进行价格平减（折算成以 2001 年为基期的价格水平）；ENE 为能源效率，用国内生产总值（GDP）除以能源消费总量的比值来表示（万元/吨标准煤），以衡量节能和减排技术发展对 PM2.5 污染减排的效用。

为了尽量全面地调查我国 PM2.5 污染状况及其主要来源，考虑到我国经济发展实际情况，我们对 STIRPAT 模型进行扩展，加入工业化、民用汽车保有量和外商直接投资三个因素。加入这三个变量的原因如下：第一，工业化。当前，我国正处于工业化进程快速推进时期，工业化使我国快速从半封建半殖民地社会进入社会主义文明社会。但是，工业化需要消费大量化石能源。由于我国能源蕴藏具有“多煤少油”的特点，这导致煤炭长期成为我国能源消费的主要来源。我国工业化一个重要特点就是重工业比重过高，重工业属于能源密集型行业，主要以高污染的煤炭作为能源主要来源。《中国能源统计年鉴》的数据显示，1990~2015 年，煤炭消费占中国能源消费总量的平均比重是 74.5%。大量的煤炭燃烧排放出大规模的烟尘和粉尘，成为 PM2.5 污染的主要来源之一（马丽梅等，2016）。因此，我们将工业化引入模型中，以细致考察工业化发展对我国 PM2.5 污染的影响。第二，民用汽车。近年来我国居民收入增加明显，加上不断加快的工作和生活节奏，越来越多的居民购买和使用机动车出行，民用汽车保有量快速增加。《中国统计年鉴》的数据显示，民用汽车保有量由 2001 年的 1802.04 万辆迅速增长至 2015 年的 16284.45 万辆，年平均增长率高达 17.0%。民用汽车数量的急剧增加导致了能源消耗的快速增长。而且，中国机动车燃油（汽油和柴油）品质和汽车尾气净化设备技术远低于欧美发达国家，导致机动车使用过程中排放出大量细颗粒物，成为 PM2.5 污染的主要来源之一（何小钢，2015）。因此，我们将民用汽车保有量代入模型中，以分析民用汽车增长对我国 PM2.5 污染的影响。第三，外商直接投资。改革开放以来，随着我国国内人力资源质量不断提高、投资环境逐步改善，越来越多的国外和港澳台地区企业到中国投资。目前，我国已经超过美国，成为外商直接投资最多的国家（邓玉萍和许和连，2016）。《中国统计年鉴》的数据显示，我国吸引外商直接投资总额由 2001 年的 468.78 亿美元上升至 2015 年的 1262.67 亿美元，年平均增长率达 7.3%。外商在中国投资建厂不仅增加了劳动就业，还增加了地方政府的税收和财政收入，促进了各地经济增长。但是，外商投资也会产生一些负面影响，一些外商投资企业属于高耗能、高污染企业，例如石油化工、化学纤维制造和有色金属制造等。这些企业的生产消费大量能源，从而排放出大量烟尘和粉尘，加重 PM2.5 污染。因此，外商直接投资虽然促进了我国经济发展，但是也会加重我国 PM2.5 污染，成为 PM2.5 污染的主要原因之一。鉴于上述分析，我们将外商直接投资引入 PM2.5 污染影响因素模型，深入研究其对我国 PM2.5 污染的复杂影响。

基于 STIRPAT 模型和上述分析，我们设定我国 PM2.5 污染影响因素，其具体模型形式如式（3.4）所示。

$$LPM2.5_{it}=La+\beta_1 LPOP_{it}+\beta_2 LGDP_{it}+\beta_3 LENE_{it}+\beta_4 LFDI_{it}+\beta_5 LCV_{it}+\beta_6 LIND_{it}+\xi_i \quad (3.4)$$

其中，PM2.5、POP、GDP 和 ENE 与式（3.3）相同；FDI 为外商直接投资（亿美元）；CV 为民用汽车保有量（万辆）；IND 为工业化（%），由工业部门增加值除以国内生产总值（GDP）计算得出。

因为这样的先验性模型设定容易产生设定误差，本章采用数据驱动的非参数可加回归模型分析各影响因素对中国 PM2.5 污染复杂的影响。具体做法是将非参数部分加入参数模型（3.4）中，则模型（3.4）变为如式（3.5）所示。

$$LPM2.5_{it}=La+\beta_1 LPOP_{it}+\beta_2 LGDP_{it}+\beta_3 LENE_{it}+\beta_4 LFDI_{it}+\beta_5 LCV_{it}+\beta_6 LIND_{it}+g_1(LPOP_{it})+g_2(LGDP_{it})+g_3(LENE_{it})+g_4(LFDI_{it})+g_5(LCV_{it})+g_6(LIND_{it})+\xi_{it} \quad (3.5)$$

式中，g_1，g_2，…，g_6 表示六个自变量与因变量 PM2.5 关系的非参数函数，可以揭示各个自变量与 PM2.5 污染之间的非线性关系。

3.1.2　数据来源与描述分析

3.1.2.1　数据来源

本章使用的面板数据为我国 29 个省份 2001~2015 年数据。PM2.5 污染数据来源及处理在 2.1.1 节已经详细说明，在此不再赘述。人口规模、经济增长、外商直接投资、民用汽车保有量和工业化的数据来源在 2.2.2 节进行了详细说明。能源效率用 GDP 除以能源消费量表示（万元/吨标准煤），原始数据来自于各省区市统计年鉴（2002~2016 年）。表 3.1 给出本章所用变量的定义和描述性统计特征。

表 3.1　变量的定义和描述性统计特征

变量	单位	定义	均值	标准差	最小值	最大值
PM2.5	微克/立方米	PM2.5 污染	33.61	16.41	2.17	94.14
POP	万人	人口规模	4540.3	2912.6	523.1	12440.8
GDP	元	经济增长	28986.2	21825.2	3000.0	107960.0
ENE	万元/吨标准煤	能源效率	1.18	0.80	0.21	5.71
FDI	亿元	外商直接投资	5433.08	8226.80	53.64	48715.66
CV	万辆	民用汽车保有量	236.65	259.65	8.28	1510.81
IND	%	工业化	40.13	10.64	11.98	71.04

注：由于数据残缺，西藏自治区未包含在研究样本中。重庆市与四川省合并为一个省份。

3.1.2.2　数据描述分析

基于自变量和因变量的年度数据，我们对 2001~2015 年 PM2.5 污染强度、经济增长、人口规模、外商直接投资、民用汽车保有量、工业化水平以及能源效率的变化趋势进行描述分析。

（1）PM2.5 污染。由图 3.1 可以看出，我国 PM2.5 污染在 2010 年以后出现一个明显的快速上升趋势，并且在 2014 年达到最高（59.15 微克/立方米）。其主要原因：第一，近年来，随着居民收入快速增加，越来越多的居民购买和使用机动车，机动车保有量激增。机动车的大规模使用需要消费大量化石燃料（柴油和汽油），而且现阶段我国燃料油的碳、硫含量过高。所以，机动车的激增导致 PM2.5 污染增长明显。第二，在第 2.1.1 节，我们已经进行了解释：2011~2015 年的 PM2.5 污染数据是根据中国各个地区地面 PM2.5 监测站搜集的数据计算获得；2001~2010 年 PM2.5 污染数据是美国相关研究机构和学者根据卫星遥感数据计算获得的，卫星遥感测得的是大气高层 PM2.5 污染数据。PM2.5 污染主要是由地球表面大量

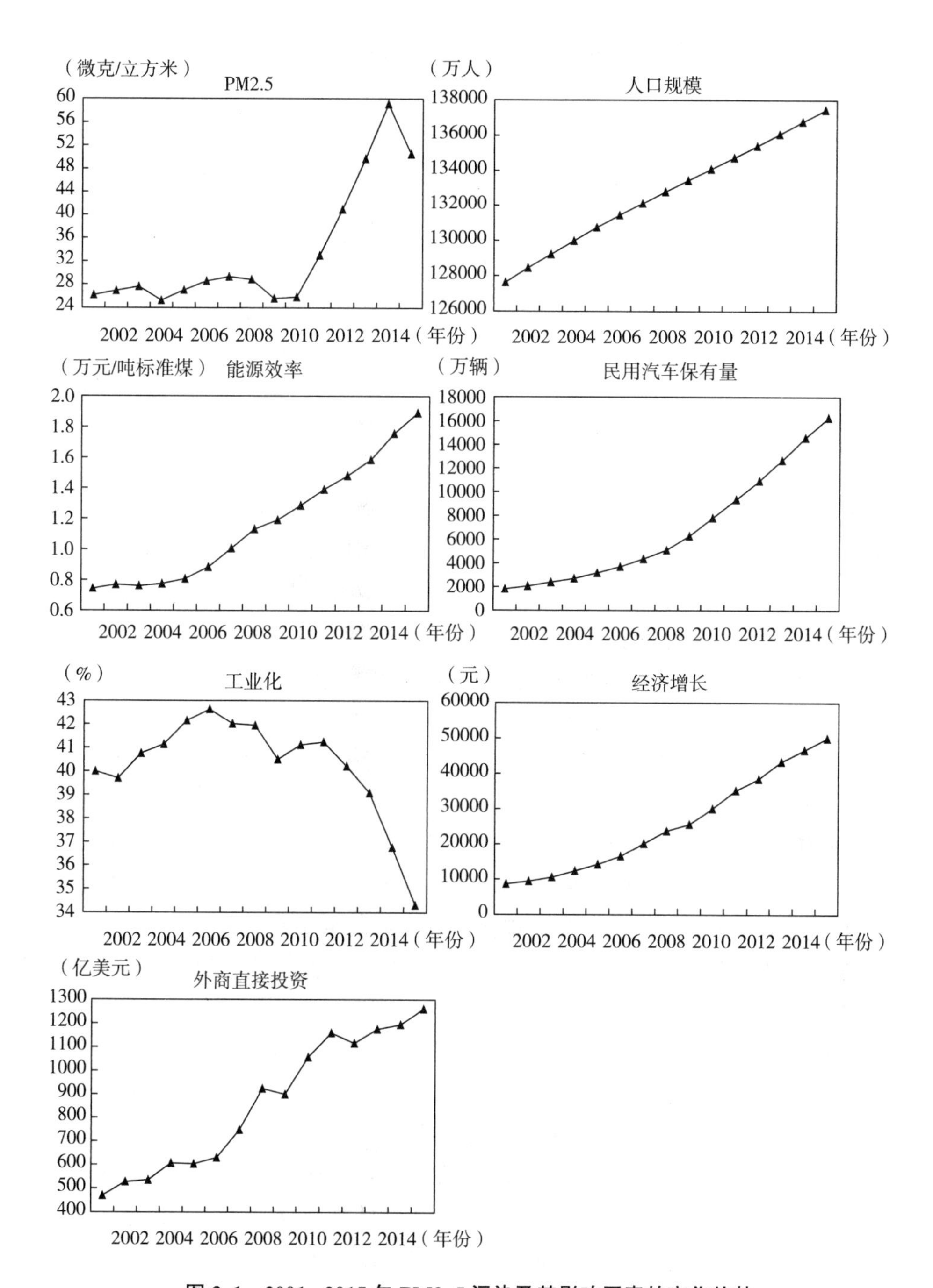

图 3.1　2001~2015 年 PM2.5 污染及其影响因素的变化趋势

人类经济社会活动而产生的，大气底层的 PM2.5 污染强度要高于大气高层的 PM2.5 污染强度，从而导致 2010 年后 PM2.5 污染数值高于 2001~2010 年的 PM2.5 数值。

（2）经济增长。由图 3.1 可以看出，经济增长表现出较快的趋势，人均 GDP 从 2001 年的 8622 元增加到 2015 年的 49992 元，年平均增长率达 13.4%。经济增长通过规模效应、结构效应和技术效应对 PM2.5 污染产生影响。这三个效应的综合结果决定了经济增长对 PM2.5 污染到底是起促进作用还是制约作用。当经济增长的规模效应超过结构效应和技术效应时，经济增长将导致 PM2.5 污染不断加重；而当结构效应和技术效应的作用超过规模效应，经济增长将有利于减轻 PM2.5 污染。

（3）人口规模。我国人口规模由 2001 年的 12.76 亿人增加至 2015 年的 13.75 亿人，年平均增长率仅为 0.53%。主要原因：长期以来我国实行严格的计划生育政策，导致我国年均人口增长率较小。但是，由于我国人口基数大，大规模的人口仍然会对 PM2.5 污染产生影响。一方面，居民生活需要消费大量电力能源。而且，我国电力主要来源于燃烧煤炭的火力发电，大量煤炭的燃烧必然排放出大量烟尘和粉尘，成为 PM2.5 污染的主要来源之一。另一方面，现阶段仍然有很多居民生活用能使用煤球做燃料，没有安装任何除烟设备，从而导致排放出大量烟尘，加重 PM2.5 污染。

（4）能源效率。能源效率由 2001 年的 0.744 万元/吨标准煤提高到 2015 年的 1.894 万元/吨标准煤。能源效率越高越有利于减少能源消费，从而可以缓解 PM2.5 污染。决定能源效率高低的主要原因是技术进步，所以我国各级政府部门应该积极促进技术研发投入，促进节能和减排技术不断进步。

（5）外商直接投资。总体来看，我国吸引外商直接投资呈现出上升趋势，由 2001 年的 468.78 亿美元上升至 2015 年的 1260.67 亿美元，年平均增长率达 7.3%。但是各年份吸引外商直接投资差异明显、波动大，例如，2002 年的增长率为 12.5%，而 2003 年的增长率仅为 1.4%；2007~2008 年的增长率分别为 13.2%和 12.9%，而 2009 年则是负增长。这主要是因为 2008 年爆发的世界金融危机导致企业家对世界经济前景悲观，减少对外投资所致。

（6）民用汽车。民用汽车保有量快速增长，从 2001 年的 1802.04 万辆快速增加到 2015 年的 16284.45 万辆，年均增长率高达 17.0%，这一速度远高于我国经济增长的速度。民用汽车的快速增加必然消费大量化石燃料，排放出大量汽车尾气，从而加重 PM2.5 污染。已有的研究证明，汽车尾气是现阶段我国城市地区 PM2.5 污染不断加重的主要原因之一（李诗云和朱晓武，2016）。

（7）工业化。我国工业化发展呈现出一个倒“U”形模式。工业化水平由 2001 年的 39.99%上升至 2006 年的 42.64%，然后逐步下降。到 2015 年，工业化水平下降为 34.31%。我国工业化变化特征符合世界工业化进程的变化趋势，即在早期阶段，工业化程度快速提高。在这一阶段，快速增长的工业化将消费大量化石能源（煤炭和石油），从而加重环境污染。当工业化达到一定程度，为了保持经济持续增长，需要优化经济结构，积极发展第三产业，这将导致工业化程度逐步下降。

3.1.3　变量之间关系形式检验

在使用非参数可加回归模型进行回归估计之前，我们还应该检验 PM2.5 污染与其影响因素之间的关系形式，以检验我们使用非参数可加回归模型进行参数估计是否合适。散点图能够将两个量之间的关系直观显示出来。因此，我们使用全国 29 个省份的面板数据，绘制出 PM2.5 污染与其各个影响因素之间关系的散点图（见图 3.2）。由图 3.2 可以看出，PM2.5 污染与各影响因素之间均同时存在着大量的线性和非线性关系。这也验证了使用非参数可加回归模型估计各影响因素对 PM2.5 污染的影响是可行的、合适的。

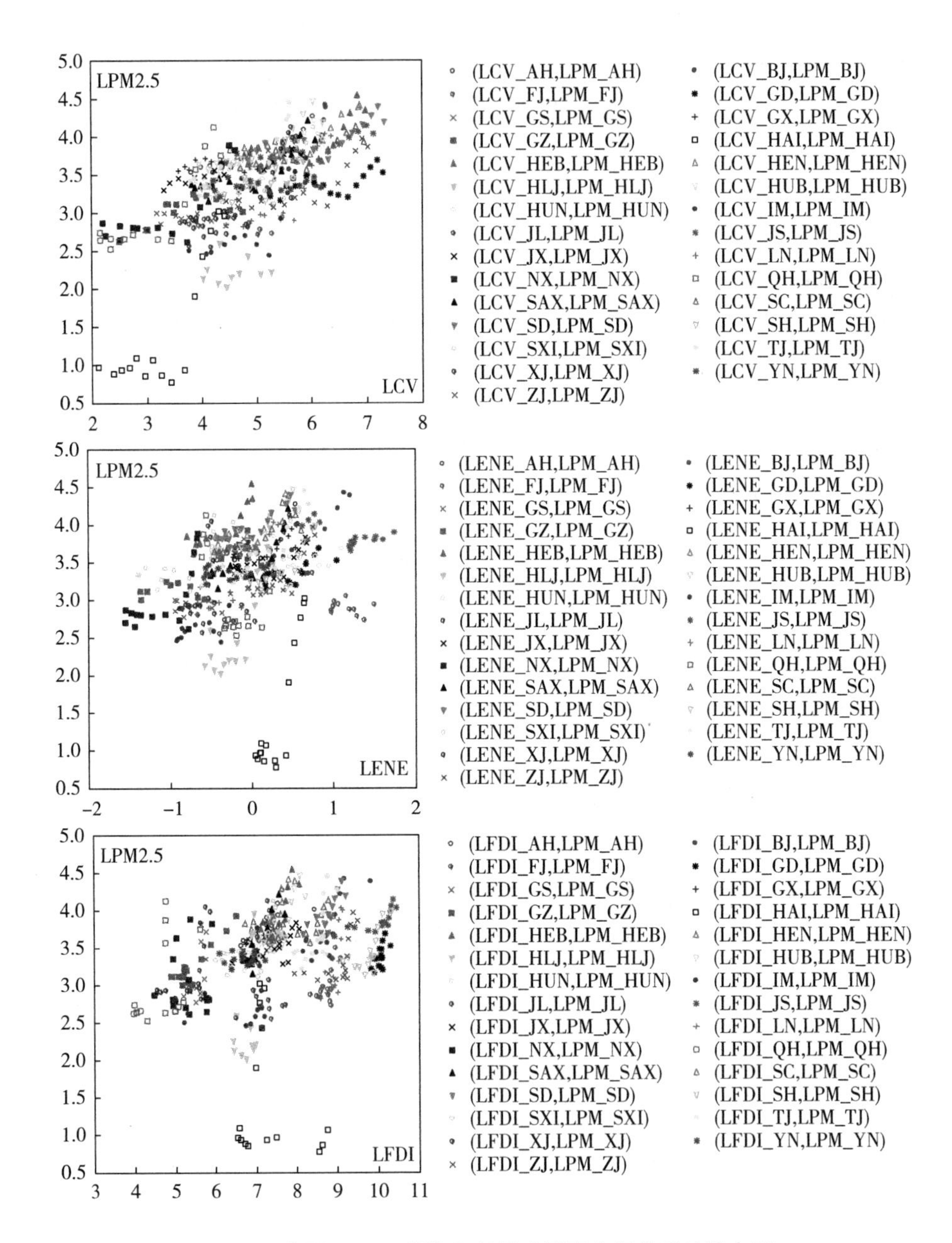

图 3.2 我国 PM2.5 污染与其影响因素之间关系的散点图

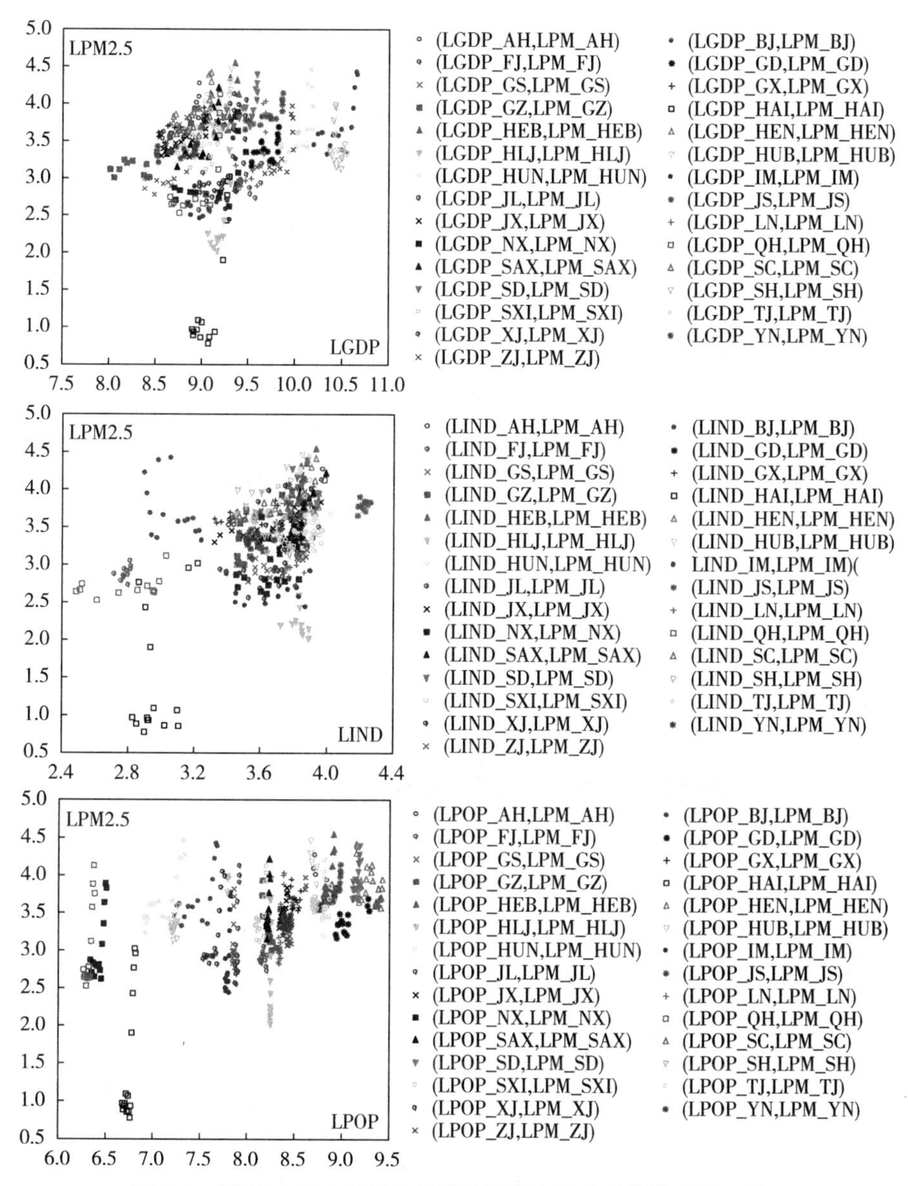

图 3.2　我国 PM2. 5 污染与其影响因素之间关系的散点图（续）

注：上面每个图中均有 29 条散点曲线，每条散点曲线表示一个省份 PM2. 5 污染与其影响因素之间的关系形式。其中，AH、FJ、GS、GZ、HEB、HLJ、HUN、JL、JX、NX、SAX、SD、SXI、XJ、ZJ、BJ、GD、GX、HAI、HEN、HUB、IM、JS、LN、QH、SC、SH、TJ 和 YN 分别表示安徽、福建、甘肃、贵州、河北、黑龙江、湖南、吉林、江西、宁夏、陕西、山东、山西、新疆、浙江、北京、广东、广西、海南、河南、湖北、内蒙古、江苏、辽宁、青海、四川、上海、天津和云南。

3.2 非参数回归模型理论概述

基于我国 29 个省份 2001~2015 年的面板数据，3.1.3 节对 PM2.5 污染与其影响因素之间关系形式进行了检验，结果显示 PM2.5 排放与其影响因素之间同时存在着大量线性和非线性关系。这需要我们选择能有效揭示变量之间存在大量线性和非线性关系的模型进行研究。非参数统计对研究总体的分布没有严格的假设和要求，从而不会因为对研究总体进行假设而产生偏误问题，即非参数估计具有更好的稳健性。因此，在本章，我们使用非参数可加回归模型细致分析我国 PM2.5 污染与其影响因素之间的复杂关系及其隐含的深层次原因。在进行具体回归分析之前，我们有必要对非参数回归模型理论进行梳理，主要内容包括：第一，非参数回归模型产生的背景；第二，非参数回归模型的基本理论；第三，非参数可加回归模型构建及其原理。

3.2.1 非参数回归模型产生的背景

过去，许多经济理论都认为经济变量之间关系是线性的。因此，现有的大多数研究是用线性模型来表示或拟合现实经济系统。但是，20 世纪 70 年代以来，随着混沌和系统科学研究方法的快速发展，越来越多的学者意识到仅仅使用线性模型或方法去研究社会经济变量之间的关系是不合适的。因为通过大量的实际研究发现，经济社会变量之间的关系是复杂多变的，往往同时存在着大量的线性和非线性关系，而不是过去认为的线性关系。因此，在经济社会问题研究过程中，如果我们人为设定经济变量之间的关系——不管是线性的还是非线性的，都是不妥当的。这种做法都带有强烈的人为设定色彩，不能客观、真实地揭示出社会经济变量之间的真实关系（李奇和杰弗里，2015）。

非参数单方程经济计量模型的研究在近 30 年得到迅速发展，非参数联立方程计量经济模型的理论研究也获得了长足发展。非参数统计对未知研究总体的分布没有严格的假设和要求，这样就不会因为对需要估计的总体进行假设而产生偏误问题。因此，非参数估计的稳健性更好。因为非参数统计对研究总体分布特征的条件是宽松的，所以大样本理论逐步占据了主导地位。从 20 世纪 50 年代以来，非参数统计获得了快速发展，研究成果越来越多。

3. 2. 1. 1　非参数统计主要适用范围

（1）需要研究的样本数据难以满足参数检验要求，无法使用参数检验。例如，一个非正态分布的小样本总体，当 t 检验也不适用时，我们就可以使用非参数检验。

（2）样本是一些定性的分等级数据，不适用参数检验。例如，研究社会大众对预购房屋的要求时，尽管购房者无法用一个具体数字来表示他们对不同楼盘所售房屋的偏好程度，但是他们可以将不同楼盘按喜好分成不同等级。这种情况下就适宜采用非参数统计。

（3）研究的问题中没有需要估计的参数，也不适合使用参数检验。例如，当我们需要判断一个样本是否为随机样本时，就适合使用非参数检验，而不是参数检验（叶阿忠，2003）。

3. 2. 1. 2　非参数统计的特点

（1）相较于传统的参数统计，非参数统计具有以下优点：①非参数统计方法适用范围更为广泛，因为它要求的条件少。②非参数统计方法运算简单，运算速度快。③大多数非参数统计方法可以有效地对定性资料进行估计，而一般的参数估计不适用于定性资料的处理。④在进行数据推论和预测时，一般的参数估计方法适合于未来三期之内的预测，即短预测，而非参数统计方法则具有优良的长期（多于三期）预测效果。

（2）非参数统计方法也存在着不足之处：①如果需要分析的样本数据可以同时适用于参数统计和非参数统计方法，一般参数统计方法具有更高的解释力，非参数统计方法的检验功效要差一些。②对于大样本数据，如果不使用恰当的近似，非参数统计方法的计算过程可能非常复杂（叶阿忠，2008）。

3.2.2 非参数回归模型理论简述

非参数回归模型（Nonparametric Regression Model）是近年来兴起的，在理论研究和实际应用上都受到了众多学者的关注。由于非参数回归模型相比较线性模型具有更大的灵活性，因此在研究中能够更好地解释每个变量的效应。同时，非参数回归模型也可以避免“维数灾难”（Curse of Dimensionality）的问题。基于上述对非参数模型优点的分析，在本章的实证分析中，我们将运用非参数回归模型对我国 PM2.5 污染影响因素进行研究。

无论是线性还是非线性的回归模型，都在事前假设经济变量的关系是已知的。但是，在现实中，经济变量之间的关系往往是未知的。因此，在具体经济问题研究中，线性或非线性的计量模型经常存在设定误差，无法有效地揭示经济现实。非参数回归模型假设经济变量之间的关系是未知的，并对整个回归模型进行估计。因此，非参数回归模型比线性或非线性模型能更好地拟合变量之间的关系。近年来，非参数回归估计模型在国际上受到越来越多的关注，并成为应用较多的模型之一（周先波，2017）。

假设 Y 为被解释变量，且为随机变量；X 为 d 维解释变量，X 是影响 Y 的一些重要因素，既可以是确定变量，也可以是随机变量。给定样本观测值（X_1，Y_1），…，（X_n，Y_n），并假定 $\{Y_i\}$ 独立同分布，即可以构建出多元非参数回归模型，其基本形式如式（3.6）所示。

$$Y_i = m(X_i) + \mu_i \quad (i = 1, 2, \cdots, n) \tag{3.6}$$

其中，m（·）是未知函数；μ_i为随机误差项，表示除了已经列出的解释变量以外，还有其他不可观察的因素。当解释变量为确定性变量时，随机误差项的期望为零，即 $E(\mu_i) = 0$。此时，被解释变量的期望为 $E(Y_i) = m(X_i)$。当解释变量是随机变量时，假定解释变量与随机误差项相互独立，即 $E(\mu_i | X_i) = 0$。此时，被解释变量的期望为 $E(Y | X_i) = m(X_i)$。模型（3.6）的估计方法主要有核估计、局部线性估计、近邻估计和样本条估计等。

3.2.3 非参数可加回归模型理论概述

综合上述参数回归与非参数回归各自的优缺点。我们有个疑问——为什么不把参数回归与非参数回归结合起来呢？非参数可加回归模型（Nonparametric Additive Regressive Model）由两部分组成：一部分为非参数部分；另一部分为线性参数部分。由于非参数可加回归模型集合了非参数回归和参数回归方法各自的优点，因此该方法具有更强的适用性，并且比完全非参数回归模型更加有效。

可加回归模型这一统计分支是近年来兴起的，无论是在理论研究还是在实际应用上，都受到了许多统计学者的关注。同其他回归模型一样，相关学者对它的兴趣就是大样本性质研究，并且从 20 世纪 80 年代以来取得了丰硕的研究成果。

可加模型最早是由 Stone（1985）① 提出。在模型中，Y_i（i=1, 2, …, n）为因变量，是随机函数 f_j（j = 1, 2, …, p）之和。Y_i是自变量 X_{i1}, X_{i2}, …, X_{ip}的函数。可加模型的具体形式如式（3.7）所示。

$$Y_i = \sum_{j=1}^{p} f(x_{ij}) + \mu_i, \ \mu_i, \ \sim iid(0, \sigma^2) \tag{3.7}$$

其中，f（x_{ij}）是非参数函数，可以通过非参数回归模型估计获得。E（f_j）=0（j=1, 2, …, p），f_j是平滑的。同时，可加模型也可以表示为如式 3.8 所示。

$$E(Y_i \mid x_{i1}, x_{i2}, \cdots, x_{ip}) = \sum_{j=1}^{p} f(x_{ij}) \tag{3.8}$$

由式（3.8）可以看出，可加回归模型是线性模型的改进，每个解释变量都采用更加一般的形式 f_j（x_{ij}），而不是传统的线性形式 $\beta_i x_i$。如果可加回归模型被用于数据分析和拟合，可以得到 P 个平行函数。这些函数可以用来解释和预测被解释变量。为了细致分析各因素对我国 PM2.5 污染的影响，并且与传统线性回归模型结果相比较，我们将线性部分加入可加模型中，形式如式（3.9）所示：

$$E(Y_i \mid x_{i1}, x_{i2}, \cdots, x_{ip}) = a + \sum_{j=1}^{p} \beta_j x_{ij} + \sum_{j=1}^{p} f_j(x_{ij}) \tag{3.9}$$

其中，a 和 β_i是线性回归参数，其他与式（3.8）相同。

因为可加回归模型已经被广泛地应用于经济、政治、医学和环境保护

---

① Stone C. J. Additive Regression and Other Nonparametric Models [J]. The Annals of Statistics, 1985（6）: 689-705.

等研究领域，很多研究者开始致力于研究可加回归模型的估计方法。现有可加回归模型的估计方法主要包括三种：第一种是向后拟合算法（Back-fitting Algorithm），它是由 Buja、Hastie 和 Tibshirani（1989）① 等学者提出，并不断完善的。第二种是边际可积方法（Marginal Integration Method），它是由 Linton 和 Nielsen（1995）② 提出的。第三种是局部拟差分方法（Local Quasi-differencing Approach），它是由 Christopeit 和 Hoderlein（2003）③ 提出的。鉴于向后拟合算法具有迭代方法巧妙和计算简单的优点，并且已经成为可加回归模型的主流估计方法，本章使用该方法进行模型估计。向后拟合算法的理论内容简要介绍如下：

假如把模型（3.9）中的线性部分看作是一个特殊的非参数函数，表示为 $g(x_i)\hat{=} a+\sum_{j=1}^{p}\beta_j x_{ij}$，则模型估计就变为估计 $E(Y_i \mid x_{i1}, x_{i2}, \cdots, x_{ip}) = g(x_i)+\sum_{j=1}^{p}f_j(x_{ij})$ 中的函数 g（·）和 f_j（·）。当估计函数 f_j 时，假定其他函数 f_j（·）和 g（·）是已知的，这样偏残差就可以定义为 $r_{ik}=y_i-g(x_i)-\sum_{j\neq k}f_k(x_{ik})$。通过偏残差最小化，可以得到 $\hat{f}_k(x_{ik})=E(r_{ik}\mid x_i)$，不断循环这个过程就可以得到 P 个分量的估计值 $\hat{f}_1$，$\hat{f}_2$，…，$\hat{f}_p$。同样，在估计 g（x_i）时，假设其他函数 f_j 都是固定不变，就可以得到最优估计值 $\hat{\beta}$。具体实现过程如下：首先，对函数 $\hat{g}^0(x_i)$，$\hat{f}_1^0(x_{i1})$，$\hat{f}_2^0(x_{i2})$，…，$\hat{f}_p^0(x_{ip})$ 进行初始化处理。假设 g（x_i）和 $\hat{f}_2^0(x_{i2})$，…，$\hat{f}_p^0(x_{ip})$ 都是固定不变的，通过上述的方法，可以得到 $\hat{f}_1^1(x_{i1})$。其次，从 1 循环到 P+1，可以得到 $\hat{g}^1(x_i)$，$\hat{f}_1^1(x_{i1})$，$\hat{f}_2^1(x_{i2})$，…，$\hat{f}_p^1(x_{ip})$。不断循环上述迭代过程，直到 $RSS=\sum_{i=1}^{n}[y_j-g(x_i)-\sum_{j=1}^{p}f_j(x_{ij})]^2$ 收敛到预订的标

① Buja A., Hastie T., Tibshirani R. Linear Smoothers and Additive-models [J]. Annals of Statistics, 1989, 17 (2): 453-510.

② Linton O., Nielsen J.P. A Kernel Method of Estimating Structured Nonparametric Regression Based on Marginal Integration [J]. Biometrika, 1995 (5): 93-100.

③ Christopeit N., Hoderlein S. Estimation of Models with Additive Structure Via Local Quasi-differencing [J]. Preprint, 2003 (6).

准，从而获得非参数部分函数和线性部分参数的估计值。

3.3　基于非参数可加回归模型的中国 PM2.5 污染影响因素实证分析

3.3.1　单位根检验

一般来说，大部分经济变量序列是非平稳的。如果对非平稳序列进行回归分析，将会产生伪回归问题。因此，我们需要将非平稳序列转变为平稳序列，然后再进行模型回归分析。面板数据的稳定性检验通常通过面板数据单位根检验来完成。面板数据单位根检验分为两种类型：第一类是同单位根的检验方法，主要包括 LLC（Levin-Lin-Chu）检验、Breitung 检验和 Hadri 检验。这些检验假设面板数据中的截面序列具有共同的单位根。第二类是不同单位根的检验，主要包括 IPS（Im-Pesaran-Skin）检验、Fisher-ADF 检验和 Fisher-PP 检验。这三个检验放松同质性假设，允许不同观测值的一阶自回归系数是变化的（高铁梅等，2016）。众所周知，我国领土幅员辽阔，不同地区在经济发展、人口分布、技术水平、工业化和吸收外商直接投资等很多方面都存在显著差异。而且，本章是基于我国 29 个省区市的面板数据进行的实证分析。相较于第一类单位根检验，第二类单位根检验更适用于本章节所使用的面板单位根检验。因此，本章节使用 IPS（Im-Pesaran-Skin）检验、Fisher-ADF 检验和 Fisher-PP 检验实施面板数据单位根检验（见表 3.2）。由表 3.2 单位根检验结果可以看出，大部分水平变量序列是非平稳的。但是，它们的一阶差分序列在 5%或更高的显著性水平下均通过了显著性检验，即这些变量的一阶差分序列是平稳的。

表 3.2　面板单位根检验结果

	变量	Fisher ADF 检验		Fisher PP 检验		IPS 检验	
		常数项	常数项和趋势项	常数项	常数项和趋势项	常数项	常数项和趋势项
对数序列	PM2.5	41.55	56.11	21.41	27.42	2.97	-0.13
	GDP	40.04	8.18	51.18	8.32	0.97	8.63
	ENE	13.36	105.76***	13.08	199.24***	9.53	-3.38***
	POP	68.62	93.70***	55.50	48.56	1.34	-1.83**
	FDI	75.13*	77.10**	119.74***	70.50	0.42	-1.68**
	CV	40.40	83.10**	56.35	48.79	4.43	-0.87
	IND	56.69	62.59	52.37	81.76**	-0.03	-0.22
一阶差分序列	PM2.5	145.79***	91.75***	154.56***	96.49***	-7.09***	-3.30***
	GDP	135.67***	145.04***	143.13***	224.76***	-5.56***	-6.99***
	ENE	217.96***	156.41***	277.87***	231.50***	-10.81***	-7.65***
	POP	199.72***	122.11***	197.52***	199.21***	-9.74***	-3.81***
	FDI	128.65***	88.60***	154.67***	116.78***	-5.57***	-2.12**
	CV	117.64***	84.05**	135.42***	103.67***	-4.54***	-1.00**
	IND	239.08***	203.10***	295.76***	309.57***	-11.85***	-10.59***

注：***、** 和 * 分别表示在 1%、5% 和 10% 的水平下通过显著性检验。PM2.5 表示 PM2.5 污染程度；GDP 表示经济增长；ENE 表示能源效率；POP 表示人口规模；FDI 表示外商直接投资；CV 表示民用汽车保有量；IND 表示工业化。

3.3.2　协整检验

经济变量序列转变为平稳序列以后，还需要检验因变量与自变量之间是否存在因果关系，即协整检验。由于面板数据存在观测值个体异质性、非平衡性、空间相关性等特性，导致面板数据协整检验远复杂于时间序列的协整检验。面板数据协整检验分为双变量协整检验和面板数据多变量协整检验。面板数据双变量协整检验是分别检验各个自变量与因变量之间是否存在协整关系；而面板数据模型整体协整检验是检验所有自变量与因变量之间是否存在协整关系。面板数据双变量协整检验包括 Panel v-statistic、Panel rho-statistic、Panel PP-statistic、Panel ADF-statistic、Group rho-statistic、Group PP-statistic 和 Group ADF-statistic 检验（陈灯塔，2013）。PM2.5 污染与其各个影响因素的双变量协整检验结果见表 3.3。由表 3.3 可以看出，各个自变量与 PM2.5 污染的双变量协整检验都在 5%或更高的显著性水平下通过了显著性检验，表示各个自变量与 PM2.5 污染都存在长期因果关系，即协整关系。同时，为了检验所有自变量整体是否与 PM2.5 污染存在协整关系，我们进行了 KAO 面板多变量协整关系检验。检验结果显示：ADF（Augmented Dickey-Fuller）统计量值为-4.087，其对应的概率值：p=0.0000、HAC（Heteroskedasticity and Autocorrelation-Consistent）值为 0.033。可以看出，两者均拒绝不存在协整关系的原假设，表示 PM2.5 污染与所有解释变量之间存在整体协整关系。这也说明我们构建出来的变量模型是合理的。

表 3.3　PM2.5 污染与其影响因素的双变量协整检验

Test Statistic	GDP	ENE	POP	FDI	CV	IND
Panel v-statistic	3.198***	2.755***	2.071**	2.848***	3.307***	1.889***
Panel rho-statistic	-5.744***	-6.257***	-5.667***	-5.407***	-4.879***	-5.166**
Panel PP-statistic	-7.154***	-8.019***	-7.394***	-7.016***	-6.319***	-6.830***
Panel ADF-statistic	-3.630***	-4.364***	-4.310***	-4.158***	-4.947***	-4.275***
Group rho-statistic	-2.910***	-3.456***	-3.593***	-3.033***	-2.434***	-2.256**
Group PP-statistic	-6.875***	-8.179***	-8.777***	-7.545***	-7.267***	-7.087***
Group ADF-statistic	-2.835***	-3.675***	-4.115***	-3.502***	-4.350***	-3.986***

注：***、**和*分别表示在 1%、5%和 10%的水平下通过显著性检验。GDP 表示经济增长；ENE 表示能源效率；POP 表示人口规模；FDI 表示外商直接投资；CV 表示民用机动车保有量；IND 表示工业化。

3.3.3　模型稳健性检验

为了检验非参数可加回归模型的稳健性，我们也使用传统线性面板数据模型对变量数据进行估计，以便进行比较分析。首先，进行传统面板数据模型的选择。检验结果显示：Hausman 检验值是 23.55，对应概率值是 p=0.0000；似然比（likelihood ratio）检验值是 28.85，对应的概率值是p=0000。这表明，我们应该使用线性面板固定效应模型分析各影响因素对 PM2.5 污染的影响。表 3.4 给出线性固定效应模型和非参数可加回归模型线性部分的估计结果，可以看出非参数可加回归模型的线性部分估计结果同线性固定效应模型的估计结果基本一致，仅在估计系数的显著性水平和估计系数上存在差别，这不会改变得到的基本结论。表 3.4 还给出了两个模型估计的残差平方和（Residual Sum of Squares，RSS），非参数可加回归模型中的残差平方和为 4.260，明显小于线性固定效应模型估计的残差平方和（17.358）。因此，非参数可加回归模型的拟合效果更优。基于以上分析可知，非参数可加回归模型不仅能够给出各影响因素对 PM2.5 污染的线性影响，还能够刻画各影响因素对 PM2.5 污染的非线性影响。所以，使用非参数可加回归模型估计 PM2.5 污染与其影响因素之间的复杂关系是适用的、合理的。

表 3.4 非参数可加回归模型线性部分和线性固定效应模型的估计结果

变量	非参数可加回归模型的线性部分	线性固定效应模型
经济增长（GDP）	0.306***	-0.796***
能源效率（ENE）	0.174***	0.078*
外商直接投资（FDI）	-0.190***	-0.210***
民用汽车（CV）	0.375***	0.468***
工业化（IND）	0.527***	0.202***
人口规模（POP）	0.129***	0.343**
截距	-2.861***	6.447***
R^2	0.729	0.824
SSR	4.260	17.358
F-statistic	—	55.01***
观测值数	435	435
观测单位数	29	29

注：***、**和*分别表示在 1%、5%和 10%的水平下通过显著性检验。

3.3.4　线性影响结果分析

表 3.4 给出了 PM2.5 污染影响因素的线性效应估计结果，由表中可以看出，所有估计的参数在 1%的显著性水平下通过了显著性检验。

（1）工业化的弹性系数最大，达到 0.527，即工业化程度每提高 1%，PM2.5 污染将提高 0.527 个百分点，表示工业化是导致 PM2.5 污染不断加重的重要影响因素。这主要是因为我国工业化发展过程中重工业化特征明显。由于在新中国成立之初，我国工业基础薄弱，为了促进经济社会发展，中央制定了优先发展重工业的工业化发展战略。重工业中的钢铁、水泥、大型机械设备制造和化工制造等行业都是能源密集型行业，它们的生产活动消费大量能源，例如煤炭和电力，长期以来，我国电力主要来源于煤炭燃烧的火力发电。煤炭的大量燃烧必然排放出大规模的烟尘和粉尘，导致 PM2.5 污染不断加重。

（2）民用汽车的影响系数小于工业化，为 0.375，即民用汽车保有量每上升 1%，PM2.5 污染将提高 0.375%。这表明民用汽车也是导致 PM2.5 污染的重要因素之一。近年来，随着居民收入不断增长，越来越多的居民购买和使用机动车，用于方便生活出行或商业运行。《中国统计年鉴》的数据显示：我国民用汽车保有量从 2001 年的 1802.04 万辆快速增加到 2015 年的 16284.45 万辆，年均增长率达到 17.0%。现在，我国已经成为机动车保有量全球第二大国家，仅次于美国。再加上中国机动车燃料油品质低，碳、硫含量高，规模巨大而又增速明显的民用汽车必将消费大量化石燃料（柴油和汽油），并排放出大量汽车尾气，从而加重 PM2.5 污染。

（3）经济增长的线性影响系数为 0.306，即经济增长每提高 1 个百分点，PM2.5 污染将提高 0.306%。这主要是因为：长期以来，固定资产投资和出口贸易成为拉动我国经济增长的主要驱动力。一方面，我国固定资产投资长期保持快速增长趋势，从 2001 年的 37213.5 亿元快速增长到 2015 年的 561999.8 亿元，年均增长速度达到 21.4%。规模巨大而又快速扩张的固定资产投资必然需要大量的钢铁、水泥和化工产品，而这些产品的生产活动需要消费大量煤炭，从而加重 PM2.5 污染。另一方面，由于制造技术水平不高和拥有大量的廉价劳动力，导致在我国出口贸易中，能源密集和劳动密集产品出口（服装、鞋帽、普通装备制造、钢铁、玩具与农产品加工等）占据较大比重。这些产品生产将消耗大量煤炭和电力能源，而中国电力能源绝大部分来自于火电。《中国统计年鉴》的数据显示：2001~2015年，火力发电占中国电力能源产量的年均比重高达 78.4%。大量高污染的煤炭燃烧必然排放出大量细颗粒物，加重 PM2.5 污染。因此，经济增长成为 PM2.5 污染主要影响因素之一。

（4）外商直接投资负相关于 PM2.5 污染，其弹性系数为-0.190，这表明吸引外商直接投资是有利于减少我国 PM2.5 污染的。这可以解释为：随着经济的不断发展，我国环境逐步恶化，各级政府严格控制外商直接投资类型，不再审批高污染企业的外商投资项目，鼓励技术含量高、环境污染低的投资项目。这些外资企业先进的管理经验和生产技术会产生溢出效应，促进国内其他企业改进管理模式、使用先进的生产和节能减排技术和设备，从而有利于减少能源消费和 PM2.5 污染。

（5）能源效率对 PM2.5 污染产生一个正影响，其影响系数为 0.174。这表明能源效率还没有起到显著降低 PM2.5 污染的作用。这主要是因为：现阶段我国的节能和减排技术水平还不够高、应用范围还不够广。当前，可以称我国为科技大国，但还不是科技强国。高新技术产业（新能源、新材料、生态科学和环境保护技术、生物医药与电子信息技术）发展水平和规模仍落后于欧美发达国家。因此，技术进步对减少 PM2.5 污染的作用还没有显著地体现出来。

（6）人口规模的弹性影响系数是最小的，仅为 0.129。主要原因：由于长期以来我国实行严格的计划生育政策，人口规模增长速度缓慢。《中国统计年鉴》的数据显示：2001~2015 年，我国人口规模年均增长率仅为 0.53%，增长缓慢的人口规模对 PM2.5 污染的影响程度是有限的。

3.3.5 非线性影响结果分析

非线性影响可以有效补充和完善非参数可加回归模型线性部分不能解释的内容。通过非参数可加回归模型的非参数部分估计结果，我们可以得到各影响因素（工业化、经济发展、人口规模、民用汽车、能源效率与外商直接投资）对 PM2.5 污染的非线性影响（见图 3.3）。下面我们将详细分析和讨论各影响因素对 PM2. 5 污染的非线性影响。

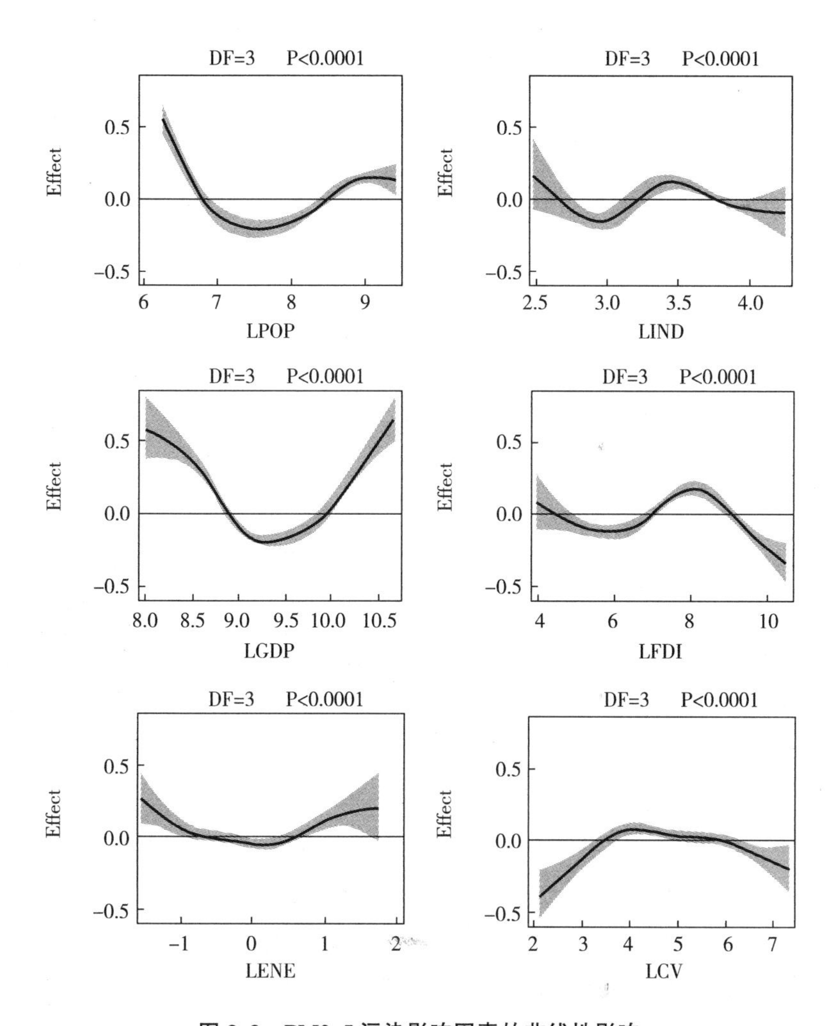

图 3. 3　PM2. 5 污染影响因素的非线性影响

注：GDP 表示经济增长；ENE 表示能源效率；POP 表示人口规模；FDI 表示外商直接投资；CV 表示民用机动车保有量；IND 表示工业化。

3. 3. 5. 1　工业化对 PM2. 5 污染的非线性影响

工业化对 PM2. 5 污染的非线性影响表现为一个尾部倒 “U” 形模式，这意味着，在早期阶段，工业化的快速发展加重了 PM2. 5 污染；而在工业化后期阶段，工业化的 PM2.5 污染强度逐步下降。这可以由中国工业化发展道路来解释，中国工业没有像欧美国家那样经历了完全的工业革命洗礼，工业经济发展严重落后。新中国成立后，为了迅速发展国民经济，中央政府制定了优先发展重工业的战略。重工业（钢铁、水泥、石油化工、大型机械设备制造和有色金属制造）属于能源密集型行业，重工业的快速发展必然消费大量能源。由于我国能源储藏具有“多煤少油”的特点，导致高污染的煤炭成为能源消费的主要来源。而且，在工业化早期阶段，由于技术落后和环境意识薄弱，工业化生产过程中很少使用节能和减排技术。所以，工业部门的生产过程中排放出大量烟尘和粉尘，导致 PM2.5 污染不断加重。

随着工业化进一步发展，技术进步促使中国政府采取一系列措施减少工业部门能源消费和污染物排放。例如，为了减少钢铁行业带来的环境污染，国家工信部于 2011 年 10 月颁发了《钢铁工业“十二五”发展规划》（以下简称《规划》）①，其详细分析了当前我国钢铁工业面临的问题、未来发展的主要目标和政策措施等。该《规划》指出，为了减少钢铁工业能源消费及其带来的环境污染，促进钢铁工业健康持续发展，我国建立健全钢铁工业运行监测系统，调控钢铁发展总规模；规范钢铁产品市场交易，防止恶性竞争；利用财政、土地、金融、环境保护等政策对钢铁工业发展进行调控，支持钢铁企业进行节能减排；促进国际交流，促进钢铁工业引进先进的节能和减排技术，以减少钢铁工业能源消费和污染物排放。所以，工业化的能源强度逐步下降，从而有利于缓解 PM2.5 污染。

3.3.5.2 经济增长对 PM2.5 污染的非线性影响

经济增长对 PM2.5 污染的非线性影响表现为一个“U”形模式，表示在经济发展初期，经济发展对 PM2.5 污染的影响强度是低的；而随着经济进一步发展，经济增长的 PM2.5 排放强度逐步提高。这一结果不支持“环境库兹涅茨曲线假说”（Environmental Kuznets Curve Hypothesis，EKC）②。

---

① 工业和信息化部. 钢铁工业“十二五”发展规划（工信部规［2011］480 号）［Z］. 2011-10-24.

② Kuznets S. Innovations and Adjustments in Economic Growth［J］. The Swedish Journal of Economics，1972，74（4）：431-451.

这可以由中国经济发展道路来解释，在早期阶段，我国经济发展相对落后，工业经济规模较小。这导致工业经济发展消耗的能源总量及其排放的污染物（包括 PM2. 5）规模较小。同时，在早期阶段，低收入导致居民生活的能源消费及其产生污染也较小。这些经济发展产生的污染物排放还没有超过环境承受能力，被环境溶解掉。因此，在 20 世纪八九十年代，我国并没有发生大规模的 PM2. 5 污染现象。但是，随着经济进一步发展，我国经济规模总量不断扩大。现在，我国已经是世界第二大经济体，仅次于美国，而且我国长期主要依靠固定资产投资和出口贸易来拉动经济增长。众所周知，固定资产投资活动（道路、桥梁和水利设施建设）需要大量的铁和水泥。钢铁和水泥行业属于高耗能工业，它们的生产活动消耗大量的煤炭和电力，从而导致 PM2. 5 污染不断加重。另外，由于制造技术整体水平不高，低技术含量和高耗能的制造产品（普通机械装备、服装、鞋帽和化学品）长期占据我国出口贸易总额的较大比重。《中国统计年鉴》的数据显示：2001~2015 年，高耗能工业制成品（化工产品、纺织产品、橡胶制品、矿冶产品、普通机械设备产品）出口额占我国出口贸易总额的平均比重高达 67. 5%，大规模高耗能工业产品生产必将消费大量化石能源（煤炭和电力），从而加重 PM2. 5 污染。

3. 3. 5. 3　能源效率对 PM2. 5 污染的非线性影响

能源效率对 PM2. 5 污染的非线性影响呈现出一个“U”形模式，这意味着，在早期阶段，能源效率提高对 PM2. 5 污染减排效果是明显的；但是，随着进一步发展，技术进步带来的能源效率提高对 PM2. 5 污染减排作用逐步被抵消掉了。这一结果可以由技术效应和规模效应两种效应在不同阶段的不同作用来解释。在早期阶段，我国经济规模总量较小，节能和减排技术的研发和应用可以明显减少能源消费及其引起的 PM2. 5 排放。但是，随着经济持续快速增长，我国经济规模总量不断扩大。《中国统计年鉴》的数据显示：2015 年，我国国内生产总值（GDP）为 68. 55 万亿元，其中，第二产业总产值为 28. 06 万亿元。不断扩大的经济总量和快速发展的第二产业导致我国能源消费总量不断扩大，并且节能和减排技术的进步速度不可能长期保持一个高速增长，技术进步的空间逐步缩小。所以，节能和减排技术进步带来的技术效应被快速经济增长带来的规模效应逐步抵消掉，导致能源效率对 PM2.5 污染减排效应逐步被侵蚀掉了。

3.3.5.4　外商直接投资对 PM2.5 污染的非线性影响

外商直接投资对 PM2.5 污染的非线性影响表现为一个尾部倒“U”形模式，这意味着，在早期阶段，随着外商投资的大量涌入，造成 PM2.5 污染水平逐步加重；随着进一步发展，外商直接投资有利于缓解我国 PM2.5 污染。这主要是因为：在早期阶段，为了尽快发展经济和增加就业，我国在引进外商直接投资时，对外资企业的能源消耗和环境污染的标准较为宽松，大量高耗能、高污染的企业进入我国，例如石油化工、化学纤维制造、纺织企业、石油加工、冶炼和橡胶制造等。这些企业的大量引进快速推进了相应工业行业快速发展、显著增加了各地的财政税收收入和居民就业，有力地推动了我国经济增长。但是，这些外商直接投资企业的生产过程需要消耗大量能源（煤炭与电力）。我国电力主要来源于燃烧煤炭的火力发电，所以大量的煤炭消费排放出大量烟尘和粉尘，从而导致 PM2.5 污染不断加重。这一阶段外商直接投资与环境污染的关系，支持经典的“污染天堂”假说。“污染天堂”假说认为，在一般情况下，发达国家对生产企业的污染物排放标准是严格的，企业排放污染物要缴纳高额的环境治理费用。而企业作为一个利益主体，它是追求利润最大化的。所以，很多发达国家的高污染企业向发展中国家投资，从而导致发展中国家污染逐步加重。因此，发达国家既获得了投资收益，又把污染物排放在发展中国家，避免了本国环境的污染。

我国已经是世界上年均吸引外商投资最多的国家。但是不可否认，很多地方为了吸引外商投资以促进地方就业和经济增长，不惜以牺牲环境为代价，对于外商投资项目来者不拒，对于一些高耗能、高污染投资项目也绕过环保门槛批准引进。这些企业消耗大量能源，并排放大量废气，从而加重 PM2.5 污染，例如化学纤维制造、火力发电项目和塑料加工制造项目。环境污染不断加重，严重威胁我国经济可持续增长。为了减少环境污染和促进绿色经济增长，中央和各级地方政府转变思路，明确在招商引资过程中要坚守环境保护底线，绝不能为了 GDP 增长，而将经济增长与环境保护对立起来。一方面，严格审批外商投资项目，拒绝引进能源消费大、环境污染严重的投资项目（化工、有色金属制造、塑料加工）；另一方面，积极鼓励外商投资于我国第三产业（信息服务业、科学研究和社会福利事业），尤其是高新技术领域。这些产业对能源和资源的需求相对较小，有利于节约能源和减少污染物排放。因此，外商直接投资的 PM2.5 减排效应逐步体现出来。

3.3.5.5　民用汽车使用对 PM2.5 污染的非线性影响

民用汽车对 PM2.5 污染的非线性通过了显著性检验，并表现为一个倒“U”形模式。这表示，在早期阶段，不断增长的民用汽车使用导致 PM2.5 污染逐步加重；而在后期阶段，民用汽车的 PM2.5 排放强度逐步下降。这可以解释为：在早期阶段，快速的城市化不仅导致城市地区人口规模快速膨胀，也促使城乡居民收入增长明显。越来越多的居民购买汽车，用于个人消费或用来跑运输赚钱。而且，在这一阶段，我国汽车燃油（汽油和柴油）品质低，硫含量、烯烃含量过高。硫和烯烃含量过高导致燃油在燃烧过程中产生大量一氧化碳和氮氧化物等，而这些排放物是形成 PM2.5 的重要成分。另外，我国汽车尾气排放标准制定时间晚、水平低，明显落后于欧盟和美国的汽车尾气排放标准。因此，在这一阶段，不断增长的汽车使用导致 PM2.5 污染不断加重。

随着我国 PM2.5 污染不断加重，越来越多的研究机构对 PM2.5 污染的主要来源进行了深入分析和监测，结果发现，快速增加的汽车使用是导致城市 PM2.5 污染浓度不断升高的主要因素之一。为了减少 PM2.5 污染，中央和地方政府出台一系列政策和措施。第一，提高车用无铅汽油和乙醇汽油标准，禁止汽油中加入灰分型添加剂（MMT），降低燃料油中的硫含量；加大市场销售燃料油质量的检查和监管，保证燃油品质。第二，加快提升中国汽车尾气排放标准，以促使汽车生产企业和燃油销售企业加快技术改造，生产出更节能的汽车和更清洁的燃油。第三，积极使用财政和税收政策资助和鼓励新能源汽车、纯电动汽车的研发和使用。这些措施的实施促使民用汽车的 PM2.5 污染强度逐步下降，民用汽车对 PM2.5 污染的影响从上升阶段转变为下降阶段。

3.3.5.6　人口规模对 PM2.5 污染的非线性影响

人口规模对 PM2.5 污染的非线性影响通过显著性检验，并表现为一个“U”形模式，即早期阶段人口规模对 PM2.5 污染的影响不显著，但是随着人口规模不断扩大，人口规模对 PM2.5 污染的影响逐步加重。这可以解释为：在早期阶段，我国人口规模相对较小，而且由于经济发展水平低，居民收入水平低。《中国统计年鉴》的数据显示：1990~2005 年，我国城镇居民可支配收入和农村居民纯收入分别为 5381.3 元和 1887.3 元；低收入导致居民生活的电力消费和煤炭消费较低，1990~2005 年，我国人均生活能源消费为 141.8 吨标准煤。低的能源消费导致人口规模产生的 PM2.5 污染强度低。随着收入的增加和人口规模不断扩大，越来越多的居民家庭购买和使用家用电器（空调、冰箱和电视机等）。2006~2015 年，我国城镇居民人均可支配收入和农村居民纯收入分别为 21211.1 元和 6801.4 元。收入增长促使居民生活消费更多能源，2006~2015 年，我国人均生活能源消费为 284.3 吨标准煤。更多的能源消费排放出更多的烟尘和粉尘，从而导致 PM2.5 污染不断加重。同时，随着城市人口不断扩大，城市房地产业快速发展，城市建筑越来越密集，这导致城市人口生活和机动车排放大量烟尘和粉尘不断积聚，导致 PM2.5 污染不断加重。

3.4 本章小结

本章首先基于面板数据绘制散点图，以检验 PM2.5 污染与其影响因素之间关系形式；其次在确定变量之间存在大量非线性关系的基础上，对拟采用的非参数可加回归模型的基本原理进行简要介绍；最后使用非参数可加回归模型实证分析各影响因素对 PM2.5 污染的影响。得到如下主要结论：①工业化对 PM2.5 污染产生一个倒“U”形的非线性影响。主要原因是中国工业化走的是优先发展重工业的道路，在早期重工业行业节能和减排技术低的条件下，导致早期阶段工业化消耗大量化石能源，从而加重 PM2.5 污染；随着工业化进一步发展，环境污染和技术的进步促使中国政府采取一系列措施减少工业部门能源消费和污染物排放，使工业化的 PM2.5 排放强度逐步下降。②经济增长对 PM2.5 污染产生一个“U”形的非线性影响。这可以由中国经济发展情况来解释，在早期阶段，我国经济发展相对落后、工业经济规模较小，导致经济增长消耗的能源总量及其排放的PM2.5规模较小。随着经济进一步发展，不断扩大的经济规模导致能源消费和PM2.5排放总量不断增长。③能源效率对PM2.5污染的非线性影响呈现出一个“U”形模式。这主要由技术效应和规模效应在不同阶段的不同作用造成。在早期阶段，我国经济规模总量较小，节能和减排技术的研发和应用对减少能源消费和PM2.5污染的效用明显。在后期阶段，节能和减排技术进步带来的技术效应被经济快速增长的规模效应逐步抵消掉，能源强度的减排作用难以显现出来。④外商直接投资对PM2.5污染产生一个倒“U”形非线性影响。主要原因：在早期阶段，为了引进投资发展经济，我国实施宽松的环境政策，大量高耗能、高污染的企业进入我国，外商直接投资导致PM2.5污染增加；为了实现经济的可持续增长，我国优化外商直接投资结构，从而有利于缓解PM2.5污染。⑤民用汽车对PM2.5污染产生一个倒“U”形非线性影响。这主要是因为：在早期阶段，低品质燃油和低尾气排放标准导致民用汽车PM2.5排放强度高；在后期阶段，燃油质量改进、尾气排放标准提高和新能源汽车使用促使民用汽车的PM2.5污染强度逐步下降。⑥人口规模对PM2.5污染产生一个“U”形非线性影响。这主要是因为：随着收入的增加，居民生活能源消费快速增加。

第❹章

中国区域 PM2.5 污染空间分布差异研究

在对我国 PM2.5 污染影响因素研究完成后，本章将使用地理加权回归模型对我国区域 PM2.5 污染空间分布差异进行细致分析。这主要是因为：其一，我国幅员辽阔，各个省份之间在经济增长、工业化、城市化、技术进步、机动车保有量、能源消费和自然资源禀赋等方面都存在显著的差异，这导致各省份 PM2.5 污染水平也存在明显差异。其二，地理加权回归模型属于基于局域样本数据估计参数的变系数模型，其将空间地理因素纳入模型中，可以有效揭示 PM2.5 污染存在的空间异质性。

4.1 PM2.5 污染区域分布描述性统计分析

下面将基于 2001 年和 2015 年各省份 PM2.5 污染数据来考察各省份 PM2.5 污染的变化情况。按各省份 PM2.5 污染水平高低，将 29 个省份分成四组（见表 4.1）。

在 2001 年，河南、河北、山东、江苏和湖北五个省份的 PM2.5 污染强度是最高的，它们的 PM2.5 污染强度均超过 38 微克/立方米。甘肃、新疆、福建、宁夏、辽宁、青海、吉林、内蒙古、黑龙江和海南十个省份的 PM2.5 污染强度较低，属于 PM2.5 污染强度最低组。到 2015 年，PM2.5 污染强度最高的几个省份则是河南、北京、河北、天津、山东和湖北。可以看出，河南仍是 PM2.5 污染强度最高的省份。导致河南 PM2.5 污染的主要原因是煤炭燃烧、机动车尾气、工业生产排放和扬尘。春季，引起河南 PM2.5 污染的主要因素是机动车尾气排放；夏季，PM2.5 污染主要来自工业生产能源消费和粉尘排放；秋季，PM2.5污染来源仍然是机动车的尾气排放；冬季，煤炭燃烧是导致PM2.5污染的主要因素。同时，河北、山东和湖北三省在2001年和2015年也均属于PM2.5污染强度最高组。主要是因为这三个省份是工业大省，工业规模巨大需要消费大量化石能源（煤炭），从而导致严重的PM2.5污染。河北省紧邻北京市和天津市，属于京津冀经济带，北京市和天津市的经济发展带动了河北省工业经济发展。尤其是近年来，为了减少城市大气污染，北京市和天津市的很多工业部门陆续转移到河北省，导致河北省工业经济规模迅速扩大。工业生产消耗大量煤炭，从而导致PM2.5污染不断加重。山东省是我国传统工业大省之一，从2003年开始，山东省工业经济规模仅次于广东省和江苏省，位居全国第三。但是，山东省重工业经济占工业经济总规模的比重要高于江苏省和浙江省。重工业属于能源密集型行业，并且主要以高污染的煤炭作为能源来源。所以，山东省PM2.5污染强度一直位居全国前列。

表4.1　我国29个省份PM2.5污染程度统计分组

<table>
<tr><th>年份</th><th>污染程度分组
（微克/立方米）</th><th>省区市</th></tr>
<tr><td rowspan="4">2001</td><td>第一组（37~46）</td><td>河南、河北、山东、江苏、湖北</td></tr>
<tr><td>第二组（30~37）</td><td>四川、广西、安徽、北京、云南、天津、湖南</td></tr>
<tr><td>第三组（21~30）</td><td>陕西、山西、上海、江西、广东、浙江、贵州</td></tr>
<tr><td>第四组（1~21）</td><td>甘肃、新疆、福建、宁夏、辽宁、青海、吉林、内蒙古、黑龙江、海南</td></tr>
<tr><td rowspan="4">2015</td><td>第一组（58~81）</td><td>河南、北京、河北、天津、山东、湖北</td></tr>
<tr><td>第二组（47~58）</td><td>江苏、山西、安徽、辽宁、吉林、上海、新疆、湖南、陕西、四川、浙江</td></tr>
<tr><td>第三组（34~47）</td><td>宁夏、江西、青海、甘肃、内蒙古、广西、黑龙江</td></tr>
<tr><td>第四组（1~34）</td><td>广东、贵州、福建、云南、海南</td></tr>
</table>

2015年，广东、贵州、福建、云南和海南五省的PM2.5污染强度排在最后。从对比可以看出，2001年和2015年，海南省的PM2.5污染强度

都是全国所有省份最小的。这主要是因为，海南省地处中国最南端，属于显著的亚热带气候。独特的气候条件和优美的自然环境使海南省成为大量游客的旅游目的地。海南省政府根据当地的优势制定政策措施，积极发展旅游业，以旅游经济来带动地方经济发展。因此，海南各级政府都制定严格的环境保护措施，限制工业经济发展规模。另外，常年的海风吹拂和充足的降雨量，导致海南的 PM2.5 污染强度最低。在 2001 年，北京和天津两市的 PM2.5 污染强度属于第二组，而到 2015 年，两直辖市的 PM2.5 污染强度进一步上升，进入 PM2.5 污染最严重的第一组。主要是因为这两个直辖市常住人口和流动人口规模巨大，导致其城区机动车保有量过高。机动车的大量使用必将消费大量的化石燃油（柴油和汽油），加上我国燃油的碳、硫含量过高，从而导致机动车排放出大量汽车尾气，加重 PM2.5 污染。

4.2 PM2.5 污染空间异质性检验

从 PM2.5 污染区域分布描述性统计分析可以看出，我国各个省份 PM2.5 污染强度显著不同。为了更客观、准确地揭示 PM2.5 污染存在的区域差异性，我们需要使用相应的定量指标和方法进行进一步检验。在空间计量经济学中，Moran's I 指数经常被用来检验不同区域的经济变量之间是否存在空间自相关性，其计算公式如式（4.1）所示。

$$\text{Moran's I} = \frac{\sum_{i=1}^{n}\sum_{j=1}^{n} W_{ij}(Y_i - \overline{Y})(Y_j - \overline{Y})}{S^2 \sum_{i=1}^{n}\sum_{j=1}^{n} W_{ij}} \tag{4.1}$$

其中，$S^2 = \frac{1}{n}\sum_{i=1}^{n}(Y_i - \overline{Y})$；$\overline{Y} = \frac{1}{n}\sum_{i=1}^{n} Y_i$，$Y_i$ 为第 i 个区域的观测值，n 为所有观测区域的个数；W_{ij} 为空间权重矩阵。

Moran's I 的取值范围介于-1～1。如果 Moran's I<0，就意味着存在负的空间自相关性，即不同性质的数值趋向于集中到一个区域内；如果

Moran's I>0，则意味着存在正的空间自相关性，即相似性质的数值趋向于集中到一个区域；如果 Moran's I=0，则意味着不存在空间自相关性。基于空间数据的分布，可以计算出 Moran's I 的期望和方差，计算公式如式（4.2）所示。

$$E_n(I) = -\frac{1}{n-1} \tag{4.2}$$

$$VAR_n(I) = \frac{n^2 w_1 + n^2 w_2 + 3w_0^2}{w_0^2(n^2-1)} - E_n^2(1) \tag{4.3}$$

其中，$w_0 = \sum_{i=1}^{n}\sum_{j=1}^{n} w_{ij}$，$w_1 = \frac{1}{2}\sum_{i=1}^{n}\sum_{j=1}^{n}(w_{ij} + w_{ji})^2$，$w_2 = \sum_{i=1}^{n}(w_i + w_j)^2$，$w_i$ 和 w_j 分别为空间权重矩阵的第 i 行和第 j 列。

对于 Moran's I，也可以通过使用标准统计量 Z 去检验在 n 个区域中是否存在空间自相关性，统计量 Z 的计算公式如式（4.4）所示。

$$Z(d) = \frac{Moran's\ I - E(I)}{\sqrt{VAR(I)}} \tag{4.4}$$

通过式（4.4），可以考察 n 个区域中是否存在空间自相关性。如果Z-value 是正数，且通过显著性检验，就意味着存在正的空间自相关性，即相似性质的观测值趋向于集中在一起；如果 Z-value 是负数，且通过显著性检验，表示存在负的空间自相关性，即相似性质的观测值趋向于相互分离；如果 Z-value 等于 0，就意味着观测值之间没有空间相关性（保罗·埃尔霍斯特，2015）。

Moran's I 指数主要用于检验某一社会经济现象是否存在全域的空间自相关性，但其无法有效刻画经济现象在局部区域的空间相关和空间集聚特征。Moran's I 散点图弥补了 Moran's I 指数的不足，通过具体分析社会经济现象在局部区域的集聚趋势和局部空间自相关特征，可以有效揭示社会经济现象在不同区域的分布特征，即其可以描述经济现象存在的空间异质性（Fotheringham 等，1998）。在实际应用过程中，已经有很多学者使用 Moran's I 散点图测度社会经济现象存在的空间异质性。例如，向书坚和许芳（2016）基于我国 31 个省份 1985 年、1995 年、2005 年和 2012 年四个年份的截面数据，利用 Moran's I 散点图检验了城镇化和城乡收入差距的区域分布，结果显示两者均存在显著的空间异质性。冼国明和冷艳丽

（2016）使用 2012 年全国 31 个省份金融发展水平、外商直接投资和地方政府债务的横截面数据检验其是否存在空间差异，结果显示这三个宏观经济变量都存在明显的空间差异性。刘华军和裴延峰（2017）利用全国 160 个地级市 PM2.5 和 PM10 数据，绘制两污染物的 Moran's I 散点图。结果显示：大多数城市位于第一、第三象限，即 PM2.5 和 PM10 存在局域空间集聚特征（空间异质性）。

因此，为了更好地显示 PM2.5 污染局部空间分布特征，我们基于 2001 年和 2015 年我国各省份 PM2.5 污染的横截面数据，绘制出这两个年份的 PM2.5 污染 Moran's I 散点图（见图 4.1）。由图 4.1 可以看出，PM2.5 污染可以划分为四个空间相关的模式。第一象限为高—高集群（High-High）模式，表明高 PM2.5 污染的省份被其他高 PM2.5 污染省份所包含，意味着存在正的空间自相关性；第二象限为低—高集群（Low-High）模式，表明一个 PM2.5 污染水平较低的省份被其他高 PM2.5 污染的省份包围，意味着存在负的空间自相关性；第三象限为低—低集群（Low-Low）模式，表明一个低 PM2.5 污染的省份相邻于其他低 PM2.5 污染的省份，意味着存在正的空间自相关性；第四象限为高—低集群（High-low）模式，表明一个高 PM2.5 污染省份相邻于其他低 PM2.5 污染的省份，意味着存在负的空间自相关性。

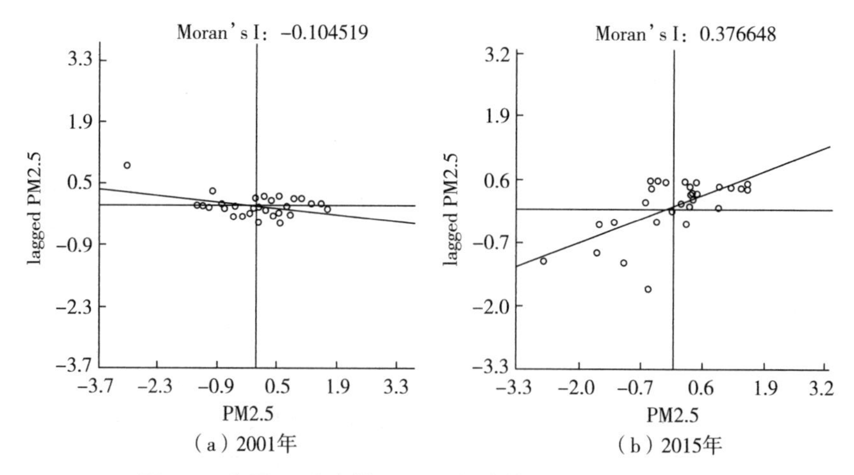

图 4.1　我国 29 个省份 PM2.5 污染的 Moran's I 散点图

从时间变化趋势来看，Moran's I 指数值从负数转变为正数，即 PM2.5

污染从负的空间自相关转变为正的空间自相关。2001 年，位于存在负的空间自相关的低—高和高—低集群的第二、第四象限的省份有 15 个，多于分布在正的空间自相关的高—高和低—低集群的第一、第三象限的省份个数。因此，2001 年的 Moran's I 指数值为负数。而到 2015 年，分布在存在正的空间自相关的高—高集群（第一象限）和低—低集群（第三象限）的省份有 23 个，而位于存在负的空间自相关的低—高（第二象限）集群和高—低集群（第四象限）的省份仅有 6 个。因此，2015 年 PM2.5 污染的 Moran's I 值为正。具体来看：①PM2.5 污染高的省份与邻近 PM2.5 污染高的省份（高—高集群）变化较大，但是主要分布在吉林、辽宁、上海、安徽和湖北这五个省份。因为这五个省份在 2001 年和 2015 年都属于高—高集群省份。在 2015 年，北京、河北、河南、山东、天津、四川、江苏、山西、陕西和新疆这些省份变成高—高集群地区。可以看出，北京、河北、河南、山东、山西和陕西这些省份不仅都是 PM2.5 高污染省份，在地理位置上也都是接壤的，从而验证它们属于高—高集群省份。②PM2.5 污染低的省份与邻近 PM2.5 污染高的省份（低—高集群）变化较大，仅有宁夏和青海两个省份在 2001 年和 2015 年都属于低—高集群省份。PM2.5 污染低的宁夏与 PM2.5 污染高的陕西接壤，而 PM2.5 污染低的青海与 PM2.5 污染高的四川接壤。在 2015 年，甘肃、内蒙古和黑龙江三个省份成为低—高集群省份。例如，PM2.5 污染低的甘肃与 PM2.5 污染高的陕西和四川接壤，PM2.5 污染低的内蒙古与 PM2.5 污染高的河北、陕西和辽宁接壤，PM2.5 污染低的黑龙江与 PM2.5 污染高的吉林接壤。③PM2.5 污染低的省份与邻近 PM2.5 污染低的省份（低—低集群）变化不大，广西、贵州、海南和云南四个省份在 2001 年和 2015 年都属于低—低集群省份。可以看出这四个省份是相互邻接的，海南省是个岛屿，从严格地理意义上并没有与内陆连接，但是从经济理论角度来看，其与邻近的广西存在密切的经济联系。这四个省份都是 PM2.5 污染低的省份，又相互连接，从而验证了它们属于低—低集群省份。在 2015 年，福建、广东和江西三省转变为低—低集群。数据显示，在 2015 年这三个省份 PM2.5 污染强度不高，均属于 PM2.5 污染低的省份。而且，这三个省份在地理位置上也是相互接壤的，从而验证这三个省份属于低—低集群地区。④PM2.5 污染高的省份与邻近 PM2.5 污染低的省份（高—低集群）变化非常大，广西、贵州、海南和云南四个省份在 2001 年和 2015 年都属于低—低集群省份。2001 年，福建、黑龙江、北京、天津、江苏、山东、广东、河北和河南九个省份属于高—低集群地区，而到 2015 年，仅有湖南省属于高—低集群地区。根据 2015 年各省份 PM2.5 污染数据，湖南省周边的江西、广东、广西、贵州均属于 PM2.5 污染低的省份，而湖南省 PM2.5 污染强度要高于这些周边省份一个档次，所以湖南省属于高—低集群地区。

综上可以看出，属于存在正的空间自相关性的高—高和低—低集群的省份数量逐步增多，而属于存在负空间自相关性的高—低和低—高集群的省份数量在逐步减少。这也验证了近年来我国各省份在经济发展方面关系变化趋势：①经济发达、产业结构合理而 PM2.5 污染低的华南地区，如广东、福建和浙江地区充分发挥经济辐射作用，带动周边经济欠发达省份（江西、广西和海南）经济发展。而且，这些经济欠发达省份在积极发展经济的同时，注重经济增长质量、鼓励经济绿色增长，不走先污染再治理的老路。从而形成低—低集群地区。②一些经济发达而 PM2.5 污染高的省份在带动其周边省份经济发展的同时，也导致其周边省份 PM2.5 污染不断加重。例如，北京、天津和山东属于经济发达省市，但是这些省市长期以来是靠工业拉动经济发展。工业部门属于高耗能、高污染行业，工业部门过度发展必然导致 PM2.5 污染加重。近年来，北京市和天津市为改善城市环境，将大量高耗能、高污染行业搬迁至邻近的河北省。这虽然显著促进了河北省份工业经济增长，但也导致河北省 PM2.5 污染不断加重。另外，山东省工业经济发展迅速，带动了周边的河南省工业发展，也导致河南省 PM2.5 污染越来越严重。由此可见，我国各个地区 PM2.5 污染强度和分布模式仍存在显著的空间异质性。

4.3 空间计量经济学理论与方法概述

从 4.2 中 Moran’s I 散点图分析可知：由于我国地域广阔，不同地区在经济增长、工业发展、能源消费、技术进步和自然资源禀赋等方面存在显著差异，从而导致我国 PM2.5 污染存在显著空间异质性。为了有效研究

PM2. 5 污染的空间分布差异及其原因，我们应该运用合适的相关模型进行研究。传统的经济计量模型一般都假定社会经济现象和事物在空间维度是相互独立的、均质的。而事实上，很多经济社会现象都存在空间相关性和空间异质性，即一个区域空间单元上的某种经济社会现象与附近地理单元上相同现象既可能存在一定的关联性，还存在一定的差异性。空间计量经济学就是为了解决空间异质性和空间关联性而发展起来一种计量经济学方法。因此，在这里，我们将对空间计量经济学相关理论和方法进行介绍。首先简要介绍空间计量经济学的发展历程；其次介绍空间计量经济学的基本理论；最后介绍空间计量经济学的模型种类及其理论。

4. 3. 1　空间计量经济学的发展历程

空间计量经济学是计量经济学的一个分支，由荷兰经济学家 Paelinck 首先提出，并经过 Anselin、Baltagi、Elhorst 以及 LeSage 和 Pace 等著名学者的发展，最终形成了科学的学科框架体系。空间经济学最早来源于地理学，随后逐步同计算机技术、计量经济学和运筹学等学科相互融合，最终形成空间计量经济学。作为计量经济学的重要分支，空间计量经济学主要用于处理不同地理单位之间的互动关系，探讨不同地理单位之间存在的空间依赖性与空间异质性问题。随着空间计量经济学的发展，已经形成了一系列的理论和实证研究方法，并且为社会学、环境科学、人文地理学等学科提供了更加新颖的分析工具，开拓了这些学科的研究思路。

空间计量经济学的发展历程大致可以分为三个阶段（孙久文和姚鹏，2014）。第一阶段：萌芽阶段。这一阶段包括 20 世纪 70 年代中期到 80 年代末。Paelinck 首先在 1974 年提出了“空间计量经济学”的概念，并在与 Klaassen 合著的 *Spatial Econometrics*① 一书中指出，研究空间计量经济学的一些基本问题，如空间相互依赖关系、空间关系的非对称性以及相关的空间建模方法等。在这一阶段中，虽然空间计量经济学在理论方法方面还比较原始，但是提出的概念对后期研究有重要影响。这一时期还出现了对一些空间计量模型的初步研究，并对模型的识别和设定进行了检验。Anselin

① Paelinck J. H. P. , Klaassen L. L. H. Spatial Econometrics ［M］. Leicester: Saxon House, 1979.

的著作 *Spatial Econometrics: Methods and Models*① 成为总结这一时期空间计量经济学发展的重要成果，将之前零散的空间计量经济学研究成果系统化、理论化和学科化。Anselin 也凭借此书成为研究空间计量经济学的代表性人物，他的研究方向也成为空间计量经济学研究的主流范畴。在此书中，Anselin 对空间计量经济学定义为："计量经济学研究的子领域，主要用于分析和处理带有空间异质性和空间自相关性等空间效应的数据。"在这一阶段，Anselin 主要将空间计量经济学方法应用于研究区域经济和城市经济发展的空间关联性和异质性，并没有预见到空间计量经济学会在其他学科中产生广泛的应用。

第二阶段：起飞阶段。这一阶段是指 20 世纪 90 年代，空间计量经济学在这个阶段获得快速发展。主要发展成果：①利用不同估计和检验方法对有限样本的相关性质进行了广泛研究。由于计算机技术不断进步，很多学者利用计算机对有限样本性质进行大量模拟实验，获得大量详细的实验结果（Anselin 和 Florax，1995②；kelejian 和 Robinson，1998③）。②空间计量模型的设定、估计和检验研究获得长足进步。Kelejian 和 Robinson (1995)④ 提出空间误差分量模型，并对该模型基本原理、参数估计和模型稳健性进行了详细介绍。Pace 和 Barry （1998)⑤ 提出使用稀疏矩阵处理以提高极大似然估计方法的计算速度。LeSage （1999)⑥ 则提出使用贝叶斯

---

① Lus, Anselin. Spatial Econometrics: Methods and Models [M]. Santa Barbara: University of California, 1988.

② Anselin L., Florax R. J. Small Sample Properties of Tests for Spatial Dependence in Regression Models: Some Further Results New Directions in Spatial Econometrics [M]. Berlin: Springer Berlin Heidelberg, 1995: 21-74.

③ Kelejian H. H., Robinson D. P. A Suggested Test for Spatial Autocorrelation and/or Heteroskedasticity and Corresponding Monte Carlo Results [J]. Regional Science and Urban Economics, 1998, 28 (4): 389-417.

④ Kelejian H. H., Robinson D. P. Spatial Correlation: A Suggested Alternative to the Autoregressive Model New Directions in Spatial Econometrics [M]. Berlin: Springer Berlin Heidelberg, 1995: 75-95.

⑤ Pace R. K., Barry R. P. Simulating Mixed Regressive Spatially Autoregressive Estimators [J]. Computational Statistics, 1998, 13 (3): 397-418.

⑥ LeSage J. P. The Theory and Practice of Spatial Econometrics [M]. Ohio: University of Toledo, 1999: 33.

方法估计空间计量模型参数。Kelejian和Robinson（1992）[①] 提出在同时存在空间相关性和异方差条件下的空间自相关检验，等等。③空间异质性研究的新进展。在这一阶段，空间异质性研究的最重要成果是地理加权回归模型（Geographically Weighted Regression Model）的提出和应用。通过将被研究的社会经济现象地理位置信息引入模型中，地理加权回归模型可以有效地估计出局部区域的模型参数，以揭示社会经济现象普遍存在的空间异质性（Fotheringham，1997[②]；Brunsdon等，1998[③]）。④适用于空间计量经济学分析的相关软件获得新进展。随着一些空间计量方法和模型应用于具体的社会经济问题研究中，社会对相关软件的需要快速增加。这促使相关学者和研究机构从事相关软件开发，一些适用于空间问题研究的软件陆续出现。这些软件主要有：Anselin（1993）开发出Geoda软件；Lesage（1999）[④] 基于Matlab软件，开发出空间计量软件包；同时，在这一阶段，R软件和Stata软件都陆续开发了空间统计软件包。这些软件的开发和应用为从事空间计量实证研究提供了强有力的分析工具，极大促进了空间计量经济学的发展。

第三阶段：成熟阶段。2000年以后是空间计量经济学发展的成熟阶段。在这一阶段，空间计量经济学的应用范围和领域不断拓展，其理论得到进一步的发展和完善，研究也逐渐扩展到多个学科。鉴于这种研究状况，Anselin（2010）[⑤] 去除了空间计量经济学仅局限于区域经济和城市发展研究范畴的界定，基于方法论和应用范畴重新定义了空间计量经济学。他将空间计量经济学定义为："主要研究空间数据和横截面数据所具有的空间效应的计量经济学分支，在研究与地理位置、空间距离和拓扑相关的

---

① Kelejian H. H., Robinson D. P. Spatial Autocorrelation: A New Computationally Simple Test with an Application to Per Capita County Police Expenditures [J]. Regional Science and Urban Economics, 1992, 22 (3): 317-331.

② Fotheringham A. S. Trends in Quantitative Methods I: Stressing the Local [J]. Progress in Human Geography, 1997, 21 (1): 88-96.

③ Brunsdon C., Fotheringham S., Charlton M. Geographically Weighted Regression Modeling Spatial Non-stationarity [J]. The Statistician, 1998, 47 (3): 431-443.

④ Lesage J. P. Spatial Econometrics [M]. Morgantown, WV, The Web Book of Regional Science, 1999.

⑤ Anselin L. Thirty Years of Spatial Econometrics [J]. Papers in Regional Science, 2010, 89 (1): 3-25.

各种变量的模型选择、估计、检验和预测过程中，应该明确区别地对待。”随着新的理论和方法不断提出，空间计量经济学也在不断地完善和发展。在空间计量经济学的研究过程中，其主要基于横截面数据进行应用研究。随着面板模型理论的快速发展，空间计量同面板理论相结合促使空间计量经济学不仅在理论上更加完善，而且在实证研究中也受到越来越多的关注。

4.3.2 空间计量经济学基本理论

空间计量经济学是在综合计算机技术、统计学方法和经济学理论的基础上，对空间横截面数据和面板数据进行处理，研究各个区域或地理单元之间的经济行为在空间上的交互作用。Tobler 地理第一定律[①]指出：“任何事物均相关，但是相近事物之间的联系更加密切。”可将空间计量经济学理解为不同地区之间的经济行为存在不同程度的空间相互关系，即空间效应。Anselin 对空间效应给予了更加详尽的阐述，将其划分为空间异质性（Spatial Heterogeneity）和空间依赖性（Spatial Dependence）。同时，他指出，客观现象具有的空间效应可以由各个观测对象之间的空间权重矩阵来体现。

4.3.2.1 空间依赖性

LeSage（1999）[②] 认为，空间依赖性是指分布在不同地区的同一现象存在一定的关联性，而且这种关联性往往随着地理距离的变化而不同。假如用 i 表示观测点，可以将其表示为：$Y_i = f(y_i)$，$i = 1, 2, \cdots, n$。至于客观现象存在空间依赖性的原因，LeSage 认为，通常有两个原因可以解释：其一，空间单位观测点的数据集（如市、省、人口普查等）可能会反映测量误差。如果收集数据的行政区域划分并没有准确地反映出样本数据的生成过程，那么空间依赖性就有可能产生。其二，更重要的原因可能是，空间维度上的社会人口、经济或者区域活动是建模的重要因素，而这

---

① Tobler W. R. A Computer Movie Simulating Urban Growth in the Detroit Region [J]. Economic Geography, 1970, 46 (1): 234-240.

② LeSage J. P. The Theory and Practice of Spatial Econometrics [M]. Ohio: University of Toledo, 1999: 33.

些社会经济现象在区域分布上往往存在着明显的空间关联性。区域科学的基础在于地点和距离是人类地理和市场活动的重要因素，区域经济学将社会经济现象所具有的空间关联性和空间扩散效应考虑在内。由于空间依赖性的存在使得空间上的观测值缺乏独立性，而传统模型和方法在研究大量社会经济现象时均是假设不同区位的经济现象是相互独立的，无法有效揭示客观经济现象存在的空间依赖性。这导致传统模型在分析具有空间效应的空间数据时会产生估计结果不稳健、研究结论不可信。因此，需要对传统计量经济学方法和模型进行修正，对其估计方法和检验方法都应进行拓展，以有效揭示经济现象客观存在的空间依赖性。

4.3.2.2　空间异质性

空间异质性是指同一现象在不同地区具有不同的特性。在大多数情况下，空间中每一个点都存在着不同的特性。由于地理空间缺乏均质性，存在多种地理结构，从而会导致社会经济发展的差异性，空间异质性就是在经济实践中观测点所表现出的这种差异性和不稳定性。在处理空间差异的过程中，需要考虑空间单位的特殊性质。区域差异性往往用传统的计量经济学方法和模型就可以处理。但是，当需要区分研究对象同时所具有的空间异质性和空间依赖性时，传统的计量经济学方法就显得力不从心。在这种情况下，运用空间变系数回归是比较好的解决方法。

4.3.2.3　空间权重矩阵

同一现象在不同空间单位元之间的关系往往是用空间权重矩阵来反映出来。在构建空间计量模型时，空间权重矩阵是外生的，因为该矩阵包含了空间单位 i 和空间单位 j 之间的外生信息，并不需要利用模型进行估计。假如研究的样本为 n 个空间观测单位，则空间权重矩阵 W 就是一个 $n \times n$ 的对称矩阵，而空间权重矩阵中各个元素取值大小则表示空间观测单位之间关联性的高低（Anselin，1988）①。在设立空间权重矩阵时，一般会将现实中空间单位的地理关联或空间单位的经济联系考虑到模型中，从而达到合理设置空间权重矩阵的目的。设置空间权重矩阵的方法主要包括以下两种：

① Anselin L. Lagrange Multiplier Test Diagnostics for Spatial Dependence and Spatial Heterogeneity [J]. Geographical Analysis，1988，20（1）：1-17.

（1）基于观测对象地理空间关系构建空间权重矩阵。

根据观测对象地理空间关系构建空间权重矩阵主要包括四种方法：距离衰减矩阵、邻近矩阵、基于距离的空间矩阵和 K 值最邻近矩阵。

第一种方法，邻近矩阵。根据相邻的原则，当区域 i 与区域 j 相邻时，$W_{ij}=1$；当区域 i 与区域 j 不相邻时，$W_{ij}=0$。同时，邻近矩阵又包括高阶邻近矩阵和一阶邻近矩阵两种。对于一阶邻近矩阵而言，其假设两个区域存在共同边界的时候，空间关联才会发生，包括 Rook 和 Queen 邻近两种不同的计算方法。Rook 邻近仅定义有共同边界的邻居，而 Queen 邻近则不仅包括拥有共同边界的邻居，还包括拥有共同定点的邻居。因此，基于 Queen 邻近构建的空间权重矩阵常常与邻近区域有比较紧密的关联。由于在创建空间权重矩阵时会出现冗余及循环，高阶邻近矩阵法被提出（Anselin，1988）。在高阶邻近矩阵法中，二阶邻近矩阵应用最广泛，其属于空间滞后的邻近矩阵，表示邻近地区的相关信息。这类空间权重矩阵在分析存在空间溢出效应的空间数据时非常有用。当存在溢出效应时，初始冲击不仅能够影响到相邻的区域，而且还会向外拓展，伴随着距离的衰减逐步影响到相邻区域的相邻区域。

第二种方法，K 值邻近空间矩阵。由于一般使用简单空间矩阵是基于门槛距离（Threshold Distance），这就会产生一种很不平衡的邻近矩阵。例如，有些空间区域面积相差巨大，会导致面积较小的区域拥有比较多邻近单位；而有的观测单位拥有大面积的区域，但与其接邻的单位却有可能很少，甚至成为“飞地”，即该地区没有与其接邻的地区。为了规避这种情况的出现，Anselin 等（2006）[①] 提出了 K 值邻近空间矩阵（K-Nearest Neighbour Spatial Weights）的概念。在实际应用的过程中，一般是选取最邻近的四个空间单元来计算 K 值邻近空间权重。

第三种方法，基于距离的空间权重矩阵。根据空间单位元之间距离标准，空间权重取值不同。假如区域单位元 i 和区域单位元 j 之间的距离小于距离 d，$W_{ij}=1$；而当区域单位元 i 和区域单位元 j 之间的距离大于距离 d，则 $W_{ij}=0$。需要指出的是，空间单位元之间的距离一般是指地区间的重

① Anselin L.，Syabri I. GeoDa，Kho Y.：An Introduction to Spatial Data Analysis [J]. Geographical Analysis，2006，38（1）：5-22.

心或者行政重心之间的距离，其决定地区间空间交互作用强弱。所以，区域之间距离（d_{ij}）的大小决定着空间矩阵中元素数值的大小，选定的不同函数形式决定了不同取值（例如，$W_{ij}=1/d_{ij}$或$W_{ij}=1/d_{ij}^2$）。同时，为了使实际分析具有可操作性，需要确定区域之间距离的门槛距离，如果区域之间的距离大于规定的门槛距离，则可以认为该区域间不存在空间效应。在实际的操作过程中，可以利用地区的经纬度坐标数据，通过坐标计算两个区域之间的距离来构建空间权重矩阵。坐标的度量可以用欧氏距离（Euclidean Distance）或者弧度距离（Arc Distance）两种方式。在一般情况下，欧氏距离用于计算经过投影的地理坐标，弧度距离则用来计算没有经过投影的地理坐标。

第四种方法，距离衰减矩阵。根据距离标准，W_{ij}为：

$$W_{ij}=\begin{cases}0 & i=j\\ d_{ij}^{-2} & i\neq j\end{cases}$$

在距离衰减矩阵中，d_{ij}的定义与基于距离的空间权重矩阵设置相同。此方法根据不同区域之间的距离作为标准构建空间权重矩阵，能够比较准确地反映出区域之间空间效应随着区域之间距离增加而不断衰减的现实情况。

（2）基于经济社会关系构建空间权重矩阵。

在实际的操作过程中，除了根据区域之间空间距离构建空间权重矩阵外，还可以运用各种社会经济因素来反映各个区域之间的关系。例如，根据区域经济发展水平的接近程度、区域间资本流动和区域间贸易往来等指标来构建空间权重矩阵。

4.3.3　空间计量经济模型的种类

空间计量经济学包括的模型有很多种，应用最为广泛的主要有：第一类，空间常系数回归模型，具体包括空间误差模型（Spatial Error Model）、空间自回归模型（Spatial Autoregression Model）和空间杜宾模型（Spatial Dubin Model）；第二类，空间变系数回归模型，一般是指地理加权回归模型（Geographically Weighted Regression Model）。下面我们将对各个空间计量模型的理论进行简要介绍。

4.3.3.1　空间变系数回归模型

在运用截面型数据建立计量经济学模型的时候，由于数据在空间上呈现出空间依赖性和变异性的特点，各解释变量对不同区域相同现象的影响可能存在着明显的差异。因此，构建出能有效反映经济行为在不同区域具有空间差异性的模型才更加符合现实情况。Brunsdon 等（1996）[①] 提出了空间变系数回归模型——地理加权回归模型（GWR）。这个模型是解决上述问题的有效方法，实际上地理加权回归模型的最大贡献就在于，能够对空间中每一个点进行局部线性回归（LeSage，1999）。

（1）地理加权回归模型的基本思想。

在空间分析中，n 组观测值通常是基于 n 个不同的地理位置上所获得的数据。在全域回归中，假设回归参数与数据的地理位置无关，即认为在整个空间内数据是保持稳定的。但是，在实际研究中发现，回归参数往往随着地理位置的变化而变化。这时如果采用全域空间回归，得到的回归参数就无法反映数据的空间特征。因此，一些学者提出空间变系数回归模型（Foster 和 Gorr，1986[②]；Gorr 和 Olligschlaeger，1994[③]），该模型将数据的地理位置纳入回归模型中，从而使回归参数成为数据空间位置的函数。在空间变系数回归模型的基础上，基于局部平滑的思想，Fortheringham 等（2003）[④] 提出了地理加权回归模型。

（2）地理加权回归模型的基本形式。

地理加权回归模型将数据的空间位置信息纳入回归参数中，是对普通线性回归模型的一种拓展，具体表达式如式（4.5）所示。

---

① Brunsdon C., Fotheringham A. S., Charlton M. E. Geographically Weighted Regression: A Method for Exploring Spatial Nonstationarity [J]. Geographical Analysis, 1996, 28 (4): 281-298.

② Foster S. A., Gorr W. L. An Adaptive Filter for Estimating Spatially-varying Parameters: Application to Modeling Police Hours Spent in Response to Calls for Service [J]. Management Science, 1986, 32 (7): 878-889.

③ Gorr W. L., Olligschlaeger A. M. Weighted Spatial Adaptive Filtering: Monte Carlo Studies and Application to Illicit Drug Market Modeling [J]. Geographical Analysis, 1994, 26 (1): 67-87.

④ Fotheringham A. S., Brunsdon C., Charlton M. Geographically Weighted Regression: The Analysis of Spatially Varying Relationships [M]. Manhattan: John Wiley & Sons, 2003.

$$y_i = \beta_0(u_i, v_i) + \sum_{k=1}^{p} \beta_k(u_i, v_i)x_{ik} + \varepsilon_i \qquad i = 1, 2, \cdots, n \tag{4.5}$$

其中，(u_i, v_i) 为第 i 个样本点的地理位置（如经纬度），$\beta_k(u_i, v_i)$ 是第 i 个样本点的第 k 个回归参数，$\varepsilon_i \sim N(0, \sigma^2)$ 且 $Cov(\varepsilon_i, \varepsilon_j) = 0$ $(i \neq j)$。将式（4.5）简化可得：

$$y_i = \beta_{i0} + \sum_{k=1}^{p} \beta_{ik}x_{ik} + \varepsilon_i \qquad i = 1, 2, \cdots, n \tag{4.6}$$

如果 $\beta_{ik} = \beta_{2k} = \cdots = \beta_{nk}$，上述模型就退化为普通线性回归模型。将式（4.6）改写为矩阵形式：

$$Y = (X \otimes \beta') I + \varepsilon \tag{4.7}$$

其中，$\otimes$ 为矩阵的逻辑乘运算，即矩阵 X 与矩阵 β' 的对应元素相乘。若有 n 个观测点和 P 个自变量，则矩阵 I 为（P+1）×1 阶单位向量，矩阵 X 与矩阵 β' 均为 n×（p+1）阶。待估参数 β 由 n 组局域回归参数组成：

$$\beta = \begin{pmatrix} \beta_{10} & \cdots & \beta_{l0} & \cdots & \beta_{n0} \\ \beta_{11} & \cdots & \beta_{l1} & \cdots & \beta_{n1} \\ \vdots & \vdots & \vdots & \vdots & \vdots \\ \beta_{1p} & \cdots & \beta_{lp} & \cdots & \beta_{np} \end{pmatrix} \tag{4.8}$$

（3）地理加权回归模型的参数估计。

地理加权回归模型的估计过程如下：假定 $\{x_{ij}\}$ 表示自变量观测值，$\{y_j\}$ 表示因变量观测值，则传统全域（global）线性回归模型形式如式（4.9）所示：

$$y_i = \beta_0 + \sum_{j=1}^{n} x_{ij}\beta_j + \varepsilon_i \qquad i = 1, 2, \cdots, m; \quad j = 1, 2, \cdots, n \tag{4.9}$$

其中，回归系数 β_0 表示常数项；β_j 是模型变量参数，通过普通最小二乘法（OLS）估计获得；ε 表示模型的随机扰动项，其满足球形扰动假设。

基于普通线性回归模型，对地理加权回归模型进行了拓展，即各个区域单位元 i 的估计参数（β_j）不是利用全域（Global）的数据估计获得，而是利用各特定区域单位元的局部（Local）信息估计获得。因此，估计参数（β_j）值会随着空间单位元不同而发生变化。地理加权回归模型的一般形式如式（4.10）所示：

$$y_i = \beta_0(u_i, v_i) + \sum_{i=1}^{k} \beta_k(u_i, v_i)x_{ij} + \varepsilon_i \tag{4.10}$$

其中，(u_i, v_i) 是第 i 个样本点的空间坐标，$\beta_k(u_i, v_i)$ 是连续函数 $\beta_k(u, v)$ 在 i 点的值。如果 $\beta_k(u_i, v_i)$ 在空间各样本点上保持不变，则模型（4.10）蜕变成全域模型（4.9），ε_i是第 i 个样本点的随机误差且满足球形扰动项的假设。同时，通过利用加权最小二乘法（WLS）可以获得地理加权回归模型的参数估计值：$\beta(u_i, v_i) = (X'W(u_i, v_i)X)^{-1}X^TW(u_i, v_i)Y$，W 表示空间加权矩阵，其设置方法包括以下三种：

第一，高斯函数：

$$W_i = \phi(d_i/\sigma\theta) \tag{4.11}$$

其中，d_i表示空间单位元的距离矩阵，φ 表示标准状态密度函数，σ 表示空间单位元距离向量的标准差，而θ表示带宽。

第二，指数函数：

$$W_i = \sqrt{\exp(-d_i/\theta)} \tag{4.12}$$

第三，三次方函数：

$$W_i = (1-(d_i/q_i)^3)^3 I(d_i<q_i) \tag{4.13}$$

其中，q_i表示第 q 近邻区域到观测点 i 的距离，$I(d_i<q_i)$ 是一个条件函数，即当 $d_i<q_i$时，W 为 1，否则 W 为 0。在确定最优带宽θ时，一般使用交叉确认方法（Cross-validation，CV），其计算公式为：$CV = \sum_{i=1}^{n}[y_i - \hat{y}\neq i(\theta)]^2$，其中，$\hat{y}\neq i$ 是 y_i 的拟合值。当 CV 值达到最小时，其对应的带宽是最优带宽。权重函数不同会得到不同的最优带宽（沈体雁等，2010）。

4.3.3.2 空间常系数回归模型

（1）空间自回归模型。

空间自回归模型（SAR）又被称为空间滞后模型（Spatial Lag Model，SLM），该模型适用于研究在不同的空间单位元之间存在一定空间关联性的现象。空间自回归模型的表达式为：

$$y = \rho Wy + x\beta + \varepsilon \tag{4.14}$$

其中，W 是 n×n 的空间权重矩阵，在估计的过程中一般对其进行标准化。ρ 为空间自相关系数，如果 ρ 的估计量在统计上显著，表示存在空间自相关性。y 为因变量，x 为自变量，W_y为空间滞后因变量，β 为待估计参数，ε 为随机误差项，其满足零均值和同方差的经典假设。

如果使用传统的最小二乘方法对空间自回归模型进行估计，得出的结果将是有偏的。在空间自回归模型中，W_y 表示空间滞后因子。对空间自回归模型进行变形可以得到式（4-15）。

$$y=(I-\rho W)^{-1}x\beta+(I-\rho W)^{-1}\varepsilon \tag{4.15}$$

其中，$(I-\rho W)^{-1}$ 为空间乘子（Spatial Multiplier）。因此，对空间滞后回归模型（4.14）进行参数估计，应该采用极大似然估计。

Ord（1975）① 给出了空间自回归模型的似然函数：

$$\ln L=-\frac{n}{2}\ln(2\pi\sigma^2)+\ln|I_n-\rho W|-\frac{e^Te}{2\sigma^2} \tag{4.16}$$

$$e=y-\rho Wy-x\beta \tag{4.17}$$

$$\rho\in[\min(\varpi)^{-1},\ \max(\varpi)^{-1}] \tag{4.18}$$

其中，ρ 表示空间自相关系数，ϖ表示空间权重矩阵特征值向量。

Lee（2004）② 验证了空间自回归模型的极大似然估计是一致的。使用极大似然函数（4.16）估计模型（4.14）中的参数 β 以及 σ^2，可以得到其估计值，其公式如式（4.19）、式（4.20）所示：

$$\beta=(x^Tx)^{-1}x^T(I-\rho W)y \tag{4.19}$$

$$\sigma^2=e^Te=(y-\rho Wy-x\beta)^T(y-\rho Wy-x\beta)n^{-1} \tag{4.20}$$

将上述参数代入式（4.15）中，即可得到关于参数 ρ 最优化问题，因为参数 ρ 被控制在空间权重矩阵最大特征值和最小特征值之间，因此可以得到参数 ρ 的极大似然估计量 ρ^*，将 ρ^* 代入式（4.15）中即可得到参数 β 的极大似然估计量：

$$\beta^*=(x^Tx)^{-1}x^T(I-\rho^*W)y \tag{4.21}$$

将 β^* 代入式（4.20）中即可得到 σ^2 的极大似然估计量：

$$\hat{\sigma}^2=(y-\rho^*Wy-x\beta^*)^T(y-\rho^*Wy-x\beta^*)n^{-1} \tag{4.22}$$

（2）空间误差模型。

空间误差模型（SEM）是通过模型的随机误差项之间的空间相关性来反映观测单位之间的关联性。空间误差模型的基本形式如式（4.23）~式（4.25）所示：

---

① Ord K. Estimation Methods for Models of Spatial Interaction [J]. Journal of the American Statistical Association, 1975, 70 (3): 120-126.

② Lee Edelman. No future: Queer Theory and the Death Drive [M]. Durham: Duke University Press, 2004.

$$y=x\beta+\varepsilon \tag{4.23}$$

$$\varepsilon=\rho W\varepsilon+v \tag{4.24}$$

$$y=x\beta+(I-\rho W)^{-1}v \tag{4.25}$$

其中，v 表示独立同分布的随机误差项，W 表示空间滞后误差项，ρ 表示空间误差自回归系数。Anselin（1999）① 给出了该模型的似然函数：

$$\ln L=-\frac{n}{2}\ln(2\pi\sigma^2)+\ln|I_n-\rho W|-\frac{e^Te}{2\sigma^2} \tag{4.26}$$

$$e=(I_n-\rho W)(y-x\beta) \tag{4.27}$$

由式（4.26）可知，极大化似然函数就等于极小化式中的最后一项残差平方和，也就是空间滤波后的 $y^*=y-\rho Wy$ 对空间滤波后的 $x^*=x-\rho Wy$ 进行回归。与前述的空间自相关模型相似，对简化的似然函数进行优化即可得到参数 ρ 的极大似然估计量 ρ^*，从而可以进一步获得参数 β 和 σ^2 的极大似然估计量：

$$\beta^*=[(x-\rho^*Wy)^T(x-\rho^*Wy)]^{-1}(x-\rho^*Wx)^T(y-\rho^*Wy) \tag{4.28}$$

$$\hat{\sigma}^2=(e-\rho^*We)^T(e-\rho^*We)n^{-1}，其中：e=y-x\beta^* \tag{4.29}$$

（3）空间杜宾模型。

空间杜宾模型（SDM）是由 Anselin（1988）② 首先提出，该模型的结构类似于时间序列模型中的误差项自相关。空间杜宾模型的表达式如式（4.30）所示：

$$y=x\beta+\rho Wy+Wx\gamma+\varepsilon \tag{4.30}$$

空间杜宾模型对应的数据生成过程为：

$$y=(I_n-\rho W)^{-1}(x\beta+Wx\gamma+\varepsilon) \tag{4.31}$$

由式（4.31）可以得到因变量 y 的期望值：

$$E(y)=(I_n-\rho W)^{-1}(x\beta+Wx\gamma) \tag{4.32}$$

在空间计量回归分析中，空间杜宾模型嵌套了其他许多被广泛使用的

---

① Anselin L. Interactive Techniques and Exploratory Spatial Data Analysis [J]. Geographical Information Systems: Principles, Techniques, Management and Applications, eds. Cambridge: Geoinformation Int., 1999.

② Anselin L. Model Validation in Spatial Econometrics: A Review and Evaluation of Alternative Approaches [J]. International Regional Science Review, 1988, 11 (3): 279-316.

模型，如空间自回归模型和空间误差模型，等等。以模型（4.30）为基础，对模型中的系数设置不同的约束条件，可以衍生出不同的模型：

第一，当 $\gamma=0$ 时，空间杜宾模型就转化为空间自回归模型；当 $\gamma=-\rho\beta$ 时，空间杜宾模型就转化为空间误差模型。

第二，当 $\rho=0$ 时，空间杜宾模型就转化为 LeSage 和 Pace（2009）① 定义的空间滞后 X 回归模型（SLX）。

第三，当 $\rho=0$ 且 $\gamma=0$ 时，空间杜宾模型便转化为标准的最小二乘回归模型。在对空间杜宾模型进行估计时，最小二乘估计量并不是一致的估计量，极大似然估计量才是一致估计量。因为空间杜宾模型具有非常强的解释力，空间杜宾模型在实际运用中受到了广泛的关注。从模型形式可以看出，某个地区解释变量的变化不仅会直接影响到该地区的因变量变化（直接效应），而且还会对其他地区产生影响（间接效应），以及对所有地区造成影响（总效应）。

4.3.4　小结

第一，模型的估计技术。通过前面对空间误差模型、空间自回归模型以及空间杜宾模型的分析，可以得知，如果对上述模型继续使用最小二乘法进行估计，得到的结果将是有偏的或是非有效的。因此，在进行模型参数估计时，需要采用广义最小二乘法、工具变量法或极大似然估计法等方法进行参数估计。而 Anselin（1988）则认为，使用极大似然估计法来估计上述模型的参数效果更好。

第二，空间自相关检验与模型的选择。空间自相关检验一般是使用 Moran's I 和两个拉格朗日参数检验（LMERR、LMLAG）以及稳健的 R-LMERR 检验和 R-LMLAG 检验。在实际操作的过程中，由于无法事先知道空间误差模型和空间滞后模型两个模型哪个可以更好地拟合经济现实，这需要相应的方法进行判断。Anselin 等（2004）通过研究指出：假如空间依赖性的检验过程中获得的 LMLAG 比 LMERR 更显著，并且 R-LMERR 比

① LeSage J., Kelley Pace R. Statistics: A Series of Textbooks and Monographs [M]. Barcelona: Libreria Herrero Books, 2009.

R-LMLAG 更显著，则可以判定使用空间滞后模型进行具体分析更加有效。如果在空间依赖性检验中得到 LMERR 比 LMLAG 更加显著，且 R-LMLAG 比 R-LMERR 更不显著，那么就可以认为空间误差模型比较符合实际情况。除利用拟合优度（R^2）检验以外，还可以使用 SC（Schwartz Criterion）信息准则、AIC（Akaike Information Criterion）信息准则、似然比（Likelihood Ratio，LR）检验和对数似然函数（Log likelihood，LOGL）进行检验。在检验的过程中，LR、AIC 和 SC 统计量值越小，LOGL 值越大，则模型的拟合效果越好。另外，这些指标也可以用于经典线性回归模型以及空间滞后和空间误差模型的比较。

4.4 基于地理加权回归模型的我国 PM2. 5 污染空间分布差异实证分析

本章 4. 2 节 PM2. 5 污染空间分布特征检验表明，我国 PM2. 5 污染存在显著的局部空间集聚特征（空间异质性）。这需要我们使用适合的空间计量模型进行具体估计分析。地理加权回归模型属于变参数空间计量模型，其将样本数据的地理位置信息纳入模型中，利用局部的数据信息估计参数，而不是利用整体数据信息来估计参数。这使得地理加权回归模型可以有效揭示出经济现象在不同地理位置上的空间差异性。因此，我们使用地理加权回归模型分析 PM2. 5 污染分布的空间异质性。

4. 4. 1 模型构建

确定环境污染的主要来源是进行环境污染治理的基础，没有准确的环境污染来源分析，就没有有效的污染治理。为此不少学者根据自身的研究提出了不同的方法和模型，例如美国生态学者 Commoner（1972）① 的“技术决定论”，该理论认为，工业技术是影响环境污染的决定性因素。美国

① Commoner B. The Closing Circle: Confronting the Environmental Crisis [M]. London: Cape, 1972.

人口学者 Ehrlich 和美国能源经济学家 Holdren（1971）① 提出的“人口增长理论”认为，人口规模是影响环境污染的重要因素。这些理论都属于“单因素决定理论”，即认为环境污染是由某一个因素来决定、影响的。这显然与事实不符，因为环境污染是由很多不同的因素共同影响作用的结果。为了解决单因素模型在分析环境污染时的局限，Holdren 和 Ehrlich（1974）② 综合现有“单因素理论”，进一步提出了 IPAT 模型，其公式基本形式：I（Environmental Impact，环境影响）= P（Population，人口）×A（Affluence，繁荣和富裕程度）×T（Technlogy，技术水平），即环境污染主要是受人口、繁荣程度和技术水平这三个因素影响。

于是，IPAT 等式（I=PAT）成为环境污染多因素分析的基础模型，其简单表达形式如下：

$$I=PAT \tag{4.33}$$

其中，I 为某种污染物的排放水平，P 为人口规模，A 为一个国家或地区的富裕程度，T 为技术进步。但是，IPAT 等式存在一定的不足，即它假设各因素对环境污染的影响是相同的。这显然与现实状况不符，因为不同因素对环境污染的影响是不同的。因此，Dietz 和 Rosa 在 1997 年提出了 STIRPAT 模型，其具体形式为：

$$I_t=aP_t^bA_t^cT_t^de_t \tag{4.34}$$

其中，a 表示截距项，e_t表示随机误差项，t 表示时间，P、A 和 T 与方程（4.33）相同，b、c 和 d 分别表示 P、A 和 T 对环境污染的影响系数。为了消除可能存在的异方差，将所有变量均进行对数化处理。因此，模型（4.34）变为下面形式：

$$LI_t=La+b(LP_t)+c(LA_t)+d(LT_t)+e_t \tag{4.35}$$

因为我们研究对象是 PM2.5 污染，上式中的 I_t表示 PM2.5，P 表示人口规模（万人），A 表示经济增长；T 表示技术水平，用能源强度来表示。所以上式转变为如式（4.36）所示：

---

① Ehrlich P. R. , Holdren J. P. Impact of Population Growth [J]. Science, 1971 (11): 1212-1217.

② Holdren J. P. , Ehrlich P. R. Human Population and the Global Environment: Population Growth, Rising Per Capita Material Consumption, and Disruptive Technologies Have Made Civilization a Global Ecological Force [J]. American Scientist, 1974, 62 (3): 282-292.

$$LPM2.5_t = La + b\ (LPOP_t) + c\ (LGDP_t) + d\ (LEI_t) + e_t \quad (4.36)$$

其中，PM2.5 表示 PM2.5 污染强度（微克/立方米），POP 表示人口规模（万人），GDP 表示经济增长，用消除价格因素后的人均 GDP 来表示（元），EI 表示能源强度，能源强度数值越高，表示节能和减排技术水平越低，其由能源消费除以 GDP 获得（吨标准煤/万元）。已经有很多学者使用能源强度来表示节能和减排技术进步对环境污染的影响（Sadath 和 Acharya，2017；Talbi，2017）。

可以看出，IPAT 等式和 STIRPAT 模型都认为环境污染的主要影响因素有三个，即人口规模、经济发展水平和技术进步。实际上，导致环境污染的因素远不只这些。由于各个国家社会经济发展模式不同、发展阶段不同，因此 PM2.5 污染的来源也各不相同。根据我国现阶段社会经济发展的实际情况，我们在 STIRPAT 模型的基础上，引入了城镇化、煤炭消费量和固定资产投资三个要素，引入三个要素的具体原因解释如下：

第一，城市化。当前，我国正处于快速发展的城镇化阶段。2020 年我国约 60%的人口居住在城市地区。快速城市化一方面会导致城市人口规模不断扩大，另一方面也会促进居民收入水平不断提高（孙永强和巫和懋，2012）。不断加快的工作和生活节奏，使越来越多的居民购买和使用机动车出行。《中国统计年鉴》的数据显示，截至 2015 年底，中国机动车保有量达到 1.63 亿辆，成为世界第二大机动车拥有国，仅次于美国。大量机动车必然消费大量化石燃料（汽油和柴油）。由于技术水平较低，我国化石燃料中碳、硫含量过高，燃油品质远落后于欧盟和美国。同时，我国机动车尾气排放技术和标准也显著低于欧美发达国家，所以，大量机动车使用必然排放出大量汽车尾气，从而加重 PM2.5 污染（Yang 等，2017）。因此，我们将城镇化纳入模型，以分析城镇化发展对 PM2.5 污染的影响。

第二，煤炭消费。从 2010 年起，我国已经超过美国，成为世界上最大的能源消费国（邢毅，2015）。并且，由于我国能源储藏具有“多煤少油”的特点。低廉的价格和易获得性导致高污染的煤炭长期成为我国能源消费的主要来源（时佳瑞等，2015）。《中国统计年鉴》的数据显示：1990~2015 年，煤炭消费占我国总能源消费的平均比重是 70.3%。现在，我国已经成为世界上最大的煤炭消费国家。消费煤炭的主要行业包括钢铁行业、火力发电行业、水泥行业以及生活用煤。这些工业生产和居民生活用煤在煤炭燃烧使用的过程中，排放出大量的粉尘和烟尘，从而导致 PM2.5 污染不断加重。因此，我们将煤炭消费量纳入 PM2.5 污染模型，以分析煤炭消费对我国不同省份和区域 PM2.5 污染的影响。

第三，固定资产投资。固定资产投资主要包括房地产开发投资、基础建设、大型设备更新改造等。长期以来，扩大固定资产投资成为中国拉动国内经济增长的主要途径之一（齐鹰飞和李东阳，2014）。例如，2008 年美国次贷危机引发的全球金融危机重创了世界各国经济。金融危机导致我国出口贸易量明显下降，从而影响国内经济增长。为了减少金融危机对我国经济增长产生的消极影响，中央政府及时做出反应，在 2008 年底推出实施 4 万亿元的投资规划和其他一系列刺激国内需求的措施，在我国经济快速恢复和后期持续增长方面发挥了重要作用。但是，大规模的固定资产投资也产生了一些消极影响，一方面，大规模的固定资产投资和建设活动需要消耗大量钢铁、水泥和有色金属来制造产品，引起这些产品的生产企业扩大生产规模，以满足市场需求。但是，这些行业都属于能源密集型的重工业，并且主要消耗高污染的煤炭。大规模的生产活动必然消耗大量的煤炭，从而排放出大量烟尘细颗粒物，加重 PM2.5 污染。另一方面，大规模的固定资产投资建设活动导致大量的土地表面裸露，没有采取任何绿化和防护措施，在风力吹拂下施工地区极易产生大量灰尘扬尘，成为 PM2.5 污染的重要来源之一（何为等，2015）。因此，我们将固定资产投资也引入 PM2.5 污染模型。

借鉴 STIRPAT 模型，并结合上述分析，我们构建出我国 PM2.5 污染要素模型，其具体形式如下：

$$LPM2.5_t = La+\beta_1 LPOP_t+\beta_2 LGDP_t+\beta_3 LEI_t+\beta_4 LURB_t+\beta_5 LCOAL_t+\beta_6 LFAI_t+e_t \quad (4.37)$$

其中，a 表示常数项，e 表示随机误差项，t 表示时间；PM2.5、POP、GDP、EI 表示的变量与方程（4.36）相同；URB 表示城市化，用城市人口除以总人口表示（%）；COAL 表示煤炭消费（万吨），FAI 表示固定资产投资（亿元）。

由于我国疆域辽阔，社会经济各方面都存在显著差异，各要素对不同空间地理位置 PM2.5 污染的影响是不同的。时变参数的地理加权回归模型拓展了全局参数估计方法中参数不变的假设，认为每个地理位置上的参数是变化的。因此，该模型可以有效地捕获各要素对 PM2.5 污染的非平稳影响。为了有效揭示各要素对不同地理位置上 PM2.5 污染的影响，我们将因变量和自变量的空间位置要素（经度和纬度）纳入模型（4.37）中。因为本章是使用我国 29 个省区市的截面数据进行实证分析，所以，地理加权回归模型的具体形式如式（4.38）所示：

$$LPM2.5_i = La_0(u_i, v_i) + \beta_1(u_i, v_i)LPOP_i + \beta_2(u_i, v_i)LGDP_i + \beta_3(u_i, v_i)LEI_i + \beta_4(u_i, v_i)LURB_i + \beta_5(u_i, v_i)LCOAL_i + \beta_6(u_i, v_i)LFAI_i + \xi_i \quad (4.38)$$

其中，i 表示观测单位数（省份），u_i 和 v_i 分别表示第 i 个空间位置点的纬度和经度。参数 β 是 u_i 和 v_i 的函数，即任何一个具体空间位置的估计参数 β 是通过局域估计获得的，它随着空间地理位置的不同而变化。

4.4.2 数据处理与描述统计特征

在本部分研究中，我们选用我国 29 个省份（重庆和四川合并一起）作为观测样本。因为地理加权回归模型适用于横截面数据分析，我们采用全国 29 个省份的横截面数据进行实证分析。为了减少横截面数据中的波动性，我们以 2001~2015 年的面板数据为基础，计算出各变量的平均值，作为横截面样本数据。为了消除价格因素的影响，我们使用人均 GDP 缩减指数和居民消费价格指数分别对经济增长（GDP）和固定资产投资（FAI）进行价格平减。然后，对所有变量进行对数化处理，以消除可能存在的异方差问题。PM2.5 数据来源及处理见 2.1.1 节说明，人口规模（POP）、经济增长（GDP）、能源强度（EI）、城市化（URB）、固定资产投资（FAI）和煤炭消费（COAL）的数据来源及处理见 2.2.2 节说明，在此不再赘述。表 4.2 给出了所有变量的定义和统计描述特征的结果。

表 4.2 变量定义和描述统计特征

变量	定义	单位	最大值	最小值	标准差	均值
PM2.5	PM2.5 排放	微克/立方米	94.14	2.17	16.41	33.61
POP	人口规模	万人	12440.79	523.10	2912.63	4540.27

续表

变量	定义	单位	最大值	最小值	标准差	均值
GDP	经济增长	元	107960.0	3000.00	21825.21	28986.17
EI	能源强度	吨标准煤/万元	4.696	0.175	0.771	1.218
URB	城市化	百分比	89.76	16.24	15.73	47.81
FAI	固定资产投资	亿元	48312.40	191.08	8488.04	7728.17
COAL	煤炭消费	万吨	40901.88	326.00	8620.88	10878.71

4.4.3　实证分析

由图 4.1 可以发现，我国各个省份 PM2.5 污染存在显著差异。因此，为了更好地研究各变量对我国不同地区 PM2.5 污染的差异影响，我们使用地理加权回归模型进行实证分析。地理加权回归模型的参数估计方法有三种，即高斯权值函数法、指数权值函数法和三次方权值函数法。我们需要对这三种方法估计结果进行检验比较，以选出最优参数估计法（见表 4.3 和图 4.2）。从表 4.3 中可以发现，基于三种方法进行地理加权回归模型回归分析，得到的 R^2 分别为 0.9266、0.9944 和 0.9147，调整后的 R^2 分别为 0.9065、0.9929 和 0.8915。图 4.2 则给出了运用三种方法估计得到的常数项和各个自变量参数的估计值，可以发现，运用高斯、指数和三次方权值函数得出的各个变量的参数估计值在变化趋势上基本一致。从表 4.3 中可以看出，运用指数权值函数得出的 R^2 和调整后的 R^2 都是最大的，表明运用指数权值函数得出的拟合效果最优。因此，我们使用指数权值函数法来估计模型参数（见表 4.4）。由表 4.4 可以看出，各变量（人口规模、经济增长、城镇化、煤炭消费、能源强度和固定资产投资）对 PM2.5 排放影响存在明显的省份和区域差异。下面我们将从省份和区域两个角度分析各变量对 PM2.5 污染的差异影响。

表 4.3 基于三种权值函数方法的地理加权回归模型总体拟合结果

Weight decay type	高斯权值函数法	指数权值函数法	三次方权值函数法
被解释变量	LPM2.5	LPM2.5	LPM2.5
R^2	0.9266	0.9944	0.9147
调整后的 R^2	0.9065	0.9929	0.8915
带宽	0.9818	4.4721	—
观测单位数	29	29	29

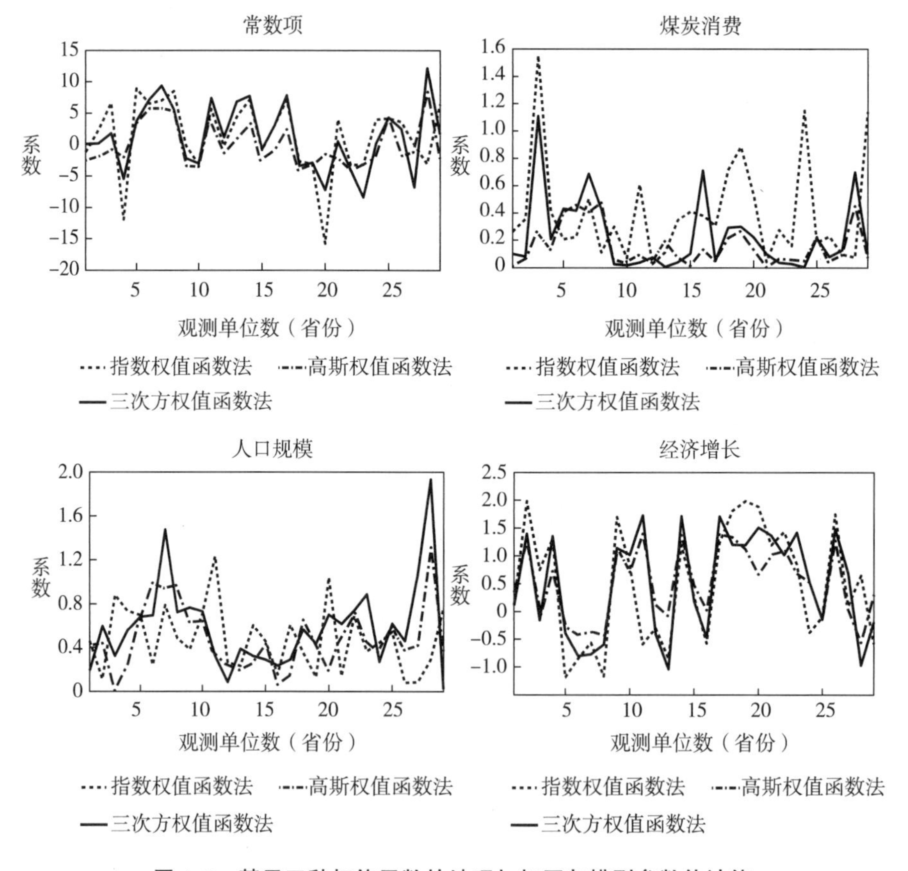

图 4.2 基于三种权值函数的地理加权回归模型参数估计值

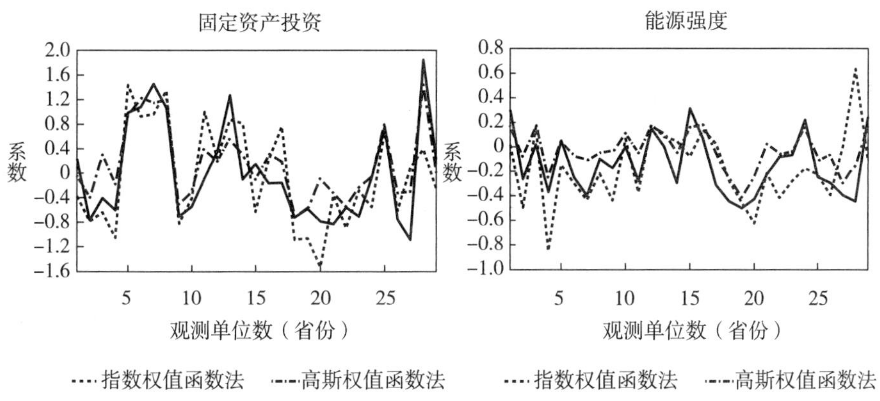

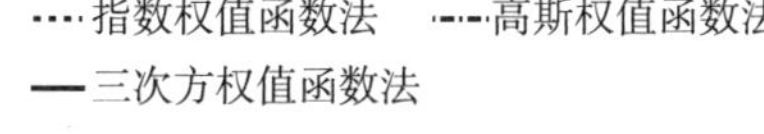

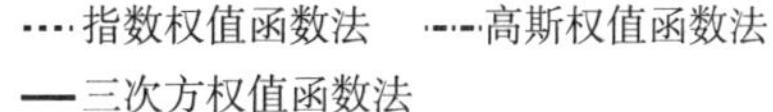

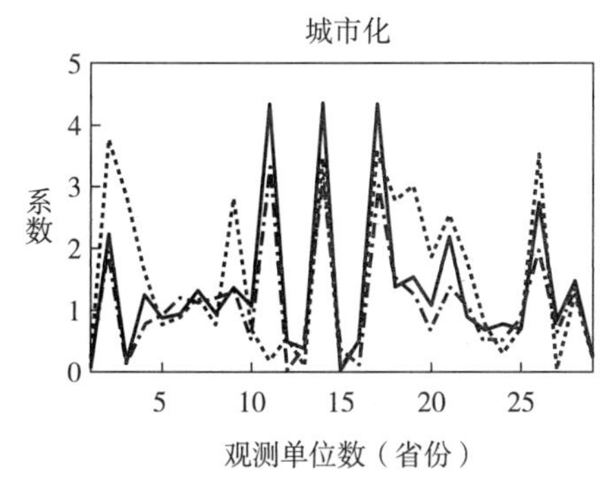

图 4.2　基于三种权值函数的地理加权回归模型参数估计值（续）

表 4.4　基于指数权值函数的地理加权回归模型的参数估计结果

区域	省份	C	LCOAL	LPOP	LGDP	LFAI	LEI	LURB
东部地区	北京	2.304	0.354	0.110	1.983	−0.786	−0.496	3.772
	上海	3.982	1.148	0.443	−0.380	−0.553	−0.174	0.303
	天津	3.594	0.227	0.076	1.747	−0.613	−0.393	3.534
	福建	6.617	1.555	0.881	0.747	−0.643	0.162	2.834
	广东	8.926	0.206	0.695	−1.190	1.438	−0.146	0.767
	江苏	−0.855	0.412	0.456	0.282	−0.630	−0.079	0.082

续表

区域	省份	C	LCOAL	LPOP	LGDP	LFAI	LEI	LURB
东部地区	山东	4.026	0.04	0.136	1.193	-0.360	-0.215	2.470
	浙江	6.368	1.14	0.757	-0.588	-0.249	-0.111	0.217
	海南	8.522	0.110	0.483	-1.171	1.347	-0.218	0.769
	河北	-0.168	0.298	0.380	1.698	-0.821	-0.438	2.814
	辽宁	7.087	0.304	0.608	1.240	0.764	0.026	3.561
中部地区	安徽	-1.196	0.261	0.456	0.112	-0.378	0.018	0.213
	河南	-3.112	0.068	0.709	0.826	-0.411	0.067	0.690
	黑龙江	5.662	0.609	1.231	-0.594	1.002	-0.374	0.187
	湖北	-0.21	0.026	0.259	-0.304	0.247	0.180	0.548
	湖南	4.406	0.112	0.230	-0.849	0.873	0.083	0.097
	吉林	7.090	0.346	0.603	1.193	0.813	0.050	3.471
	山西	-3.254	0.273	0.689	1.429	-0.899	-0.417	1.801
	江西	3.018	0.381	0.153	-0.577	0.219	0.142	0.492
	内蒙古	-2.691	0.716	0.352	1.810	-1.085	-0.278	2.779
西部地区	广西	6.517	0.223	0.240	-0.854	0.926	-0.298	0.888
	贵州	6.994	0.503	0.789	-0.565	0.962	-0.434	1.213
	甘肃	-11.962	0.409	0.734	1.308	-1.052	-0.851	1.625
	宁夏	-3.097	0.885	0.128	1.982	-1.062	-0.454	3.013
	青海	-15.792	0.531	1.039	1.881	-0.527	-0.625	1.867
	陕西	-3.191	0.158	0.364	-0.847	-0.285	-0.280	0.783
	四川	4.165	0.181	0.542	-0.100	0.693	-0.227	0.709
	新疆	0.010	0.094	0.082	0.099	0.084	0.007	0.039
	云南	-3.058	0.072	0.285	0.646	0.393	0.634	1.252

注：C 表示常数项；LCOAL 表示煤炭消费；LPOP 表示人口规模；LGDP 表示经济增长；LFAI 表示固定资产投资；LEI 表示能源强度；LURB 表示城市化。

4.4.4 估计结果分析

（1）经济增长对 PM2. 5 污染空间异质性的影响。

经济增长对于不同省份和地区 PM2. 5 污染的影响差异明显。从省份角度来看，经济增长对北京市 PM2. 5 污染的影响强度是最大的，为 1. 983。北京市是国家首都，长期以来经济保持快速增长。一方面，经济快速增长促使居民收入明显增加，越来越多的居民家庭更多地使用家用电器，例如，空调、冰箱和电视。这些产品的使用需要消耗大量电力能源，而我国电能主要来源于燃烧煤炭的火力发电。因此，这必将导致煤炭的大量消费，从而引起 PM2. 5 污染不断加重。另一方面，经济增长也促使北京市工业经济发展迅速，例如，钢铁、水泥、有色金属制造和石油化工等。尽管为了成功举办 2008 年北京奥运会，2008 年之前这些高耗能、高污染工业企业被陆续迁出北京市。但是，北京市的工业经济总量仍然较大，例如，食品制造、饮料制造、印刷业、通用设备制造和通信设备制造等。这些行业虽然不是高耗能工业，但是这些数量众多的生产企业在生产过程中仍然需要消耗大量能源，并排放出大量的烟尘，成为 PM2. 5 污染的主要来源之一（史丹和马丽梅，2017）。另外，经济增长对上海、浙江、广东、海南、黑龙江、湖北、湖南、江西、广西、贵州、陕西和四川等省份 PM2. 5 污染的影响为负，表示经济增长是有利于这些省份减少 PM2. 5 污染的。其中上海、浙江和广东三省市属于经济发达省份，经过几十年的快速增长，三省市经济发展已经遇到进一步增长的瓶颈。为了实现经济持续快速增长和减少环境污染，三省市积极优化经济结构、进行产业升级，大力发展信息技术产业、服务业、旅游业和金融服务业。这不仅保证了经济持续快速增长，而且有利于减少经济增长带来的 PM2. 5 污染强度，即经济增长对 PM2. 5 污染的影响为负。

从区域的角度来看，经济增长对东部 PM2. 5 污染的平均影响强度（1. 111）高于其对中部地区（0. 855）和西部地区 PM2. 5 污染的影响强度（0. 920），这主要是因为出口贸易存在区域差异。长期以来，出口贸易是我国经济增长的主要拉动力之一。由于制造技术水平有限和拥有大量廉价的劳动力，能源密集和劳动密集的产品出口一直占据中国出口贸易总额较大比重（黎峰，2015）。《中国统计年鉴》的数据显示：2001~2015年，高耗能工业制成品（化工产品、纺织产品、橡胶制品、矿冶产品、普通机械设备产品）出口额占我国出口贸易总额的平均比重高达67.5%。这些出口产品的生产会消耗大量的煤炭和电力，而且我国电力又主要来源于煤炭燃烧的火力发电。大量的煤炭消费必然排放出大规模的烟尘细颗粒物，导致PM2.5污染。《中国统计年鉴》的数据显示：2003~2015年，东部地区平均每省工业制成品出口额为781.17亿美元，而中部和西部地区平均每省工业制成品出口额分别为82.10亿美元和99.58亿美元。可以看出，东部地区的年均工业制成品出口额远高于中西部地区的年均工业制成品出口额。因此，大规模的工业制成品出口贸易导致经济增长对东部地区PM2.5污染的影响高于经济增长对中部、西部地区PM2.5污染的影响。

（2）城镇化对PM2.5污染空间异质性的影响。

从GWR模型回归结果可以看出，城镇化对不同省份和地区PM2.5污染的影响存在较大差异。从省份的角度来看，城市化对北京、天津、福建、辽宁、河北、吉林、内蒙古和宁夏PM2.5污染的影响较大，影响系数均高于2.7，即城市化每增加1%，这些省份PM2.5污染强度的增加幅度超过2.7%。其中，城市化对北京市PM2.5污染的影响系数最大，为3.772。这主要是因为城市化导致越来越多的人口流入城市地区，北京市人口规模不断扩大，庞大的人口使得北京市机动车保有量不断增多。《中国统计年鉴》的数据显示，截至2015年底，北京市民用汽车保有量是533.8万辆。大量汽车上路行驶必然消费大规模的化石燃料（柴油和汽油），而且当前我国燃料油品质低，导致机动车使用过程中排放出大量的汽车尾气，成为北京市PM2.5污染的主要来源。城市化对天津市PM2.5污染影响大的原因与北京市相似，在此不再赘述。城市化对辽宁、吉林和内蒙古三省PM2.5污染影响大的主要原因：一方面，城市化导致大量人口涌入城市地区，使冬季城市地区取暖需求快速增加。而且，冬季锅炉供气主要靠燃烧高污染的煤炭，导致这三个省份冬季PM2.5污染严重。另一方面，城市化发展也带动东北三省城市工业快速发展，这三个省份成为中国重要的工业基地。大规模的工业经济发展需要消费大量能源（煤炭和石油），从而导致工业生产活动排放出大量烟尘和粉尘，加重PM2.5污染。

从区域角度来看，城市化对东部地区PM2.5污染的影响强度是1.920，明显高于其对中部地区（1.142）和西部地区 PM2.5 污染的影响强度（1.265）。这主要是因为不同区域的房地产业发展和机动车保有量存在显著差异：

第一，房地产。城市化导致城市人口快速膨胀，不断增长的人口产生了更多的住房需求，这导致城市房地产业快速发展。近年来，中国房地产业发展迅速，成为拉动国民经济增长的主要动力之一（许宪春等，2015）。房地产快速发展需要消耗大量钢铁、水泥和有色金属产品。而且，这些行业属于高耗能、高排放的重工业。它们的生产活动消耗大量的煤炭，从而排放出大量烟尘和粉尘，加重 PM2.5 污染（毛显强和宋鹏，2013）。《中国统计年鉴》的数据显示：2001~2015 年，东部地区年均每省房地产投资额为 2138.73 亿元，远多于中部地区（1019.25 亿元）和西部地区（774.16 亿元）的年均每省房地产投资额。因此，房地产发展对东部地区 PM2.5 污染的影响大于其对中西部地区 PM2.5 污染的影响。

第二，机动车。城市化不仅带动城市房地产业快速发展，也使城市居民收入快速增加；另外不断加快的生活和工作节奏，越来越多的居民购买和使用机动车。大量机动车需要消费大量的燃料油（柴油和汽油），而现阶段我国机动车燃油中碳、硫含量过高。所以，大规模机动车的使用排放出大量汽车尾气，成为城市地区 PM2.5 污染的主要来源之一。《中国统计年鉴》的数据显示：截至 2015 年底，东部地区民用汽车平均拥有量是 782.69 万辆，而中西部地区平均民用汽车保有量分别是 478.25 万辆和 370.83 万辆。因此，机动车对东部地区 PM2.5 污染的影响高于其对中西部地区 PM2.5 污染的影响。

（3）能源强度对 PM2.5 污染空间异质性的影响。

能源强度表示地区能源利用和减排技术的高低。如果能源强度弹性系数为正，表示该地区节能技术低，没有起到显著减少能源消费和污染物排放的作用，需要进一步提高节能和减排技术；如果能源强度弹性系数为负，则表示该地区能源利用和减排技术水平高，起到显著减少能源消费和污染物排放的作用（张伟等，2016）。从 GWR 模型回归结果可以发现，能源强度对不同省份和区域 PM2.5 污染的影响存在明显差异。从省份角度来看，甘肃省能源强度的弹性系数最大（-0.851），而新疆地区弹性系数最小（0.007）。同时，东部地区的北京、广东、海南、河北、山东、浙江、江苏、上海和天津，中部地区的黑龙江、内蒙古和山西，西部地区的广西、贵州、甘肃、宁夏、青海、陕西和四川的能源强度系数为负数，表示这些省份的节能减排技术发展起到了显著减少能源消费和 PM2.5 污染的作用。

从区域角度来看，能源强度对西部地区 PM2.5 污染的影响强度（0.423）高于其对中部地区（0.179）和东部地区 PM2.5 污染的影响强度（0.223）。造成这种区域差异的主要原因在于高学历人才的积累。决定能源强度高低的主要因素是技术进步，而技术进步是依靠人才的积累。获得技术不断进步的关键是拥有高质量的人力资本积累。大学生是高质量人力资本积累的重要组成部分，促进更多的年轻人进入大学接受高等教育，将为本地区技术进步打下坚实的人才基础。由于历史和地理位置的原因，西部地区整体教育水平偏低，接受高等教育的人数总量不多。但是，随着“西部大开发战略”的实施，西部地区意识到人才培养对于经济增长和技术进步的重要性。各级地方政府部门积极支持当地教育发展，资助家庭困难的优秀学生进入大学，接受高等教育。《中国统计年鉴》的数据显示：2001~2015 年，西部地区大学生毕业人数年均增长率为 15.3%，高于中部地区（15.1%）和东部地区大学生毕业人数的增长率（13.5%）。因此，能源强度对西部地区 PM2.5 污染的影响强度高于其对中东部地区的影响强度。

（4）煤炭消费对 PM2.5 污染空间异质性的影响。

GWR 模型回归结果显示，煤炭消费对 PM2.5 排放的影响在各个省份和区域间存在显著差异。从省份角度来看，煤炭消费对福建省 PM2.5 污染的弹性系数最大（1.555），对湖北省 PM2.5 污染影响最小（0.026）。从影响方向来看，煤炭消费对所有省份 PM2.5 污染均产生正向影响，即煤炭消费会加重 PM2.5 污染。东部地区的上海、福建和浙江，中部地区的黑龙江西部，以及西部地区的贵州、宁夏和青海煤炭消费的回归系数较高，均超过 0.5，表明这些省份的煤炭消费对 PM2.5 影响较大。其中，黑龙江和内蒙古属于产煤大省，易获得性和低廉的价格导致煤炭成为这两个省份能源消费的主要来源。尤其是在冬季，居民取暖消费大量煤炭，从而加重 PM2.5 污染。煤炭消费对山西省 PM2.5 污染的影响系数并不大，为 0.273。这主要是因为，虽然山西省是产煤大省，年均产煤量位居全国所有省份前列。但是，山西省产出的煤炭有相当部分是外调到其他省份或出口到世界其他国家。例如，《山西省统计年鉴》的数据显示，2015年，山西省煤炭总产量为11.04亿吨，而外调和出口量达到6.24亿吨，外调和出口量占总能源消费量的比重达到56.5%。因此，煤炭消费对山西省PM2.5污染的影响强度并没有大家预期的那么高。

从区域角度来看，煤炭消费对东部地区PM2.5污染的影响（0.527）大于其对中部地区（0.310）和西部地区PM2.5污染的影响（0.340）。这可以用能源消费的区域差异来解释。经济发达的东部地区经济总量、工业规模和人口规模巨大，需要消费大量能源。东部地区不仅消费掉本地区产出的煤炭、石油等大量能源，还从中西部地区输入大量煤炭，以满足本地区庞大的能源消费需求。这导致东部地区的煤炭消费总量多于经济欠发达的中西部地区。《中国能源统计年鉴》的数据显示：2001~2015年，东部地区平均每省煤炭消费量是1.31亿吨，高于中部地区平均每省煤炭消费量（1.29亿吨）和西部地区的平均每省煤炭消费量（0.69亿吨）。大量的煤炭消费必然排放出大规模的烟尘，成为PM2.5污染重要来源之一。因此，煤炭消费对东部地区PM2.5污染的影响高于其对中西部地区PM2.5污染的影响。

（5）固定资产投资对PM2.5污染空间异质性的影响。

固定资产投资主要包括房地产开发投资、基础建设、林业产业化建设和大型设备更新改造等。不同类型的固定资产投资活动对不同省份和地区PM2.5污染产生不同的影响。例如，林业产业化建设不仅包括市区森林、公园和绿地建设投资，也包括城市周边地区生态防护林建设。这些投资建设活动对于绿化城市环境、改善城市空气和减少PM2.5污染都是有利的。另外，房地产开发投资、道路、桥梁和水利基础设施等固定资产投资建设活动需要消费大量钢铁和水泥产品，钢铁和水泥行业属于高耗能、高排放的重工业部门。而且，长期以来煤炭成为钢铁和水泥行业能源消费的主要来源。大量的钢铁和水泥生产必然消费大量高污染的煤炭，从而导致PM2.5污染不断加重。这类固定资产投资对PM2.5污染产生消极影响。因此，对不同省份和地区的PM2.5污染，我们要具体分析不同类型固定资产投资对PM2.5污染的影响。

从省份角度来看，固定资产投资对东部地区的北京、上海、天津、福建、江苏、山东、浙江和河北，中部地区的安徽、河南、山西和内蒙古，以及西部地区的甘肃、宁夏、青海和陕西 PM2.5 污染的影响系数为负，表示固定资产投资活动是有利于这些省份减少 PM2.5 污染。以北京、天津和上海三个直辖市为例，这三个直辖市经济高度发达，但是近年来由于城市机动车保有量激增、能源消费量不断扩大，导致 PM2.5 污染不断加重。为了减少 PM2.5 污染，当地政府部门一方面加大城区周边地区生态防护林建设，另一方面不断扩大市区园林绿化建设。植被的改善不仅有效防止地面扬尘的产生，种植的树木和花草的叶子也可以有效吸附空气中的粉尘颗粒物，从而起到减少 PM2.5 污染的作用。固定资产投资对广东、海南、辽宁、黑龙江、湖北、湖南、吉林、江西、广西、贵州、四川、新疆和云南 PM2.5 污染的影响系数为正，表示固定资产投资活动加重了这些省份的 PM2.5 污染。主要原因：这些省份的道路、桥梁、房地产开发、农业水利设施建设的固定资产投资更为突出。但是这些固定资产投资活动需要大量钢铁和水泥产品，引起当地钢铁和水泥制造行业扩大生产。钢铁和水泥行业属于能源密集型行业，大规模的生产活动必然消费大量化石能源（煤炭），并排放出大量烟尘，从而加重了 PM2.5 污染。

从区域角度来看，固定资产投资对东部地区 PM2.5 污染的影响强度是 0.746，高于其对中部地区（0.659）和西部地区 PM2.5 污染的影响强度（0.665）。这主要是由于水利和环境投资区域差异造成的。水利和环境投资是固定资产投资的一部分，水利和环境投资是提高植被绿化、改善地区环境的重要条件。一般来说，经济发达地区不仅具有进行大规模水利和环境投资的经济实力，也有改善工作和生活环境的巨大需求。水利和环境投资可以明显增加城市和周边地区的树木和花草植被覆盖率。扩大树木和花草植被面积不仅有利于减少由于地面裸露而产生大量扬尘，而且其叶子也具有吸附空气中大量烟尘颗粒物的作用，从而可以有效减少 PM2.5 污染。《中国统计年鉴》的数据显示：2003~2015 年，东部地区平均每省水利和环境投资规模是 851.95 亿元，而中西部地区平均每省水利和环境投资规模分别是 746.84 亿元和 542.11 亿元。因此，固定资产投资对东部地区 PM2.5 污染的影响强度要高于其对中西部地区 PM2.5 污染的影响强度。

（6）人口规模对 PM2.5 污染空间异质性的影响。

人口规模与 PM2.5 污染关系解释如下：一方面，大规模的人口需要消耗大量化石能源，例如，居民生活需要燃烧煤炭、天然气和农作物秸秆等，而且，居民生活燃烧煤炭和农作物秸秆都是没有任何防护措施，燃烧产生的烟尘直接排入空气中，加重空气污染（仇焕广等，2015）。另一方面，不断增加的收入促使居民生活能源强度不断提高。例如，现在越来越多的居民使用空调、冰箱和电视等家用电器，这些电器的使用消耗大量的电力能源。长期以来我国电力主要来自火力发电，电力的大量需求引起火力发电厂消耗更多煤炭，煤炭的燃烧会产生大量烟尘和粉尘，成为形成 PM2.5 污染的主要来源之一。

由表 4.4 可以看出，人口规模对不同省份和区域 PM2.5 污染的影响存在差异显著。从省份角度来看，人口规模对黑龙江 PM2.5 污染的影响强度最大（1.231），而人口规模对天津 PM2.5 污染的弹性系数则最小（0.076）。其中，人口规模对辽宁、浙江、广东、福建、黑龙江、吉林、山西、贵州、甘肃和青海 PM2.5 污染的影响较大，其影响系数均超过 0.60。对于浙江、广东和福建三省，人口规模对 PM2.5 污染影响大的主要原因如下：经济发达不仅吸引了大量人口流入，还促使本地居民收入快速增长，从而导致本地居民生活能源消费快速增加。同时越来越多的居民购买和使用机动车，产生大量汽车尾气，从而加重 PM2.5 污染。

从区域角度来看，人口规模对东、中和西三大区域 PM2.5 污染的影响强度分别为 0.457、0.520 和 0.467，即人口规模对中部地区 PM2.5 污染的影响要高于其对东部、西部地区 PM2.5 污染的影响。这可以由人口规模的区域差异来解释。人们的生产和生活活动都会对 PM2.5 污染产生影响，一方面，人们的农业生产活动对环境会产生影响。我国是一个农业大国，很多农作物产量都位居世界第一，例如玉米、小麦、水稻和大豆等，大量的农作物在收获以后会产生大量的农作物秸秆。随着农村居民收入提高，农村居民大都不再用农作物秸秆作为生活能源消费的燃料，而是越来越多地使用煤炭、液化气、天然气和电力，这导致大量农作物秸秆需要处理掉。为了方便，大多数农村居民直接露天燃烧农作物秸秆，从而导致全国大范围的 PM2.5 污染（李崇等，2017）。另一方面，居民生活也会对 PM2.5 污染产生影响。近年来我国经济持续快速发展促进人们收入快速增加。对于农村居民来说，收入的增加促进农村居民越来越注重生活质量，农村地区居民生活能源消费和取暖能源消费不再是燃烧秸秆，而是越来越多地使用煤炭或电力。煤炭的大量燃烧直接排放出大量细颗粒物，导致 PM2.5 污染；电力消费则会间接引起火力发电的煤炭消费增加，也会加重 PM2.5 污染（贾康和苏京春，2015）。对于城市居民来说，收入增长促使城市居民生活消费更多能源（煤炭和电力），这也会直接和间接地增加煤炭消费，导致 PM2.5 污染不断加重。因此，人口规模对 PM2.5 污染必将产生一定的影响。《中国统计年鉴》的数据显示：2001~2015 年，中部地区每省平均人口规模为 4957.26 万人，大于东部地区每省平均人口规模（4788.95 万人）和西部地区每省平均人口规模（3349.55 万人）。所以，人口规模对中部地区 PM2.5 污染的影响要高于其对东部、西部地区 PM2.5 污染的影响。

4.5 本章小结

本章首先对我国 PM2.5 污染区域分布进行描述性统计分析；其次使用 Moran's I 散点图进行 PM2.5 污染局域空间集聚和局域空间自相关检验；在确定我国 PM2.5 污染存在显著空间异质性的基础上，对空间计量经济学发展历程、基本理论、模型种类和估计方法进行介绍；最后使用地理加权回归模型实证分析了我国 PM2.5 污染空间分布差异及其产生的主要原因。得出主要研究结论如下：①差异的出口贸易规模导致经济增长对东部 PM2.5 污染的影响强度高于其对中部、西部地区 PM2.5 污染的影响强度。②房地产业发展规模和机动车保有量的差异导致城市化对东部地区 PM2.5 污染的影响强度明显高于其对中部、西部地区 PM2.5 污染的影响强度。③高学历人才积累差异导致能源强度对西部地区 PM2.5 污染的影响强度高于其对中部、东部地区 PM2.5 污染的影响强度。④煤炭消费总量的区域差异导致煤炭消费对东部地区 PM2.5 污染的影响大于其对中部、西部地区 PM2.5 污染的影响。⑤差异的水利和环境投资导致固定资产投资对东部地区 PM2.5 污染的影响强度高于其对中部、西部地区 PM2.5 污染的影响。⑥人口规模的区域差异导致人口规模对中部地区 PM2.5 污染的影响高于其对东部、西部地区 PM2.5 污染的影响。

第5章
中国 PM2.5 污染空间溢出效应研究

本书主要是围绕我国区域 PM2.5 污染影响因素、空间分布差异及溢出效应这三方面来开展研究。本书第 4 章已经对我国 PM2.5 污染区域分布差异进行了详细分析，本章将对我国 PM2.5 污染空间溢出效应进行研究。主要内容如下：首先，利用 Moran's I 指数检验我国 PM2.5 污染的空间自相关（溢出效应）的存在性，以确定拟使用的方法；其次，使用拉格朗日乘数检验选出适用于研究 PM2.5 污染溢出效应的具体空间计量模型；再次，在检验结果显示应该选择空间滞后回归模型的基础上，对其理论内容进行简要介绍；最后，使用空间滞后回归模型对中国 PM2.5 污染空间溢出效应进行实证分析。

5.1 PM2.5 污染空间相关性检验

根据空间计量经济学基本理论，Moran's I 指数常被用来检验某一同类社会经济现象在地区之间的空间相关性（Anselin，1995）①。在实际经济分析过程中，已经有很多学者使用 Moran's I 指数测度社会经济现象存在的空间相关性。例如，吴玉鸣（2014）基于 2001～2009 年我国省级面板数据，使用 Moran's I 指数检验我国旅游经济增长的区域关联性，结果显示，我国区域旅游经济发展存在着显著的空间相关性（空间依赖性）；王坤等

① Anselin L. Local Indicators of Spatial Association—LISA [J]. Geographical Analysis, 1995, 27 (2): 93-115.

(2016) 利用 2000~2013 年我国省际面板数据计算城市化规模、城市化质量和旅游经济发展的 Moran's I 指数，结果表明其 Moran's I 指数都为正，即存在显著的正向空间自相关；陈创练等 (2017) 使用 1997~2013 年我国 280 个城市面板数据计算经济增长、人口增长率、居民储蓄率、技术进步和外商直接投资等经济变量的 Moran's I 指数，得出这些经济变量都存在显著空间相关性的结论；基于 2006~2012 年中国 116 个城市数据，Chen 等 (2017) 使用 Moran's I 指数调查肺癌死亡率、呼吸道疾病发病率和大气污染的区域分布，结果显示上述三个现象的 Moran's I 指数值均为正，即它们都存在显著的正向空间自相关。鉴于此，我们使用 Moran's I 指数来检验我国省际 PM2.5 污染是否存在空间自相关性。本书 4.2 节对 Moran's I 指数相关理论进行了详细介绍，在此不再赘述。

基于 2001~2015 年省域横截面数据，使用蒙特卡洛随机模型方法计算全域 Moran's I 值 (见表 5.1)。可以看出，2001~2015 年，Moran's I 均在 10%或更高的显著性水平下通过了显著性检验。2001~2006 年，Moran's I 值均小于 0，意味着我国 PM2.5 污染在整体上存在明显负的空间自相关性，即 PM2.5 污染程度差异明显的省份趋于集中。2007~2015 年，Moran's I 值为正，表示这一阶段我国 PM2.5 污染存在明显正的空间自相关性，即 PM2.5 污染强度相近的省份趋于集中。产生这种结果的主要原因是经济和产业发展集聚程度的不断提高。

(1) 早期阶段 (2001~2006 年)，我国一些省份经济发达，如福建、江苏、浙江、北京、湖北、辽宁，这些省份周边的其他省份由于历史和地理位置的原因，经济欠发达，例如，与广东距离较近的广西、云南和贵州三省的经济发展水平远落后于广东省；与浙江相邻的安徽和江西；与湖北相邻的河南、陕西和四川等省都存在相同的情况。导致经济发达省份的 PM2.5 污染强度与周边经济欠发达省份的 PM2.5 污染强度存在显著差异，从而使 PM2.5 污染表现出负的空间自相关性。

(2) 现阶段 (2007~2015 年)，随着经济发达省份经济的快速发展，其经济发展产生明显辐射带动作用，带动其周边其他经济欠发达的省份积极发展相似产业，从而促进区域经济协调发展。例如，北京市和天津市的经济快速发展带动了相邻河北省经济快速发展。为了成功举办 2008 年北京奥运会，实现绿色奥运的目标。在 2008 年之前，北京市陆续将大量高耗能、高污染的工业企业（钢铁厂、玻璃制造厂和水泥厂）搬迁到相邻的河北省，导致河北省工业企业数量快速增加。大规模的工业经济发展必然消耗大量的化石能源（煤炭），从而排放出大量烟尘细颗粒物，导致 PM2. 5 污染不断加重。大量高污染企业虽然从北京市迁出，一定程度上减轻了 PM2. 5 污染，但是庞大的人口总量导致机动车保有量不断增加，再加上冬季烧煤取暖，导致其 PM2. 5 污染强度依然较高。因此，河北与北京以及天津的 PM2. 5 污染具有趋同性。山东与河南、江西与福建和浙江都存在相似的情况，从而导致 PM2. 5 污染整体上表现出正的空间自相关性。为了具体分析我国 PM2. 5 污染存在的空间溢出效应及其溢出路径和机制，我们首先基于 STIRPAT 模型和我国 PM2. 5 污染实际情况构建出 PM2. 5 污染溢出效应模型。

表 5.1　我国 PM2. 5 污染的 Moran' s I（莫兰指数）值

年份	莫兰指数值	莫兰指数期望值	平均值	标准差	正态 Z 统计量值
2001	-0. 1045	-0. 0357	-0. 0364	0. 0369	-1. 8621*
2002	-0. 0424	-0. 0357	-0. 0329	0. 0034	-1. 9672*
2003	-0. 0421	-0. 0357	-0. 0399	0. 0024	-2. 6323**
2004	-0. 1101	0. 0357	-0. 0356	0. 0859	-1. 6978*
2005	-0. 0836	-0. 0357	-0. 0365	0. 0614	-2. 9275**
2006	-0. 1045	-0. 0357	-0. 0332	0. 0368	-1. 8687*
2007	0. 0610	-0. 0357	-0. 0398	0. 0387	2. 4978**
2008	0. 0101	-0. 0357	-0. 0413	0. 0251	1. 8281**
2009	0. 0073	-0. 0357	-0. 0458	0. 0227	1. 8937**
2010	0. 0460	-0. 0357	-0. 0369	0. 0579	1. 4106*
2011	0. 0671	-0. 0345	-0. 0362	0. 0626	1. 6242*
2012	0. 1186	-0. 0357	-0. 0378	0. 0639	2. 4156**
2013	0. 0589	-0. 0357	-0. 0410	0. 0561	1. 6875*
2014	0. 3019	-0. 0357	-0. 0331	0. 0703	4. 8036***
2015	0. 3766	-0. 0357	-0. 0318	0. 0661	6. 1834***

注：***、**和*分别表示在 1%、5%和 10%的水平下通过了显著性检验。

5.2 模型构建和变量数据来源

5.2.1 模型构建

反映环境污染的 STIRPAT 模型已经被广泛用于研究环境污染的主要来源，其具体形式如式（5.1）所示：

$$I_t = aP_t^b A_t^c T_t^d e_t \tag{5.1}$$

其中，a 为截距项；P、A 和 T 分别表示人口规模、经济繁荣和技术要素；b、c 和 d 分别为 P、A 和 T 关于环境污染的回归系数；e_t为随机扰动。未来消除可能的异方差，对模型中的所有变量均进行对数化处理。另外，因为本章研究使用的样本数据为我国 29 个省份 2001~2015 年的面板数据，所以 STIRPAT 模型可以表示成以下形式：

$$LI_{it} = La + bLP_{it} + cLA_{it} + dLT_{it} + e_{it} \tag{5.2}$$

其中，P 为人口规模；A 为国家富裕程度，用人均 GDP 来表示；T 为技术指数，用国内生产总值除以能源消费总量来表示；下标 i 为所研究的省份数，t 表示样本期。为了研究我国 PM2.5 污染存在的溢出效应，可将式（5.2）改写为以下形式：

$$LPM2.5_{it} = La + bLPOP_{it} + cLGDP_{it} + dLTEC_{it} + e_{it} \tag{5.3}$$

其中，PM2.5 表示 PM2.5 污染强度（微克/立方米）；POP 为人口规模（万人）；GDP 为经济增长，以实际人均 GDP 来表示（以 2001 年为基准）；TEC 表示技术进步，用国内生产总值除以能源消费总量来表示（万元/吨标准煤）。

为了研究我国 PM2.5 污染的溢出效应，根据现阶段我国经济发展和 PM2.5 污染实际情况，对 STIRPAT 模型进行扩展，在模型中加入城市绿化率、烟尘和粉尘排放量、旅客周转量和货物周转量四个变量，而将人口规模变量去除。具体原因解释如下：

第一，城市绿化率。城市绿地主要包括公园绿地、居民小区绿地、各种机构、单位管辖绿地和城市风景园林等。树木和花草不仅具有改善城市风景的作用，还有吸附各种污染物、减少环境污染的功效（唐昀凯和刘胜华，2015）。例如，城市绿色树木的枝叶能吸附空气中的烟尘和粉尘，减少粉尘中铅、碳、氮氧化物、硫化物的含量，有助于净化空气。另外，花草叶面所具有皱纹及其分泌的植物油脂也可以吸着空气中的浮尘和粉尘，同样可以减少空气中的污染颗粒物。已有的研究证明，一棵阔叶树木平均一年可以吸附3千克左右的空气粉尘。因此，我们将城市绿化率纳入PM2.5污染溢出效应模型中，以考察城市绿化建设对PM2.5污染溢出效应的影响。

第二，烟尘和粉尘排放量。一般情况下，工业生产过程中煤炭的燃烧会产生大量的烟尘和粉尘（龚梦洁等，2015）。已有的实验结果显示，原煤燃烧产生的烟尘和粉尘达到原煤燃烧重量的3%~18%，褐煤燃烧产生的烟尘和粉尘重量为褐煤燃烧重量的11%，无烟煤燃烧排放的烟尘和粉尘占原煤重量的比重则为8%~9%。对于居民生活用能来说，其烟尘的排放量是同类型煤炭工业生产燃烧的2~3倍，主要原因是居民生活燃煤没有安装任何除烟设备。煤炭燃烧排放的烟尘含有大量硫、氮和碳氧化物等有害气体和粉尘。这些烟尘和粉尘颗粒有大有小，大的颗粒物很快会沉降到地面，而小于10微米的颗粒物则难以快速下沉到地面，可以长时间飘浮在空气中（白乌云，2016）。在风力的作用下，这些细颗粒物可以长期飘浮在空气中，并且和其他污染物混合，导致产生PM2.5污染。因此，我们将工业生产和居民生活排放出的烟尘和粉尘纳入PM2.5污染溢出效应模型，以分析烟尘和粉尘排放对PM2.5污染溢出效应的影响。

第三，公路货物运输。目前，我国货物运输方式主要包括铁路、公路、水运、民航和管道五种方式。铁路运输基本实现电气化，即铁路运输是以电力机车为主，而不是以内燃机车为主。所以，铁路货物运输不是PM2.5污染的主要原因。水路运输是货物运输的另外一个运输方式。但是，由于水路运输局限于河流和海洋，对于各地区PM2.5污染影响有限。民航货物运输占总货物运输的比重过低，《中国统计年鉴》的数据显示：2001~2015年，民航货物运输量占货物运输总量的平均比重仅为0.11%。因此，从交通运输角度来看，民航货物运输也不是导致PM2.5污染的主要因素。管道货物运输一般是石油和天然气运输，这种运输方式不消耗化石能源，属于一种清洁运输方式。近年来，随着我国公路建设的快速发展，公路和高速公路越来越成为货物运输的主要方式。《中国统计年鉴》的数据显示，公路货物运输占货物运输总量的比重成直线快速上升，从 2001 年的 13.3%快速增长到 2015 年的 32.5%。公路货物运输需要消耗大量的化石燃油（汽油和柴油），从而排放大量汽车尾气，成为 PM2.5 污染主要来源之一（邵帅等，2016）。综合上述各种货物运输方式的特点，可以看出，铁路、水运、航空和管道运输不是各地区 PM2.5 污染的主要因素，而公路货物运输由于消耗大量化石燃料，成为 PM2.5 污染加重的主要来源之一。因此，我们将公路货物运输纳入 PM2.5 污染溢出效应模型，以调查公路货物运输对 PM2.5 污染溢出效应的影响。

第四，公路旅客运输。中国旅客运输主要包括四种方式，即铁路、公路、水运和民航。①铁路旅客运输。当前，我国铁路旅客运输车辆已经全部改装和更新完毕，内燃机机车全部退出市场，旅客运输机车全部为电力机车。电力机车全部以电力驱动，不再直接消费传统的化石燃料（煤炭和柴油），所以铁路旅客运输不直接对 PM2.5 污染产生影响。②水路旅客运输。当前，我国水路旅客运输主要是以旅游观光为主要目的。水路运输具有速度慢，运输线路单一的特点，不断加快的生活和工作节奏使水路不可能成为人们日常主要的出行交通方式。《中国统计年鉴》的数据显示：1990~2015 年，我国水路旅客运输量占旅客运输总量的平均比重仅为 1%。并且，该比重呈现不断下降的趋势，从 1990 年的 2.9%逐步下降到 2015 年的 0.2%。因此，从交通运输角度来看，水路旅客运输也不是导致 PM2.5 污染的主要运输方式。③民航旅客运输。近年来，随着人们收入不断增加，越来越多的居民乘坐飞机出行。民航旅客运输量占旅客运输总量比重逐步提高，《中国统计年鉴》的数据显示：1990~2015 年，民航旅客运输量占旅客运输总量的平均比重是 11%。民航运输需要消费大量航空燃油，由于航空运输主要属于高空运输，而 PM2.5 污染主要属于大气底层的近地面空气污染，所以，航空旅客运输也不是导致近地面 PM2.5 污染的主要运输方式。④公路旅客运输。为了积极促进城乡经济发展，长期以来中央和各级地方政府都积极进行公路建设投资。我国普通公路和高速公路运输里程快速增加，截至 2015 年底，我国公路里程达到 457 万千米，其中高速公路里程为12万千米，位居世界第一①。《中国统计年鉴》的数据显示：1990~2015年，我国公路旅客运输量占旅客运输总量的平均比重是51%，成为旅客运输的主要方式。现阶段我国公路运输车辆主要以化石燃料（柴油和汽油）作为动力燃料来源，并且长期以来我国燃油的碳、硫含量过高。因此，大规模的公路旅客运输过程中排放出大量汽车尾气，导致PM2.5污染不断加重（柴建等，2015）。综合以上分析，可以发现公路旅客运输是造成PM2.5污染的主要因素之一。因此，我们将公路旅客周转量纳入PM2.5污染溢出效应模型，以考察公路旅客运输对我国PM2.5污染溢出效应的影响。

第五，人口规模。长期以来，我国实施严格的"计划生育政策"，这导致我国人口规模的增长速度较低（汪伟，2017）。《中国统计年鉴》的数据显示：1980~2015年，我国人口年均增长率仅为0.95%。所以，从动态角度来看，缓慢增长的人口对近年来快速加重的PM2.5污染影响是有限的。而且，在本书的第3章和第4章中，已经分析了人口规模对PM2.5污染的影响。因此，本章不再将人口规模纳入PM2.5污染溢出效应模型。

基于STIRPAT模型和上述我国具体国情的分析，构建出我国PM2.5污染模型：

$$LPM2.5_{it}=La+\beta_1 LGDP_{it}+\beta_2 LTEC_{it}+\beta_3 LGR_{it}+\beta_4 LSD_{it}+\beta_5 LPT_{it}+\beta_6 LFT_{it}+\varepsilon_{it} \tag{5.4}$$

其中，PM2.5、GDP和TEC与式（5.3）中相同；GR表示城市绿化率（%），它用城市各种绿地面积占城市地区占地面积的比率表示；SD表示烟尘和粉尘排放量（万吨）；PT为公路旅客周转量（亿人·千米），是由公路旅客运输量乘以运输里程获得；FT表示公路货物周转量（亿吨·千米），是用货物运输量乘以运输里程计算。

根据Tobler（1979）地理第一定理，处于不同地理位置上的事物相互之间存在一定的关联性，并且空间地理位置距离近的事物之间关联度要高于空间地理位置距离远的事物之间关联度。这种空间关联性又称之为空间依存性。根据空间计量经济学理论，空间依存性可以用两种模型来进行检验和测度。如果变量之间的空间依存性可以用因变量的空间滞后项来反

① 《中国交通运输统计年鉴》（2016年）。

映，则可以构建出 PM2.5 污染溢出效应的空间滞后模型，具体模型形式如下：

$$LPM2.5_{it}=La+\beta_1 LGDP_{it}+\beta_2 LTEC_{it}+\beta_3 LGR_{it}+\beta_4 LSD_{it}+\beta_5 LPT_{it}+\beta_6 LFT_{it}+\rho W\_LPM2.5_{it}+\varepsilon_{it} \quad (5.5)$$

其中，W 表示 n×n 阶的空间权重矩阵，它的元素 w_{ij} 定义了被调查现象的空间地理邻近关系。某两个地区的地理位置是邻接的，$w_{ij}=1$；如果某两个地区的地理位置不是邻接的，$w_{ij}=0$。实际上很多省份是不邻接的，为了更有效地衡量各省份之间地理位置的远近距离和可能存在的相关关系，我们使用各省份的经纬度来构建空间权重矩阵（W）。ρ 为空间自回归系数，其估计值衡量空间相关性的大小和方向；$W\_LPM2.5_{it}$ 为因变量空间滞后项。

如果变量之间的空间依存性是通过误差项来反映，则可以构建出 PM2.5 污染溢出效应的空间误差回归模型，具体模型形式如式（5.6）所示：

$$LPM2.5_{it}=La+\beta_1 LGDP_{it}+\beta_2 LTEC_{it}+\beta_3 LGR_{it}+\beta_4 LSD_{it}+\beta_5 LPT_{it}+\beta_6 LFT_{it}+\lambda LW\_\mu_{it}+\varepsilon_{it} \quad (5.6)$$

其中，LW_μ_{it} 表示空间滞后误差项；λ 是空间误差自相关系数，反映回归误差项之间空间相关度的高低。Anselin（1988）① 指出，由于空间效应的存在，空间滞后模型和空间误差回归模型的参数估计应该采用极大似然估计法；如果使用普通最小二乘法（OLS）进行参数估计，将导致参数估计值是非一致的或有偏的。因此，我们基于样本数据，使用拉格朗日乘数检验判断是应该选择空间滞后模型还是使用空间误差模型，以进行 PM2.5 污染溢出效应分析；然后使用极大似然估计法进行模型参数估计。

5.2.2 变量数据来源

5.2.2.1 数据来源说明

本章研究使用的 PM2.5 污染数据来源已经在 2.1.1 节进行详细说明，

① Anselin L. Spatial Econometrics: Models and Methods [M]. Dorddrecht: Kluwer Academic Publishers, 1988.

公路旅客周转量（PT）、公路货物周转量（FT）、绿化率（GR）、经济增长（GDP）以及烟尘和粉尘排放量（SD）变量的计算方法和数据来源已经在2.2.2节进行详细说明，在此不再赘述。为了消除价格的影响，我们采用各省份人均GDP缩减指数对各省份人均GDP进行价格缩减，折算为以2001年为基期的实际值。技术进步（TEC）是由总产出（GDP）除以能源消费量得出（万元/吨标准煤），其原始数据来源于各省份统计年鉴（2002~2016年）和《中国统计年鉴》（2002~2016年）。另外，为了消除可能存在的异方差，我们对所有变量进行对数化处理。表5.2给出所有变量的定义和描述性统计特征。

表5.2 模型变量的定义和描述性统计特征

变量	单位	定义	均值	标准差	最小值	最大值
PM2.5	微克/立方米	PM2.5污染强度	33.61	16.41	2.17	94.14
GDP	元	经济增长	28986.2	21825.2	3000.0	107960.0
TEC	万元/吨标准煤	技术进步	1.18	0.80	0.21	5.71
GR	%	城市绿化率	34.69	5.90	17.60	49.10
SD	万吨	烟尘和粉尘排放量	55.42	39.70	1.47	181.70
PT	亿人·千米	公路旅客周转量	394.61	355.93	19.60	2470.10
FT	亿吨·千米	公路货物周转量	1049.01	1456.09	38.40	7392.37

注：由于数据存在残缺问题，样本不包括西藏自治区；重庆市数据与四川省数据合并为一个省份。

5.2.2.2 数据描述性统计分析

基于自变量和因变量的年度数据，我们对2001~2015年我国PM2.5污染、经济增长、城市绿化率、技术进步、烟尘和粉尘排放量、公路旅客周转量和公路货物周转量的变化趋势进行分析。

（1）PM2.5污染。由图5.1可以看出，我国PM2.5污染强度在2010年以后，表现出一个明显的快速上升趋势，并且在2014年达到最高（59.15微克/立方米）。其主要原因可能有两个：第一，近年来，随着居民收入快速增加，越来越多的居民购买和使用机动车，机动车保有量激增。大量的机动车需要消费大量的化石燃料（柴油和汽油），而且现阶段我国燃油中的碳、硫含量过高，远高于欧美发达国家。所以，快速增加的机动车排放出大量汽车尾气，导致 PM2.5 污染不断加重。第二，本书前文已经介绍2011~2015 年的 PM2.5 污染数据是根据我国各个地区地面 PM2.5 监测站搜集的数据获得。2001~2010 年 PM2.5 污染数据是美国相关研究机构和学者根据卫星遥感数据计算获得的，卫星遥感测得的是大气高层 PM2.5 污染数据。PM2.5 污染主要是由位于地球表面大量人类经济社会活动而产生的，所以大气底层的 PM2.5 污染强度要高于大气高层的 PM2.5 污染强度。

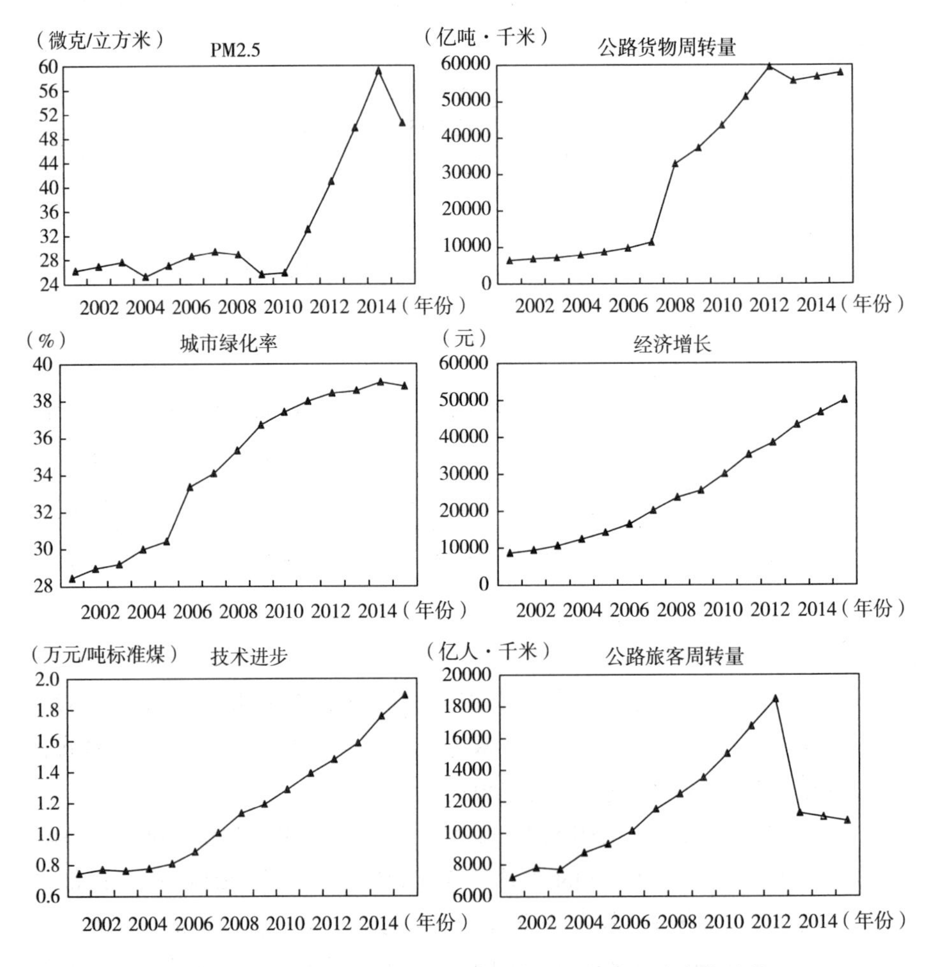

图 5.1 2001~2015 年 PM2.5 污染及其相关变量的变化趋势

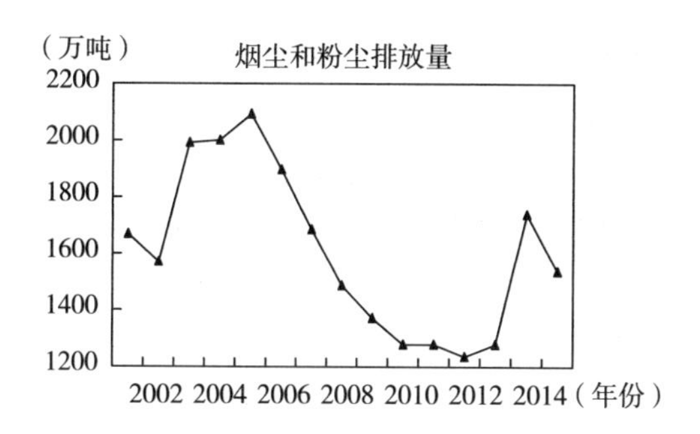

图5.1　2001~2015年PM2.5污染及其相关变量的变化趋势（续）

（2）经济增长。经济表现出较快的增长趋势，人均GDP从2001年的8622元增加到2015年的49992元，年平均增长率达13.4%。经济增长通过规模效应、结构效应和技术效应对PM2.5污染产生影响。这三个效应的综合结果将决定着经济增长对PM2.5污染到底是起到促进作用还是起制约作用。当经济增长的规模效应超过结构效应和技术效应时，经济增长将导致PM2.5污染不断加重；而当结构效应和技术效应的作用超过规模效应，经济增长将有利于减轻PM2.5污染。

（3）技术进步。技术水平表现出一个稳步提高的趋势，能源效率由2001年的0.744万元/吨标准煤提高到2015年的1.894万元/吨标准煤。技术进步促进生产效率和能源利用效率提高，从而有利于减少能源消费和PM2.5污染。决定技术进步的关键因素是R&D资金和R&D人员投入。所以，我国各级政府部门应该鼓励企业和相关技术研究机构扩大R&D资金和R&D人员投入，促进生产技术和能源利用技术不断进步。

（4）烟尘和粉尘排放量。工业生产和居民生活产生的烟尘和粉尘排放量表现出一个波动变化的特征。2001~2005年，烟尘和粉尘排放量快速增长，从2001年的1669.06万吨增加到2005年的2093.4万吨。随后，烟尘和粉尘排放量逐步下降，到2013年，烟尘和粉尘排放量达到最低，为1277.47万吨。2014年，烟尘和粉尘排放量又快速增加到1739.36万吨，2015年又有所下降，变为1536.3万吨。工业生产（水泥生产与石油化工生产）和居民生活（煤炭燃烧）产生的烟尘和粉尘排放也是加重PM2.5污染的重要因素之一。因此，一方面，各级政府应该督促工业生产企业安装除尘设备，减少工业烟尘和粉尘排放量；另一方面，政府部门应该出台相应政策鼓励居民使用天然气和太阳能作为生活能源消费来源，这将有效减少煤炭消费及其引起的 PM2.5 污染。

（5）城市绿化率。城市绿化率表现出一个逐步提高的趋势，从 2001 年的 28.43%逐步提高到 2015 年的 38.80%，年平均增长率为 2.2%。扩大城市树林和绿地面积有助于减轻 PM2.5 污染。因此，各地城市政府和环卫部门应该加强城市建设规划，保证城市绿化率不断提高。

（6）公路货物周转量。公路货物周转量呈现出一个快速增长的趋势，从 2001 年的 6330.4 亿吨 · 公里快速增长到 2015 年的 57955.7 亿吨 · 公里，年平均增长率高达 17.1%。随着不同地区经济交流不断加强和电子商务的快速增长，货物运输量快速增加。但是，公路货物运输将消耗大量化石燃料（柴油和汽油），从而排放出大量汽车尾气，加重 PM2.5 污染。

（7）旅客周转量则表现出先增后减的变化特点，2001~2012 年，旅客周转量快速增长，从 2001 年的 7207.1 亿人 · 千米增加到 2012 年的 18467.6 亿人 · 千米，年平均增长率达到 9%。而从 2013 年开始，旅客周转量却快速下降，一直下降到 2015 年的 10742.7 亿人 · 千米。造成这一结果的主要原因有两个：第一，随着近几年私家车保有量的快速增加，越来越多的居民出行使用私家车，不再乘坐公共交通工具，而乘坐私家车出行不在政府统计范畴之内，从而导致政府统计的旅客周转量下降。第二，近年来，我国高速铁路快速发展，我国已经成为高速铁路里程最长的国家。不断完善的高速铁路运输网和高安全性使得越来越多的居民乘坐铁路出行，而不是乘坐公路汽车。因此，公路旅客周转量不断下降。

5.3 模型选择

由于空间计量模型存在多种形式，在分析数据的空间相关性（溢出效应）时大致可以分为空间误差模型和空间滞后模型。因此，在进行具体模型估计之前，我们需要对两种空间计量模型进行检验和选择，以确定在具体实证分析中应该使用的模型。判断参数估计是使用空间误差模型还是空间滞后模型具有一定的规则。Anselin等（2004）[①] 具体指出了判别基本规则：第一，当空间依赖性的检验结果显示拉格朗日滞后检验（Lagrange Multiplier Lag，LMLAG）比拉格朗日误差检验（Lagrange Multiplier Error，LMERR）在统计上更显著，并且稳健的拉格朗日滞后检验（Robust Lagrange Multiplier Lag，R-LMLAG）通过显著性检验，而稳健的拉格朗日误差检验（Robust Lagrange Multiplier Error，R-LMERR）没有通过显著性检验，则可以判定空间滞后模型适合进行模型估计分析。第二，当空间依赖性的检验结果显示LMERR比LMLAG在统计上更显著，并且R-LMERR通过显著性检验，而R-LMLAG没有通过显著性检验，则可以判定空间误差模型适合进行模型估计分析。

两种空间计量模型LM检验结果见表5.3，通过对两种模型检验结果的比较可以发现，LMLAG值要大于LMERR值，并且R-LMLAG通过了显著性检验，而R-LMERR却没有通过显著性检验，即空间滞后模型要优于空间误差模型。在确定使用空间滞后模型进行分析以后，还要确定在分析中使用固定效应模型或随机效应模型。Baltagi（2008）[②] 认为，当样本是通过随机的方式从总体中选择时要使用随机效应模型，而当样本是限定于某些特定个体时要使用固定效应模型。在选择过程中应计算Likelihood Ratio（LR）和Hausman检验统计量，具体做法：首先对空间固定效应原假设进行检验，LR检验量为387.08，P值为0.0037；然后对空间随机效应原假设进行检验，Hausman检验量为-153.32，P值为0.0015。结果显示我们应该使用固定效应模型进行参数估计。

表5.3　模型的LM（拉格朗日乘数）统计量检验结果

统计量	LMLAG	R-LMLAG	LMERR	R-LMERR
统计量值	56.793	4.602	49.581	1.080
概率值（P-Value）	0.000	0.032	0.013	0.299

注：***、**和*分别表示在1%、5%和10%的水平下通过了显著性检验。

① Anselin L. Exploring Spatial Data with GeoDa TM：A Workbook［J］. Urbana，2004（51）：801.

② Baltagi B. Econometric Analysis of Panel Data［M］. Manhattan：John Wiley & Sons，2008.

5.4 空间滞后回归模型理论概述

5.3 节检验结果显示，空间滞后回归模型更适用于我国 PM2.5 污染空间溢出效应研究，因此本部分将对该模型相关理论进行概述。

5.4.1 空间滞后回归模型产生背景

传统的经济计量模型在进行经济问题实证研究时，没有将空间维度因素考虑在内，一般都假定社会经济现象和事物在空间维度是相互独立的、互不影响的。事实上，空间地理因素对经济社会现象存在重要影响，即一个区域空间单元上的某种经济社会现象与附近地理单元上相同现象存在一定的相关性。空间相关性是指处于不同地理位置的社会经济现象在空间上不是相互独立的，而是存在一定的关联性，即该现象的空间分布不是随机的空间分布模式。空间滞后模型可以有效地扼制社会经济现象存在空间相关性问题。

5.4.2 空间滞后模型的基本形式

空间滞后模型（Spatial Lag Model，SLM）又称为空间自回归模型（SAR），其主要运用在相邻地区或单位的行为对系统整体中其他地区或单位的行为都存在一定程度影响的情况。Anselin（1988）对空间滞后模型进行了详细描述，空间滞后模型的一般表达形式如式（5.7）所示：

$$y=\rho W_1 y+X\beta+\mu;\ \mu=\lambda W_2\mu+\varepsilon,\ \varepsilon\sim N(0,\ \sigma^2 I_n) \tag{5.7}$$

其中，y 为被解释变量，X 为解释变量，β 为回归系数向量，μ为误差向量，ρ 为空间相关系数，λ 为残差空间相关系数，ε 为均值为零、方差为 σ^2的随机误差项，W_1和 W_2为空间权重矩阵。

在模型（5.7）中施加不同的约束条件，可以获得特定的模型：

（1）当 X=0 且 $W_2=0$ 时，可以得到一阶空间自回归矩阵（First-order

Spatial Autoregression Model, FSM)：

$$y=\rho W_1 y+\varepsilon;\ \varepsilon \sim N\ (0,\ \sigma^2 I_n) \tag{5.8}$$

(2) 当 $W_2=0$ 时，可以得到空间滞后模型：

$$y=\rho W_1 y+X\beta+\varepsilon;\ \varepsilon \sim N\ (0,\ \sigma^2 I_n) \tag{5.9}$$

(3) 当 $W_1=0$ 时，可以得到空间误差模型：

$$y=X\beta+\mu;\ \mu=\lambda W_2 \mu+\varepsilon;\ \varepsilon \sim N\ (0,\ \sigma^2 I_n) \tag{5.10}$$

5.4.3　空间滞后模型的估计

一般形式的线性面板模型形式为：

$$y_{it}=X_{it}\beta+\varepsilon_{it} \tag{5.11}$$

其中，i为样本观测值，$i=1,\ 2,\ \cdots,\ N$；t为样本期，$t=1,\ 2,\ \cdots,\ T$，y_{it}为被解释变量，X_{it}为解释变量行向量，β为系数列向量，ε_{it}为服从均值为零、方差为σ^2的独立同分布的随机误差项。

空间面板滞后模型是对一般线性面板模型的拓展，假定被解释变量存在空间依赖性，具体表达形式如式（5.12）所示：

$$y_{it}=\rho W_y+X_{it}\beta+\varepsilon_{it} \tag{5.12}$$

其中，ρ为空间自回归系数，它可以表示观测值中存在的空间相关作用，即附近区域的观测值 W_y 对本区域观测值 y 的影响程度和影响方向；W_y为空间滞后因变量，W 表示 $n\times n$ 阶的空间权重矩阵。空间面板滞后模型的主要作用在于描述空间相互作用，即某个地区被解释变量的观测值由邻近地区共同决定。根据样本观测值的特点，空间滞后模型又分为固定效应空间滞后模型和随机效应空间滞后模型。

5.4.3.1　固定效应空间滞后模型估计

Anselin 和 Le Gallo (2006)[①] 认为，在一个空间滞后解释变量中加入固定效应会产生两个问题。首先，内生性的 W_y 背离了标准回归模型中 $E\ [W_y\ \varepsilon_{it}]\ =0$ 的假设条件。在模型估计中，必须考虑联立性。其次，在同一时间内每个空间点的观测值之间的空间依赖性会影响到固定效应的估计。他

① Anselin L., Le Gallo J. Interpolation of Air Quality Measures in Hedonic House Price Models: Spatial Aspects [J]. Spatial Economic Analysis, 2006, 1 (1): 31-52.

们用极大似然估计方法估计了固定效应空间滞后面板模型，由式（5.12）可得对数似然函数：

$$\ln L=-\frac{NT}{2}\ln(2\pi\sigma^2)+T\ln|I_N-\rho W|-\frac{1}{2\sigma^2}\sum_{i=1}^{N}\sum_{t=1}^{T}(y_{it}-\rho W_y-X_{it}\beta-\mu_i)^2 \tag{5.13}$$

对 μ_i 求偏导数可得：

$$\frac{\partial \ln L}{\partial \mu_i}=\frac{1}{\sigma^2}\sum_{t=1}^{T}(y_{it}-\rho W_y-X_{it}\beta-\mu_i)=0 \tag{5.14}$$

$$\mu_i=\frac{1}{T}\sum_{t=1}^{T}(y_{it}-\rho W_y-X_{it}\beta) \tag{5.15}$$

将式（5.15）代入对数似然函数中，可以得到有关 β、ρ 和 σ^2 的集中型对数似然函数（Concentrated log-likelihood function）：

$$\ln L=-\frac{NT}{2}\ln(2\pi\sigma^2)+T\ln|I_N-\rho W|-\frac{1}{2\sigma^2}\sum_{i=1}^{N}\sum_{t=1}^{T}(y_{it}^*-\rho W_y^*-X_{it}^*\beta)^2 \tag{5.16}$$

其中，＊定义了相应变量的离差。

Anselin 和 Hudak（1992）① 已经证明，一个空间滞后模型的参数 β、ρ 和 σ^2 可以由截面数据和极大似然估计方法进行估计。具体的估计步骤如下：

第一，先按照时间顺序，再按照空间顺序将观测值的离差形式堆叠在一起，可以得到列向量 $y^*(NT\times1)$，$(I_T\otimes W)\ y^*$ 以及均值变量 X^*。

第二，定义 b_0 和 b_1 分别为 y^* 和 $(I_T\otimes W)\ y^*$ 对 X^* 进行回归后得到的最小二乘估计量，e_0^* 和 e_1^* 分别为相应的残差。然后，通过对集中型对数似然函数的极大化可以得到 ρ 的极大似然估计量，该集中型对数似然函数为：

$$\ln L=C-\frac{NT}{2}\ln\left[(e_0^*-e_1^*)'(e_0^*-\rho e_1^*)\right]+T\ln|I_N-\rho W| \tag{5.17}$$

第三，给定 ρ 的数值估计，可以得到参数 β 和 σ^2 的估计值：

---

① Anselin L., Hudak S. Spatial Econometrics in Practice: A Review of Software Options [J]. Regional Science and Urban Economics, 1992, 22 (3): 509-536.

$$\beta=b_0-\rho b_1=(X^{*\prime}X^*)^{-1}X^{*\prime}[y^*-\rho(I_T\otimes W)y^*] \tag{5.18}$$

$$\sigma^2=\frac{1}{NT}(e_0^*-e_1^*)'(e_0^*-\rho e_1^*) \tag{5.19}$$

第四，Elhorst（2003）[①] 给出了参数 β、ρ 和 σ^2 的渐进方差矩阵：

$$\text{Asy. Var}(\beta,\rho,\sigma^2)=$$

$$\begin{pmatrix} \frac{1}{\sigma^2}X^{*\prime}X^* & \frac{1}{\sigma^2}(I_T\otimes\tilde{W})X^*\beta & 0 \\ \frac{1}{\sigma^2}(I_T\otimes\tilde{W})X^*\beta & T\times tr(\tilde{W}\tilde{W}+\tilde{W}^T\tilde{W})+\frac{\beta^TX^{*T}(I_T\otimes\tilde{W}^T\tilde{W})X^*\beta}{\sigma^2} & \frac{T}{2}tr(\tilde{W}) \\ 0 & \frac{T}{2}tr(\tilde{W}) & \frac{NT}{2\sigma^4} \end{pmatrix} \tag{5.20}$$

其中，$\tilde{W}=W(I_N-\rho W)^{-1}$。

5.4.3.2　随机效应空间滞后模型估计

如果假设空间效应是随机的，那么空间滞后面板模型（5.12）的对数似然函数为：

$$\ln L=-\frac{NT}{2}\ln(2\pi\sigma^2)+T\ln|I_N-\rho W|+\frac{N}{2}\ln\phi^2-$$
$$-\frac{1}{2\sigma^2}\sum_{i=1}^{N}\sum_{t=1}^{T}[y_{it}^{\bullet}-\rho(W_y)^{\bullet}-X_{it}^{\bullet}\beta]^2 \tag{5.21}$$

其中，φ 为数据横截面方面的权重，且 $0\leqslant\phi^2=\frac{\sigma^2}{T\sigma_\mu^2+\sigma^2}\leqslant1$，“•”定义了取决于 φ 的变量转换形式：$y_{it}^{\bullet}=y_{it}-(1-\phi)\frac{1}{T}\sum_{t=1}^{T}y_{it}$，$X_{it}^{\bullet}=X_{it}-(1-\phi)\frac{1}{T}\sum_{t=1}^{T}X_{it}$。如果给定 φ，则参数 β、ρ 和 σ^2 的集中型对数似然函数与固定效应下的对数似然函数（5.13）相同，仅仅需要将“*”变为“•”。此时，关于 φ 的集中型似然函数为：

---

① Elhorst J. P. Specification and Estimation of Spatial Panel Data Models [J]. International Regional Science Review, 2003, 26 (3): 244-268.

$$\ln L = -\frac{NT}{2}\ln[e(\phi)^{T}e(\phi)] + \frac{N}{2}\ln\phi^{2} \tag{5.22}$$

$$e(\phi)_{it} = y_{it} - (1-\phi)\frac{1}{T}\sum_{t=1}^{T} y_{it} - \rho\left[\sum_{j=1}^{N} w_{ij}y_{ij} - (1-\phi)\frac{1}{T}\sum_{i=1}^{T}\sum_{j=1}^{N} w_{ij}y_{ij}\right] - \left[X_{it} - (1-\phi)\frac{1}{T}\sum_{t=1}^{T} X_{it}\right]\beta \tag{5.23}$$

需要使用迭代方法，收敛结束，即可以得到参数 β、σ^2、ρ 和 ϕ 的估计值，该迭代过程将固定效应空间滞后模型估计方法和随机效应空间滞后模型估计方法相结合。参数的渐进方差矩阵为：

$$\text{Asy. Var}(\beta, \rho, \theta, \sigma^2) =$$

$$\begin{pmatrix} \frac{1}{\sigma^2}X^{\bullet\prime}X^{\bullet} & \frac{1}{\sigma^2}X^{\bullet\prime}X^{\bullet}(I_T \otimes \tilde{W})X^{\bullet}\beta & 0 & 0 \\ \frac{1}{\sigma^2}X^{\bullet\prime}X^{\bullet}(I_T \otimes \tilde{W})X^{\bullet}\beta & \begin{matrix} T \times tr(\tilde{W}\tilde{W} + \tilde{W}'\tilde{W}) + \\ \frac{1}{\sigma^2}\beta'X^{\bullet\prime}(I_T \otimes \tilde{W}'\tilde{W})X^{\bullet}\beta \end{matrix} & -\frac{1}{\sigma^2}tr(\tilde{W}) & \frac{T}{\sigma^2}tr(\tilde{W}) \\ 0 & -\frac{1}{\sigma^2}tr(\tilde{W}) & N\left(1+\frac{1}{\theta^2}\right) & -\frac{N}{\sigma^2} \\ 0 & \frac{T}{\sigma^2}tr(\tilde{W}) & -\frac{N}{\sigma^2} & \frac{NT}{2\sigma^2} \end{pmatrix} \tag{5.24}$$

5.5 基于空间滞后回归模型的中国 PM2.5 污染空间溢出效应实证分析

5.5.1 面板单位根检验

一般来说，大部分经济变量序列是非平稳的。如果对非平稳序列进行回归分析，将会产生伪回归问题（Chatfield，2016）。因此，我们需要将非平稳序列转变为平稳序列，然后再进行模型回归分析。面板数据的稳定性检验通常通过面板数据单位根检验来完成。面板数据单位根检验分为两种类型：第一类是具有同单位根的检验方法，这类检验主要包括 LLC（Levin-Lin-Chu）检验[①]、Breitung 检验[②]和 Hadri 检验[③]。这些检验假设面板数据中的截面序列具有共同的单位根。第二类是具有不同单位根的检验，主要包括 IPS（Im-Pesaran-Skin）检验、Fisher-ADF 检验和 Fisher-PP 检验。这三个检验放松同质性假设，允许不同观测值的一阶自回归系数是变化的。众所周知，我国领土幅员辽阔，不同地区的经济发展、交通运输、技术水平和城市绿化等很多方面都存在显著差异。而且，本章是基于我国 29 个省份的面板数据进行的实证分析。相较于第一类单位根检验，第二类单位根检验更适用于本章节数据的面板单位根检验。因此，本章使用 IPS（Im-Pesaran-Skin）检验、Fisher-ADF 检验和 Fisher-PP 检验实施面板数据单位根检验（见表 5.4）。由表 5.4 单位根检验结果可以看出，大部分水平变量序列是非平稳的。但是，它们的一阶差分序列在 1%的显著性水平下均通过了显著性检验，即这些变量的一阶差分序列是平稳的。

表 5.4　面板单位根检验结果

	变量	Fisher ADF		Fisher PP		IPS	
		截距项	截距项和趋势项	截距项	截距项和趋势项	截距项	截距项和趋势项
水平序列	PM2.5	41.56	56.11	21.41	27.42	2.97	-0.13
	GDP	40.04	8.18	51.18	8.32	0.97	8.63
	TEC	13.36	105.76***	13.08	199.24***	9.53	-3.38***
	GR	48.91	75.49*	46.37	46.74	0.07	0.06
	SD	76.24*	70.10	60.26	37.52	-1.98**	-1.19
	PT	68.17	30.11	73.11*	15.36	-1.71**	3.98
	FT	13.61	28.99	15.88	31.96	5.14	2.25

① Hurlin C., Mignon V. Second Generation Panel Unit Root Tests [R]. Working Papers, 2007.

② Breitung J., Das S. Panel Unit Root Tests Under Cross-sectional Dependence [J]. Statistica Neerlandica, 2005, 59 (4): 414-433.

③ Hadri K. Testing for Stationarity in Heterogeneous Panel Data [J]. The Econometrics Journal, 2000, 3 (2): 148-161.

续表

	变量	Fisher ADF		Fisher PP		IPS	
		截距项	截距项和趋势项	截距项	截距项和趋势项	截距项	截距项和趋势项
一阶差分序列	PM2.5	145.79***	91.75***	154.56***	96.49***	-7.09***	-3.30***
	GDP	135.67***	145.04***	143.13***	224.76***	-5.56***	-6.99***
	TEC	217.96***	156.41***	277.87***	231.50***	-10.81***	-7.65***
	GR	195.33***	157.54***	243.88***	204.00***	-9.59***	-7.69***
	SD	203.55***	150.38***	240.58***	173.92***	-9.90***	-7.15***
	PT	173.26***	161.33***	203.06***	220.57***	-7.97***	-8.04***
	FT	195.87***	127.20***	203.63***	150.36***	-9.91***	-5.91***

注：***、**和*分别表示在 1%、5%和 10%的水平下通过了显著性检验。PM2.5 表示 PM2.5 污染程度；GDP 表示经济增长；TEC 表示技术进步；GR 表示城市绿化率；SD 表示烟尘和粉尘排放量；PT 表示公路旅客周转量；FT 表示公路货物周转量。

5.5.2 面板协整检验

经济变量序列转变为平稳序列以后，还需要检验因变量与自变量之间是否存在因果关系，即协整检验（Shin，1994）。由于面板数据存在观测值个体异质性、非平衡性、空间相关性等特性，导致面板数据协整检验远复杂于时间序列的协整检验①。面板数据协整检验分为双变量协整检验和多变量协整检验。面板数据双变量协整检验是分别检验各个自变量与因变量之间是否存在协整关系；而多变量协整检验是检验所有自变量与因变量之间是否存在整体的协整关系。面板数据双变量协整检验包括 Panel v-statistic、Panel RHO-statistic、Panel PP-statistic、Panel ADF-statistic、Group rho-statistic、Group PP-statistic 和 Group ADF-statistic 检验②。PM2.5

① Pedroni P. Critical Values for Cointegration Tests in Heterogeneous Panels with Multiple Regressors [J]. Oxford Bulletin of Economics and Statistics, 1999, 61 (s1): 653-670.

② Pedroni P. Panel Cointegration: Asymptotic and Finite Sample Properties of Pooled Time Series Tests with an Application to the PPP Hypothesis [J]. Econometric Theory, 2004, 20 (3): 597-625.

污染与解释变量的双变量协整检验结果见表5.5。由表5.5可以看出，各自变量的协整检验都在10%或更高的水平下通过了显著性检验，表示各个自变量与PM2.5污染都存在长期因果关系，即协整关系。同时，为了检验所有自变量是否与PM2.5污染存在整体协整关系，我们进行了KAO面板协整检验①。检验结果显示：ADF（Augmented Dickey-Fuller）统计量值为-2.835，其对应的概率值是P=0.002、HAC（Heteroskedasticity and Autocorrelation-Consistent）②统计量值为0.036，均拒绝不存在协整关系的原假设，表示PM2.5污染与所有解释变量之间存在一个整体协整关系。这也说明我们构建出来的变量模型是合理的。

表5.5　PM2.5污染与解释变量的双变量协整检验

检验统计量	GDP	TEC	GR	SD	PT	FT
Panel v-statistic	3.19***	2.755***	3.751***	1.477*	2.360***	2.708***
Panel rho-statistic	-5.744***	-6.257***	-5.275***	-4.737***	-5.328***	-5.304***
Panel PP-statistic	-7.154***	-8.019***	-6.578***	-6.255***	-7.103***	-6.762***
Panel ADF-statistic	-3.630***	-4.364***	-4.445***	-4.742***	-5.230***	-4.290***
Group rho-statistic	-2.910***	-3.456***	-2.582***	-2.131**	-2.521***	-2.845***
Group PP-statistic	-6.875***	-8.179***	-7.303***	-6.918***	-7.795***	-7.561***
Group ADF-statistic	-2.835***	-3.675***	-4.256***	-4.520***	-4.644***	-4.068***

注：***、**和*分别表示在1%、5%和10%的水平下通过了显著性检验。PM2.5表示PM2.5污染程度；GDP表示经济增长；TEC表示技术进步；GR表示城市绿化率；SD表示烟尘和粉尘排放量；PT表示公路旅客周转量；FT表示公路货物周转量。

5.5.3　空间滞后模型估计及其结果分析

从模型选择的结果可以发现，使用空间滞后模型进行分析比较合适，

① Kao C. Spurious Regression and Residual-based Tests for Cointegration in Panel Data [J]. Journal of Econometrics, 1999, 90 (1): 1-44.

② Andrews D. W. Heteroskedasticity and Autocorrelation Consistent Covariance Matrix Estimation [J]. Econometrica: Journal of the Econometric Society, 1991: 817-858.

表 5.6 给出了空间滞后模型在各种固定效应情况下的估计结果。在模型设定中选择使用固定效应，但是，在不同固定效应的四种模型下假设条件也存在差异。无固定效应模型假定省域间具有相同的 PM2.5 污染基准水平，且这个基准水平并不会随时间推移发生变化；空间固定效应则考虑了省域间由于各种不同条件形成不同的 PM2.5 污染基准水平；时间固定效应考虑了 PM2.5 污染基准水平随时间推移而变化；空间时间双固定效应模型则同时考虑了空间差异以及时间推移对 PM2.5 污染的影响。由表 5.6 可以发现，无固定效应、空间固定效应、时间固定效应以及空间时间双固定效应的 R^2 分别为 0.499、0.594、0.566 和 0.571，因此选择使用空间固定效应下的空间滞后模型拟合效果较好。由于本章主要研究省域空间特征对 PM2.5 污染的影响，而我国不同省份 PM2.5 污染程度存在显著差异，因此选择空间固定效应与实际情况比较符合。

表 5.6　空间滞后模型的估计结果

变量	无固定效应	空间固定效应	时间固定效应	空间时间固定效应
常数项	-1.388**	—	—	—
经济增长	0.182***	0.185***	0.097	0.105
技术进步	0.149***	0.145**	0.181***	0.181***
城市绿化率	0.122	0.144	0.269	0.291
烟尘和粉尘排放量	0.225***	0.232***	0.300***	0.314***
公路旅客周转量	0.097**	0.091**	0.214***	0.206***
公路货物周转量	0.176***	0.171***	0.212***	0.205***
空间滞后项	0.377***	0.376***	0.108	0.203***
R-square	0.499	0.594	0.566	0.571
$Sigma^2$	0.1855	0.197	0.167	0.176
Log-likelihood	-255.235	-253.424	-220.134	-217.279

注：***、**和*分别表示在 1%、5%和 10%的水平下通过了显著性检验。

由表 5.6 空间固定效应模型的估计结果可以看出，除去城市绿化率，其他变量（经济增长、技术进步、烟尘和粉尘排放量、公路旅客周转量和公路货物周转量）对PM2.5污染的影响均通过显著性检验。另外，空间滞后项的系数是0.376，并且通过了显著性检验。这表明我国各个省份之间存在着明显的PM2.5污染溢出效应。而且，地理位置距离越近的省份，PM2.5污染的溢出效应越强。这些溢出效应主要通过经济增长、技术进步、烟尘和粉尘排放、公路旅客周转和公路货物周转这些变量进行外溢效应传播。这一结果基本验证了我们的理论假设。下面我们分别对这些变量对PM2.5污染溢出效应的影响进行分析：

（1）经济增长对PM2.5污染空间溢出效应的影响。

经济增长是由人均GDP来反映，表示一个国家或地区经济发展水平。人均GDP较高的地区表示经济发展水平较高，而人均GDP较低的地区则表示经济发展水平较低。在空间滞后模型中，经济增长对PM2.5污染的估计系数为正值，并且其估计系数相对较大（0.185），表明经济增长对PM2.5污染溢出效应产生显著正影响。经济增长对PM2.5污染溢出效应影响机制解释如下：随着经济发展，中央和各级地方政府逐步认识到经济发展具有强的辐射带动作用，发展完整的产业链有利于地区经济健康快速发展。因此，各级地方政府部门在进行产业发展规划时，不仅会考虑周边地区的优势产业，还积极进行产业园建设规划。这样可以加强与周边地区产业的关联，有利于本地区产业经济的快速发展。例如，大量高耗能、高排放的工业企业曾经集聚在北京市和天津市，如钢铁、石油化工和水泥行业。这些行业的发展需要其他行业配套发展，例如煤炭加工、大型机械装备制造、有色金属制造。这两个城市由于市区用地紧张，不可能再大规模发展这些行业，这就带动了附近的河北省发展这些行业，从而逐步形成了京津冀经济带。但是，这些产业的发展需要消费大量化石能源（煤炭和石油），大量煤炭和石油燃烧将排放出大量的烟尘，从而导致整个京津冀经济带的PM2.5污染不断加重。

（2）技术进步对PM2.5污染空间溢出效应的影响。

技术进步不仅有利于提高生产企业的生产效率，还有利减少生产企业的能源消费和废气排放，从而有利于减少PM2.5污染（王敏和黄滢，2015）。由表5.6可以看出，技术进步的估计系数为0.145，正的估计系数表示我国目前整体技术发展还没有起到有效减少PM2.5污染的作用。但是，这并不阻碍技术进步在不同省份之间的传播。技术进步依靠R&D投入，而 R&D 投入又主要包括 R&D 资金投入和 R&D 人才投入。为了推动本地区技术进步和减少 PM2.5 污染，不同省份可以使用不同的措施和政策来吸收 R&D 资金和 R&D 人才。区域间 R&D 资金和 R&D 人才流动有利于提高生产工艺和节能减排技术，从而有助于减少 PM2.5 污染。例如，为了提高节能和减排技术，处于经济欠发达的高校和科研院所纷纷采用优惠的薪金报酬、搭建优良的工作平台，以吸引高水平的技术 R&D 人才。引进这些优秀的技术 R&D 人才有效地促进了技术落后地区的技术发展，从而有利于提高能源使用效率和减少 PM2.5 污染。

（3）烟尘和粉尘排放对 PM2.5 污染空间溢出效应的影响。

由表 5.6 可以看出，烟尘和粉尘排放的估计系数是 0.232，是所有变量中估计系数最大的。这表示烟尘和粉尘排放是导致 PM2.5 污染的重要因素。工业生产和居民生活排放的烟尘和粉尘主要来源于能源消费。工业发展具有区域辐射带动作用，从而导致 PM2.5 污染产生区域溢出效应。例如汽车工业当前是推动我国经济发展的主要行业之一。在早期阶段，我国汽车生产厂商主要分布在东部经济发达省份，比如上海、广东、北京和山东等省。但是，这样的汽车生产布局将增加汽车生产和销售企业的成本，因为很多汽车要运输到中西部地区销售。为了使生产布局合理化，越来越多的汽车厂商在中西部地区新建生产车间，例如，近年来越来越多的汽车生产厂商在武汉市和西安市投资新建汽车生产线。汽车行业发展需要很多上游企业为其提供原材料，例如，钢铁行业、橡胶和塑料制品业、零部件加工业和皮革制造业等。汽车行业区域布局的变化必将带动这些上游行业进行相应的区域迁移和变动。汽车生产及其上游行业（钢铁、橡胶和塑料制品业）都属于能源密集型行业，它们的生产活动消耗大量煤炭和电力，而我国电力又主要来自于火力发电。因此，汽车工业发展不仅会产生大量烟尘，还引起其相关行业在生产过程中排放出大量烟尘和粉尘，从而加重 PM2.5 污染。工业企业发展的区域变化引起 PM2.5 污染区域关联性不断加强，从而产生溢出效应。

（4）公路旅客周转对 PM2.5 污染空间溢出效应的影响。

公路旅客周转量是用一定时期内公路交通部门发送旅客数量乘以运输里程计算得出，反映了公路输送旅客的强度和规模。由表 5.6 可以看出，在空间滞后模型中，公路旅客周转量对 PM2.5 污染的估计系数为 0.091，即公路旅客运输将增加PM2.5污染。公路旅客运输对PM2.5污染溢出效应的影响机制解释如下："要想富，先修路。"为了促进经济发展，中央和各级地方政府都非常重视公路建设，尤其是改革开放以后。《中国统计年鉴》的数据显示，中国公路里程从1988年的99.96万千米快速增加到2015年的457.73万千米，其中高速公路从0.01万千米增加到12.35万千米，我国已经成为高速公路里程最长的国家。交通不断完善有力地促进了人口流动，尤其是在经济发达的东部地区和经济欠发达的中西部地区。但是，公路运输工具要消耗大量化石燃料（汽油和柴油），加上长期以来我国化石燃油中碳、硫含量过高，导致公路汽车在运输过程中排放出大量汽车尾气，成为PM2.5污染的重要来源之一。大规模的公路旅客在不同省份和地区之间流动使得不同省份PM2.5污染的关联性不断提高，从而导致PM2.5污染存在溢出效应。

（5）公路货物周转对PM2.5污染空间溢出效应的影响。

公路货物周转量是用公路货物运输量乘以运输里程长度计算得出，该指标不仅包含货物的重量，还考虑了运输的距离，能够全面反映公路货物运输强度。由表5.6可以看出，在空间滞后模型中，公路货物周转量对PM2.5污染的估计系数为正（0.171），并且通过了显著性检验。这表示公路货物运输是导致PM2.5污染存在溢出效应的重要因素之一。公路货物运输对PM2.5污染溢出效应的影响解释如下：近年来，随着我国公路建设快速发展，公路和高速公路越来越成为货物运输的主要方式。《中国统计年鉴》的数据显示，公路货物运输量占货物运输总量的比重快速上升，从2001年的13.3%快速增长到2015年的32.5%。但是，公路货物运输货车需要消耗大量的化石燃油（汽油和柴油），而且现阶段我国燃料油中的硫、氮含量过高，大量化石燃油的消耗必然排放出大量汽车尾气，导致PM2.5污染不断加重。近年来，省份之间经济联系密切程度不断提高，再加上电子商务的快速发展，导致各省份和地区之间货物运输来往不断增加，从而引起不同省份PM2.5污染的关联性逐步提高，即导致PM2.5污染存在溢出效应。

5.6 本章小结

本章首先使用Moran's I指数检验了我国PM2.5污染溢出效应的存在性；然后，基于经典的STIRPAT模型，并结合我国PM2.5污染和社会发展的实际情况，构建出我国PM2.5污染溢出效应模型；使用拉格朗日乘数检验选择适用空间溢出效应研究的计量模型；在检验结果显示应该选择空间滞后回归模型进行PM2.5污染溢出效应研究的基础上，对其理论进行了简要介绍；使用空间滞后回归模型对中国PM2.5污染空间溢出效应进行了实证分析。得出的主要结论如下：其一，区域产业协调发展导致经济增长对PM2.5污染溢出效应产生显著正向影响。其二，R&D资金和R&D人才的区域流动有利于节能减排技术进步和传播，从而导致PM2.5污染存在溢出效应。其三，工业发展的区域辐射带动作用促使区域工业发展及其产生的烟尘和粉尘排放关联性增强，从而导致PM2.5污染存在溢出效应。其四，大量化石燃料（柴油和汽油）使用和低的燃油品质导致区域间公路旅客运输对PM2.5污染溢出效应产生一个正向影响。其五，日益密切的区域经济联系和快速发展的电子商务促使公路货物运输对PM2.5污染溢出效应也产生一个正向影响。

第6章
中国 PM2.5 排放增长波动变化多尺度分析

通过对我国 PM2. 5 污染影响因素、空间分布差异及溢出效应研究，可以发现：一方面，PM2. 5 污染与其影响因素之间存在大量非线性关系，即在不同阶段各影响因素对 PM2. 5 污染的影响模式是不同的；另一方面，PM2. 5 污染存在显著的空间异质性和空间自相关性，即 PM2. 5 污染在不同区域之间既存在差异性，又存在一定的关联性。由于在相当长一段时期内，我国仍将处于快速推进的工业化、城市化阶段，这导致在未来一段时期内，我国面临严峻的 PM2. 5 污染治理任务。PM2. 5 污染主要是由人类社会经济活动产生的，同时其也属于一种大气污染。因此，PM2. 5 污染会随着季节和经济周期的变化而呈现出明显的周期波动特征。研究近年来我国 PM2. 5 污染波动变化及其背后隐藏的深层次原因，对于政府部门制定有效 PM2. 5 污染防治政策和措施具有重要意义。为此，本章将采用相应的分析方法对我国四大主要污染分布带（京津冀、长三角、华中和川渝地区）PM2. 5 排放增长波动变化进行实证分析，以期找出导致长、中、短不同时间周期上 PM2. 5 污染波动变化的主要根源，为政府相关部门在不同时间周期实施差异化防治对策提供决策依据。

6. 1　PM2. 5 排放增长波动变化形式检验

6. 1. 1　变量选取

本章研究对象是我国 PM2. 5 排放增长的波动变化，属于单变量时间序列分析。因此，本章选取的变量就是 PM2.5 污染时间序列，没有解释变量。

6.1.2 数据来源

PM2.5 污染是由人类经济社会活动产生的，并且主要发生在城市地区。近年来，我国 PM2.5 污染程度和爆发的频率有不断增加的趋势。现阶段，我国 PM2.5 污染最严重地区有四个污染分布带，分别是京津冀（北京市、天津市和河北省）、长江三角洲（上海市、江苏省和浙江省）、华中地区（河南、湖北和湖南）分布带和川渝分布带（四川和重庆）。为了重点研究这四个地区 PM2.5 污染在不同时间尺度（长、中、短期）下波动的主要原因，我们将分别搜集整理出这四大污染分布带 PM2.5 污染数据。数据来源和整理说明如下：第一步，通过“中国空气质量在线监测分析平台[①]”，搜集到四大 PM2.5 污染分布带包括的各个城市 PM2.5 污染日数据（2014 年 1 月 1 日至 2016 年 12 月 31 日）。PM2.5 污染四大分布带包括的省份和城市见表 6.1。第二步，分别计算出四大污染分布带包括的各个省份 PM2.5 污染日平均数据，即求出每个省份包括的所有城市 PM2.5 污染日数据平均值。第三步，分别求出四大 PM2.5 污染分布带的 PM2.5 污染日平均值，即求出每个分布带所包括省份 PM2.5 污染的日平均值。第四步，由于本章是对单变量 PM2.5 污染时间序列进行分解研究，样本数据越多越好；同时考虑 PM2.5 污染数据解释经济现实的有效性，我们拟使用 PM2.5 污染周数据作为研究样本数据进行实证分析。因此，我们在搜集、整理得到 PM2.5 污染四大分布带 PM2.5 污染日数据基础上，计算整理出四大污染分布带 PM2.5 污染的周数据，每个 PM2.5 污染分布带的样本数据为 156 个。四大污染分布带 PM2.5 污染周数据的统计特征见表 6.2。

---

① 中国空气质量在线监测分析平台：http：//www.aqistudy.cn.

表6.1　PM2.5污染四大分布带包括的省份和城市

污染分布带	省份	城　市
京津冀地区	北京、天津、河北	北京、天津、安阳、保定、沧州、承德、邯郸、衡水、廊坊、邢台、秦皇岛、石家庄、张家口
长三角地区	上海、江苏、浙江	上海、南京、常熟、常州、海门、江阴、金坛、句容、昆山、连云港、溧阳、南通、宿迁、苏州、太仓、泰州、吴江、无锡、徐州、盐城、扬州、宜兴、杭州、富阳、湖州、嘉兴、金华、莱芜、临安、丽水、宁波、衢州、绍兴、台州、温州、义乌、舟山
华中地区	河南、湖北、湖南	郑州、安阳、焦作、开封、洛阳、平顶山、三门峡、武汉、荆州、宜昌、长沙、常德、湘潭、岳阳、张家界、株洲
川渝地区	四川、重庆	成都、德阳、泸州、绵阳、南充、攀枝花、宜宾、自贡、重庆

注：由于数据残缺，诸暨市不包括在样本中。

表6.2　四大分布带PM2.5污染周数据的统计特征

PM2.5分布带	平均值	中位数	最大值	最小值	标准差	观测值
京津冀地区	78.17	67.94	207.13	25.23	35.58	156
长三角地区	51.84	49.73	120.86	18.44	19.61	156
华中地区	69.97	59.81	179.24	25.69	32.32	156
川渝地区	57.08	49.73	164.75	26.66	26.98	156

6.1.3　PM2.5污染波动变化形式检验

在这部分，基于我国79个城市PM2.5污染数据，我们对京津冀、长江三角洲、华中和川渝四大污染分布带156周PM2.5污染时间序列变化趋势进行平稳性检验，并对其变化进行描述性统计分析。由图6.1可以看出，四大分布带PM2.5污染时间序列均呈现出明显的周期性变化特征。第一，京津冀分布带。前9周PM2.5污染维持在较高水平上，是PM2.5污染的第一个高峰期，这一时间段 PM2.5 污染的平均强度是 126.31 微克/立方米；在第 10~第 34 周，PM2.5 污染强度逐渐降低，为第一个周期变化的波谷；从第 35 周开始，PM2.5 污染强度再次逐步上升，至第 59 周达到第二个峰值；然后再次逐渐降低，到第 85 周 PM2.5 污染强度再次达到最低；从 86 周开始 PM2.5 污染又进入上升阶段，到第 111 周，PM2.5 污染达到第三个峰值。第 112~第 156 周，PM2.5 污染强度又进入一个变化周期，呈现出“先下降、后上升”特征。第二，长江三角洲分布带。前 5 周、第 50~第 54 周和第 101~第 106 周为三个峰值区域，它们的 PM2.5 污染水平分别为 94.13 微克/立方米、81.97 微克/立方米和 89.17 微克/立方米。第 29~第 38 周、第 79~第 85 周和第 130~第 138 周则为 PM2.5 污染的谷底，其 PM2.5 污染平均强度分别仅为 38.07 微克/立方米、33.06 微克/立方米和 27.58 微克/立方米。第三，华中地区分布带。在全部 156 周样本期内，第 1~第 5 周是第一个 PM2.5 污染高峰期，PM2.5 污染的平均水平达到 161.43 微克/立方米；第 52~第 58 周是第二个 PM2.5 污染爆发期，PM2.5 污染的平均水平达到 118.75 微克/立方米；第 103~第 109 周属于第三个 PM2.5 污染峰值区，PM2.5 污染平均水平达到 111.78 微克/立方米；最后一个峰值区是第 152~第 156 周，PM2.5 污染平均水平为 115.22 微克/立方米。第四，川渝分布带。PM2.5 污染高发期与华中地区相似。但是，在川渝地区 PM2.5 污染的爆发期内，PM2.5 污染强度变化幅度较大，而华中地区在 PM2.5 污染爆发期内，PM2.5 污染水平均维持在高水平，波动性小。例如，在 PM2.5 第一个爆发期内的第 1~第 5 周中，第 2 周的 PM2.5 污染强度是 89.06 微克/立方米，而其他四周 PM2.5 污染水平则均超过 128.0 微克/立方米；在第 2 个爆发期（第 53~第 58 周）中，第 56 周的 PM2.5 污染水平为 47.93 微克/立方米，而其他各周的 PM2.5 污染水平均超过 80.0 微克/立方米；

综上可以看出：①四大分布带 PM2.5 污染均呈现出周期性变化的非线性特征。冬季 PM2.5 污染水平远高于其他季节，而夏季的 PM2.5 污染强度最低。这主要是因为，在冬季，由于空气干燥，造成大量烟尘和粉尘不断累积，从而加重 PM2.5 污染。在夏季，降雨量和降雨次数最多，雨水的冲刷有利于减少烟尘和粉尘污染，从而有利于降低 PM2.5 污染水平。②在四大分布带中，京津冀地区的 PM2.5 污染程度是最高的，PM2.5 污染平均

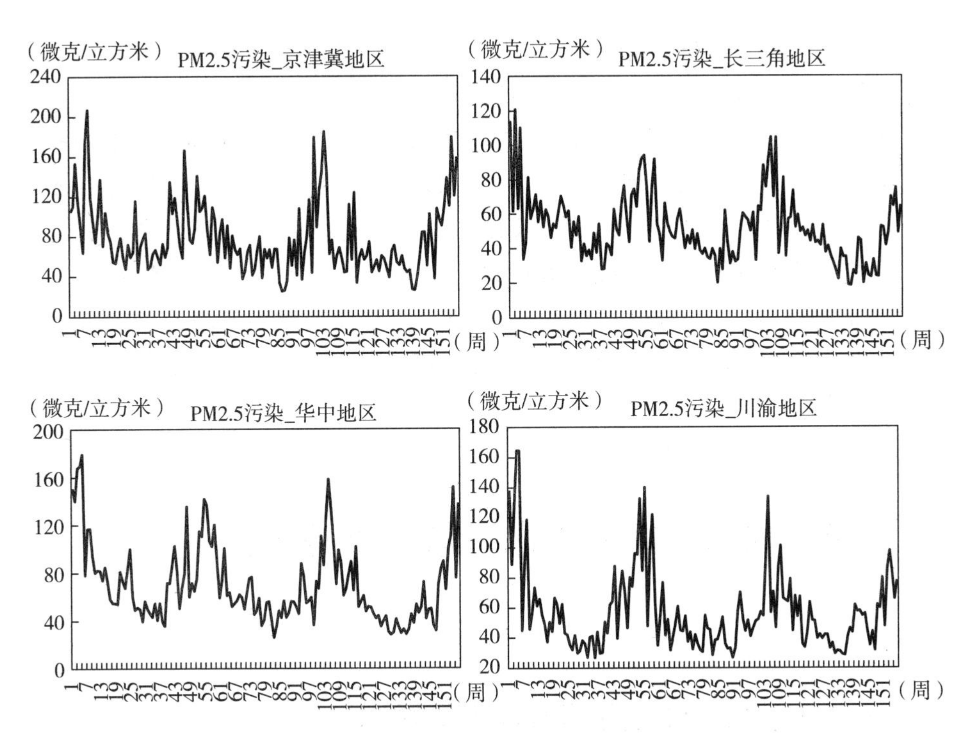

图 6.1 我国四大污染分布带 PM2.5 排放增长变化趋势

（2014 年 1 月 1 日至 2016 年 12 月 31 日）

水平是 78.17 微克/立方米，其次分别是华中地区（69.97 微克/立方米）、川渝地区（57.08 微克/立方米）和长江三角洲地区（51.84 微克/立方米）。这主要是因为，京津冀地区是我国的主要经济带之一，而且该地区分布了大量的高耗能、高污染的重工业（钢铁、水泥、石油化工和化学纤维）。这些重工业生产需要消耗大量的煤炭，从而排放出大量的烟尘和粉尘，造成 PM2.5 污染。长江三角洲地区 PM2.5 污染水平是最低的，平均污染水平为 51.84 微克/立方米。这主要是因为，长江三角洲地区是我国经济最发达地区，随着经济进一步发展，为了保持经济持续快速增长，长江三角洲经济带积极优化经济结构。对于存在产能过剩的劳动密集型和能源密集型行业（玩具加工、服装加工、普通装备制造、汽车制造）进行区域转移，迁移到劳动力丰富、经济欠发达的中西部地区。这不仅优化了长江三角洲地区经济结构，还显著减少了能源消费和 PM2.5 污染。

鉴于四大分布带 PM2.5 污染具有明显的周期性波动起伏的非线性变化特征，要想找出 PM2.5 污染周期变化主要原因，我们应该使用适合的方法进行分析。经验模态分解法（Empirical Mode Decomposition，EMD）属于一种非线性时间序列分析法，它可以对非线性和非平稳信号进行逐级线性化和平稳化处理，准确地反映出原始信号本身的物理特性，具有较强的局部表现能力。因此，本章将使用非线性经验模态分解法对四大分布带 PM2.5 污染时间序列数据进行分解，以期找出不同时间周期各地区 PM2.5 排放增长的主要原因。下面我们先简要介绍经验模态分解法的基本原理。

6.2 经验模态分解法理论概述

6.2.1 经验模态分解法提出背景

在经济社会领域，存在大量的时间序列数据。由于时间序列型数据存在周期性波动的特点，需要使用相应的方法对数据进行分析，从而发现隐藏在数据背后的深层客观规律。目前，分析时间序列周期波动的主要方法分为时域分析法和频域分析法两种。

时域分析法分析数据随着时间推移波动的结构特征，主要的时域分析方法为自回归移动平均（ARMA）。但是，这种方法存在一定的局限性：第一，在含有多个周期分量的时间序列中，如果自回归移动平均的阶数较低，就难以将多个周期反映出来。第二，在时间跨度较短的经济时间序列中，自回归移动平均会造成样本点的损失。此外，自回归移动平均并不能够区分出不同尺度波动的关系（杨永峰，2013）。

频域分析法主要为谱分析方法，该方法是基于谱分析的基本思想：将时间序列视为互不相关的不同频率的分量相互叠加，然后利用傅里叶变换（Fourier Transform）对不同频率的分量进行分解，继而通过谱密度函数来衡量不同频率分量的重要程度，从而找出序列中的主要频率分量，最终把握时间序列的周期波动特征。通过对单一变量时间序列数据进行谱分析，可以考察该变量的周期特征与周期长度。如果该变量的图谱具有比较明显的峰值，就可以判断该变量的周期波动特征，峰值之间的周期即为变量的周期长度。谱分析方法有着比较明显的优点：第一，谱分析方法可以将经济变量分解为拥有不同周期长度的函数，从而能够研究不同周期下经济变量的特征；第二，谱分析方法的计算过程和判断过程有具体的标准，在运用过程中可以避免分析者添加样本的主观性；第三，谱分析方法在操作过程中将所有数据都纳入方程估计中，不会损失样本点。但是，当将谱分析应用到经济变量的时间序列时，也存在一些问题：经济变量的时间序列数据较少，比如在研究我国经济状况时某些经济变量由于统计较晚，可能只有几十个甚至十几个数据，如果直接运用谱分析方法就存在一定难度；经济变量一般都存在多个周期，在谱分析过程中一次性将所有的周期分辨出来难度较大（Milo 等，2013）。

Huang 等（1998）指出，在现实情况中，经济系统具有非常复杂的非线性特征，需要研究的时间序列在很大程度上也具有非线性和非平稳过程，并且伴随有多重尺度的震荡。因此，以上方法就无法真实地获得经济现象变化的特征，无法揭示经济现象在不同时间尺度下变化过程的形态。2003 年，Huang 等进一步指出傅里叶谱分析虽然可以在频域内得到比较高的分辨率，但是在时域内却没有任何分辨率。因此，在对非线性和非平稳的时间序列数据进行处理过程中，傅里叶分析存在明显不足。小波分析虽然可以获得比较精细的视频局部特征，但是小波分析并不适合宽波段的信号。因为小波分析本质上是窗口可以调节的傅里叶变换，并不是自适应的，一旦确定了基本的子波母函数，该函数就会被运用到整个序列中，从而产生许多虚假的谐波。

由于现实经济系统的非线性特征，需要研究的时间序列大多也是非线性和非平稳的数据。因此，运用各种经典时间序列方法分析这些非线性和非平稳的数据时，得到的结果可能就没有比较清晰的物理含义。基于这种现实情况，针对经济系统中的非线性和非平稳数据需要采用新的方法进行研究和分析，这种新方法不仅能够区分不同尺度，还应该具有提取不同频率的震荡和无震荡趋势的功能。

6.2.2 经验模态分解法基本原理

EMD 方法由 Huang（1998）[①] 提出，并于 1999 年做出了一些改进。EMD 方法对非线性和非平稳信号进行逐级线性化和平稳化处理，从而将不同时间尺度的波动进行分解，最终得到趋势分量。在进行分解的过程中，EMD 方法能够保留数据本身的特点，而被分离出的波动分量就被称为本征模函数（Intrinsic Mode Function，IMF）。在进行 EMD 分解时，对每一个 IMF 进行希尔伯特变换，称为希尔伯特—黄变换（Hilbert - Huang Transform，HHT），这种变换比较适合非线性和非平稳的时间序列。IMF 波动分量具有较明显的缓变波包特征，IMF 的不同分量是平稳信号，且具有非线性的特点。IMF 缓变波包特征的出现使不同尺度下波动的动态特征随时间变化，同时具备了时域上的局域特征。IMF 趋势分量则为单调函数或均值函数，代表了长期变化趋势。在对 IMF 分量进行希尔伯特变换之后，虽然希尔伯特谱特征与小波谱特征比较相似，但是它提供了比较细致的局部特征。因此，从时频分析角度来看，希尔伯特—黄变换得到的最终结果在频域和时域上都具有较好的分辨率特征。

EMD 法作为一种处理非线性和非平稳数据序列的方法，在操作过程中把时间信号 x（t）分解为一系列本征模函数 IMF，每一个 IMF 分量具有以下两个特征：其一，从全局角度来看，极值点的个数和过零点的个数一般是一样的，或两者至多相差一个；其二，从局部角度来看，在某个局部点，极大值包络和极小值包络在该局部点的算术平均和为零。EMD 实质上是一种逐级筛选和循环迭代的算法，对于某个时间序列 x（t），EMD 方法的基本步骤如下：

第一步，在 x(t) 中找出所有的局部最大值与最小值点，运用三次样条函数拟合，得出极大值包络线与极小值包络线，分别为 $h_{mat}(t)$ 和 $h_{min}(t)$，并计算平均包络线：

$$m_1^{(1)}(t) = \frac{1}{2}[h_{max}(t) + h_{min}(t)]$$

① Huang N. E. Empirical Mode Decomposition: A Useful Technique for Neuroscience [J]. Procedures of the Royal Society of London A, 1998 (454): 903-995.

第二步，在原始序列中将平均包络部分去掉，获得去掉低频信号后的新数据序列：

$$h_1^{(1)}(t) = x(t) - m_1^{(1)}(t)$$

第三步，检查 $h_1^{(1)}(t)$ 是否满足前述的 IMF 条件。如果不满足 IMF 两个条件，将 $h_1^{(1)}(t)$ 作为新的序列重复上述步骤 k 次，直至 $h_1^{(1)}(t)$ 满足 IMF 条件为止。定义 $c_1(t) = h_1^*(t)$，$c_1(t)$ 为原序列第一个 IMF 波动分量。

第四步，将第一个 IMF 分量从原始序列中去掉，获得第一个去掉高频成分的差分序列：

$$r_1(t) = \dot{x}(t) - c_1(t)$$

第五步，将 r_1（t）作为新的序列，继续重复上述步骤，从而得到原始序列的第二个 IMF 分量 c_2（t）及第二个去掉高频成分的差分序列 $r_2(t) = r_1(t) - c_2(t)$。

第六步，将上述所有步骤不断重复 n 次，直至剩余的分量 $r_n(t)$ 无法再分解为止。由此可以得到原始序列 n 个不同时间尺度下的波动分量 $c_i(t)$（i=1，2，…，n）和代表原始序列趋势项的剩余项 $r_i(t)$（i = 1，2，…，n）。

通过上述的分析过程可以得知，原始序列与各个分量之间的关系满足下式：

$$x(t) = \sum_{i=1}^{t} c_i(t) + r_n(t)$$

其中，$c_i(t)$（i=1，2，…，n）代表了不同时间尺度下的第 i 个 IMF 分量；$r_n(t)$ 则代表了趋势项。

EMD 方法主要基于信号局部特征的时间尺度，从原始信号中提取内在的本征模函数 IMF，其实质是对一个原始信号进行平稳化处理，按照不同尺度将波动和趋势逐步分解出来，从而产生一系列不同尺度的数据序列，即 IMF。分解得到的 IMF 具有比较明显的物理背景，每一个 IMF 均代表了原始信号中某一个尺度波动成分，而最后的残差项则代表了原始信号的趋势。EMD 能够更加准确地反映出原始信号本身的物理特性，具有较强的局部表现能力，因此在处理非平稳和非线性的信号时更加有效。EMD 在被用于海洋领域以后，逐步推广至生物工程、信号处理和大气科学等众多领域。近年来，EMD 方法也逐渐被运用到社会科学领域。管卫华等(2006)[①] 基于 1953~2002 年时间序列数据，使用 EMD 方法对我国区域经济发展差异进行多时间尺度解析。研究结果显示：我国经济区域差异的波动以 17.5 年尺度和 60 年尺度以及长期趋势为主。朱帮助等（2012）使用 EMD 方法分解 2005 年 4 月到 2011 年 9 月欧洲碳排放期货价格时间序列数据，结果发现，造成碳价波动的主要因素是重大事件和长期趋势，其中重大因素是导致中期碳价波动的决定因素；而长期趋势则决定着碳价长期变化趋势。王晓芳和张娥（2015）使用集总平均经验模态分解法分解 1994 年 1 月到 2014 年 1 月人民币和港元汇率的时间序列，并采用结构向量自回归模型（SVAR）调查汇率波动的因素。结果显示，人民币汇率是港元汇率波动的原因，而港元汇率不是人民币汇率波动的原因。Zhu 等（2017）基于欧盟碳排放交易数据，使用经验模态分解法预测碳排放交易价格变化趋势，结果显示，相比于其他普通预测方法，经验模态分解法的估计结果是更稳健的。

所以，本章使用可以有效处理非线性时间序列的 EMD 方法，深入分析我国 PM2.5 排放增长在不同时间周期的主要来源，以期为各地环境保护部门在不同时间周期阶段实施相应 PM2.5 污染防治措施提供决策依据。

6.3 基于经验模态分解法的中国 PM2.5 排放增长波动变化多尺度分析

EMD 模型是一种非线性模型，即该模型适用于分析非平稳时间序列。从图 6.1 可以看出，四大分布带 PM2.5 污染均呈现出明显的周期性变化趋势，具有明显的非平稳特征。因此，我们使用 EMD 模型分析四大分布带 PM2.5 污染变化趋势及其原因是适合的。

在本部分，我们运用 EMD 模型对我国四大分布带 PM2.5 污染时间序

① 管卫华，林振山，顾朝林．中国区域经济发展差异及其原因的多尺度分析［J］．经济研究，2006（7）：117-125．

列数据进行分解。通过分解可以得到若干彼此影响较弱的 IMF，而这些 IMF 则代表不同时间尺度下 PM2.5 污染的变化趋势，从而能够在一定程度上简化 PM2.5 污染序列中不同时间尺度下的特征信息之间的相互干扰。同时，为了更好地衡量 IMF 分量、残差项和原始序列之间的相关关系，我们使用了 Pearson 系数和 Kendall 系数。其中 Pearson 系数主要用于衡量序列间的数量相关性，系数越大，表示 IMF 与原始序列某个时点上的数值超过或小于原始序列均值的概率越大。Kendall 系数则用于衡量等级相关，系数越大，表示 IMF 与原始序列在某个时点上的数值和前一时间点相比较，具有相同变化方向的概率越大。由于经过 EMD 分解后得到的各个 IMF 分量的频率随着不同时间尺度而变化，因此对 IMF 分量而言，只有平均周期的概念。在研究中我们将采用以下方法计算各个 IMF 分量的平均周期：对于时间长度为 T 的 IMF 分量，如果其波峰和波谷为 S 个，则该 IMF 分量的平均周期可以近似为 $t=2T/S$。由于经过 EMD 模型分解而获得的各个 IMF 之间是相互独立的，我们可以使用方差百分比来衡量各个 IMF 对原始 PM2.5 污染时间序列变化的贡献程度。但是，这些分解获得的 IMF 和残差项的方差综合往往不等于 PM2.5 污染原始序列的方差。这主要是因为在进行误差取舍过程中，原始序列的非线性、三次样条约束和综合条件等造成的误差，在具体的分析中可以忽略方差不等性这一问题（Yu 等，2010）。

6.3.1　京津冀分布带 PM2.5 排放增长波动变化的多尺度分析

京津冀分布带 PM2.5 污染时间序列通过 EMD 模型分解，得到 5 个 IMF 分量和一个残差项（见图 6.2）。但是，各个 IMF 分量的波动频率是不同的，从 IMF1 到 IMF5，波动频率是逐步下降的。高频波动的 IMF 表示变化是随机无序的，而低频波动的 IMF 则表示具有一定的周期性。PM2.5 污染时间序列分解获得的各个 IMF 的均值是显著不为 0 的，而且 IMF4 和 IMF5 表现出规则的余弦式波动。所以，我们将 IMF1～IMF3 归为高频率波动分量；而把 IMF4 和 IMF5 归为低频波动分量。由表 6.3 可以看出，IMF4 与 PM2.5 污染时间序列的相关性是最高的，并且 PM2.5 污染时间序列 53.87%的方差来自于 IMF4。低频 IMF 分量解释 PM2.5 污染方差变动的比率高于高频IMF分量部分。

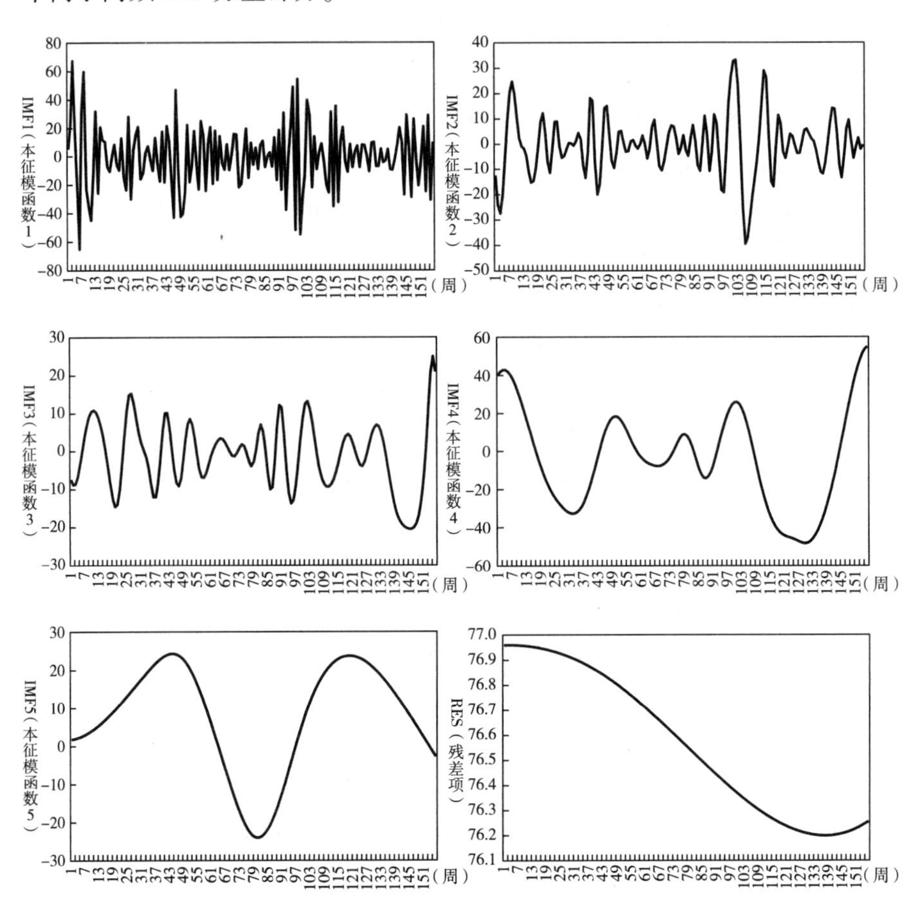

图6.2 京津冀地区PM2.5排放增长的EMD分解结果

（2014年1月1日至2016年12月31日）

表6.3 京津冀分布带IMF分量和残差项统计

	平均周期（周）	Pearson系数	Kendall系数	方差	方差占原序列方差的百分比（%）	方差占各IMF总方差的比例（%）
原序列	—	—	—	1266.29	—	—
IMF1	3.26	0.556	0.402	497.47	39.29	31.08
IMF2	6.93	0.310	0.164	142.23	11.23	8.89

续表

	平均周期（周）	Pearson系数	Kendall系数	方差	方差占原序列方差的百分比（%）	方差占各IMF总方差的比例（%）
IMF3	13.00	0.319	0.191	79.62	6.29	4.97
IMF4	34.67	0.600	0.409	682.10	53.87	42.61
IMF5	62.4	0.066	-0.018	199.15	15.73	12.44
残差项	—	0.186	0.203	0.08	0.006	0.005
合计	—	—	—	—	126.40	100

高频IMF分量、低频IMF分量和残差项各自隐含着不同的经济意义，以揭示PM2.5污染时间序列中隐含的内在特征。无序的高频波动曲线在零均值线上下快速波动，来表示PM2.5污染短期的不稳定变化，曲线的震荡幅度表示PM2.5污染不稳定程度。低频率波动曲线的变化与政府宏观经济发展的重大政策实施和变化有关，如私家车消费政策、油价政策和煤炭价格政策等。残差项是表示PM2.5污染变化的长期趋势。

第一，长期趋势。EMD分解结果的残差项表示PM2.5污染变化的长期趋势。残差项与PM2.5污染原始序列的相关系数为0.186，而且其方差占PM2.5原始序列方差的比重仅为0.006%，即残差项仅能解释PM2.5污染原始序列方差变动的0.006%。属于高频随机波动的IMF1~IMF3分量与PM2.5污染原始序列的相关系数分别为0.556、0.310和0.319，而且它们方差占PM2.5污染原始序列方差的比重总和为56.81%。属于低频波动的IMF4和IMF5与PM2.5污染原始序列的相关系数分别为0.600和0.066，而其方差占PM2.5污染原始序列方差的比重达到69.60%。这说明京津冀地区PM2.5污染长期变化趋势不明显，主要受社会经济发展的中期重大事件和短期天气变化影响。

第二，中期重大事件影响。低频IMF4和IMF5分量表示社会经济领域发生的中期重大事件对PM2.5污染的影响。IMF分量曲线的周期表示重大事件对PM2.5污染产生影响时间的长短，曲线震荡幅度表示重大事件对PM2.5污染影响程度的大小。PM2.5污染对社会经济领域发生的重大事件的反应需要一定时间。周期越长，PM2.5污染受中期重大事件影响的时间越长。周期曲线震荡幅度越大，表示PM2.5污染受重大事件影响的程度就越大。与 PM2.5 污染相关的中期社会经济重大事件主要包括产业政策、收入政策等宏观调节政策。由 IMF4 分量图可以看出，在冬季 PM2.5 污染强度远高于其他季节。从第 1 周开始，PM2.5 污染强度逐步下降，到第 17 周，开始出现负值，直到第 43 周。另外，在第 60~第 74 周、第 83~第 92 周和第 108~第 144 周也为负值。这说明季节的变化（春末、夏季和秋初）对 PM2.5 污染的负向影响较大，总共 156 周中达到 85 周，超过一半。最大振幅为 75.6，说明季节变化最大能使 PM2.5 污染下降 75.6。因为 PM2.5 污染不仅与季节变化密切相关，还与居民生活方式和产业政策发展密切相关。导致京津冀地区 PM2.5 污染的主要原因如下：其一，居民生活能源消费。在冬季，京津冀地区居民生活取暖需要燃烧大量煤炭，而大量煤炭的燃烧将排放出大量烟尘和粉尘，加上冬季降雨量少，很容易导致排放的烟尘和粉尘聚集和累积，从而导致 PM2.5 污染加重。其二，制造工业发展导致 PM2.5 污染不断加重。京津冀地区是我国制造工业主要分布带之一，该地区制造工业主要有汽车制造、医药制造、通用设备制造、金属制造、钢铁制造和化学制品制造业。这些行业大多属于能源密集型行业，它们的生产活动需要消费大量能源，而且主要以高污染的煤炭为主。煤炭的大量燃烧将排放出大规模的烟尘和粉尘，从而加重 PM2.5 污染。其三，大量的机动车成为城市地区 PM2.5 污染的主要来源。京津冀地区也是我国经济发达地区之一，发达的经济和高收入导致越来越多居民购买和使用机动车出行。但是，数量众多的机动车将消费大量化石燃料油（柴油和汽油），再加上我国燃油中氮、硫含量过高和机动车尾气净化技术水平偏低，从而导致机动车排放出大量的细颗粒物，成为 PM2.5 污染的主要来源之一。

第三，短期随机影响。高频曲线表示 PM2.5 污染的短期变化情况。PM2.5 污染短期波动是客观存在的。如果高频曲线震荡幅度在一定时间内连续出现大幅度的震荡，很有可能是天气频繁变化引起的。因为降雨可以有效地缓解 PM2.5 污染程度，而晴朗无风的天气则会加剧 PM2.5 污染程度。由表 6.3 可以看出，高频波动曲线 IMF1 与 PM2.5 污染原始序列的相关系数为 0.556，而且其方差可以解释 PM2.5 污染原始序列方差的 39.29%。这说明京津冀地区短期天气变化对 PM2.5 污染的影响也较为明显。由图 6.2 中的 IMF1 曲线可以看出，震荡幅度较大的曲线主要分布在：第 3~第 6 周、第 8~第 11 周、第 46~第 47 周和第 97~第 100 周。尤其是第 3～第 6 周，其震荡幅度达到 132.6，其主要原因是，春节期间居民集中燃放烟花爆竹。

6.3.2　长江三角洲分布带 PM2.5 排放增长波动变化的多尺度分析

长江三角洲分布带 PM2.5 排放时间序列通过 EMD 模型分解，得到 4 个 IMF 分量和一个残差项（见图 6.3）。但是，各个 IMF 分量的波动频率是不同的，从 IMF1 到 IMF4，波动频率是逐步下降的。高频波动的 IMF 表

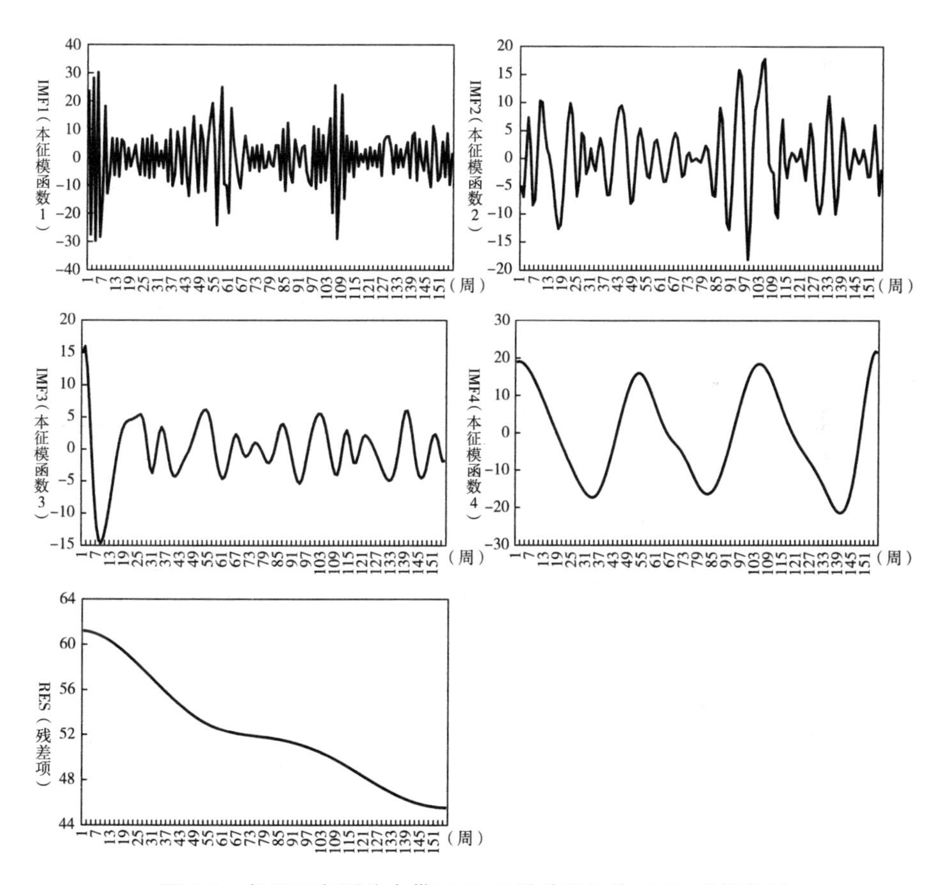

图 6.3　长江三角洲分布带 PM2.5 排放增长的 EMD 分解结果

（2014 年 1 月 1 日至 2016 年 12 月 31 日）

示变化是随机无序的，而低频波动的 IMF 则表示变化具有一定的周期性。由 PM2.5 污染时间序列分解获得各个 IMF 的均值是显著不为 0 的，而且 IMF4 都表现出规则的余弦式波动。所以，我们将 IMF1～IMF3 归为高频率波动分量；而把 IMF4 归为低频率波动分量。由表 6.4 可以看出，IMF4 与 PM2.5 污染时间序列的相关性是最高的（0.706），并且 PM2.5 污染时间序列 40.56%的方差来自于 IMF4。低频 IMF 分量解释 PM2.5 污染方差变动的比率高于高频 IMF 分量部分。

表 6.4　长江三角洲分布带 IMF 分量和残差项统计

项目	平均周期（周）	Pearson 系数	Kendall 系数	方差	方差占原序列方差的百分比（%）	方差占各 IMF 总方差的比例（%）
原序列	—	—	—	384.43	—	—
IMF1	2.71	0.545	0.319	109.41	28.46	31.60
IMF2	6.5	0.359	0.259	39.16	10.19	11.31
IMF3	13.57	0.293	0.196	20.73	5.39	5.99
IMF4	44.57	0.706	0.543	155.93	40.56	45.03
残差项	—	0.329	0.227	21.03	5.47	6.07
合计	—	—	—	—	90.07	100

高频 IMF 分量、低频 IMF 分量和残差项各自隐含着不同的经济意义，以揭示 PM2.5 污染时间序列中隐含的内在规律。无序的高频波动曲线在零均值线上下快速波动，来表示 PM2.5 污染短期的不稳定变化，曲线的震荡幅度表示 PM2.5 污染不稳定程度。低频率波动曲线的变化与中期宏观经济发展的重大政策实施和变化有关，如固定资产投资政策、油价政策和煤炭价格政策等。残差项是表示 PM2.5 污染变化的长期趋势。

第一，长期趋势。EMD 分解结果的残差项是表示 PM2.5 污染变化的长期趋势。残差项与 PM2.5 污染原始序列的相关系数为 0.329，而且其方差占 PM2.5 原始序列方差的比重仅为 5.47%，即残差项仅能解释 PM2.5 污染原始序列方差变动的 5.47%。属于高频随机波动的 IMF1～IMF3 分量与 PM2.5 污染原始序列的相关系数分别为 0.545、0.359 和 0.293，而且它们的方差占PM2.5污染原始序列方差的比重总和为44.04%。属于低频波动的IMF4与PM2.5污染原始序列的相关系数为0.706，而其方差占PM2.5污染原始序列方差的比重达到40.56%。这说明长江三角洲地区PM2.5污染长期变化趋势不明显，主要受中期社会经济发展的重大事件和短期天气变化的影响。

第二，中期重大事件影响。低频IMF4分量表示中期社会经济领域发生的重大事件对PM2.5污染的影响。IMF分量曲线的周期表示重大事件对PM2.5污染产生影响时间的长短，曲线震荡幅度表示重大事件对PM2.5污染影响程度的大小。PM2.5污染对社会经济领域发生的重大事件的反应需要一定时间。周期越长，PM2.5污染受重大事件影响的时间越长。周期曲线震荡幅度越大，PM2.5污染受重大事件影响的程度就越大。与PM2.5污染相关的社会经济重大事件主要指宏观调节政策。由IMF4分量图可以看出，在冬季PM2.5污染强度远高于其他季节。从第1周开始，PM2.5污染强度逐步下降，从第19周开始出现负值，一直持续到第44周。另外，在第66~第93周和第120~第148周也为负值。这说明在雨水较多的季节(春末至秋初)，经常降雨有利于缓解PM2.5污染程度，在总共156周中，达到80周，超过一半。最大振幅为43.3，说明季节变化最大能使PM2.5污染下降43.3。因为PM2.5污染不仅与季节变化密切相关，还与居民生活方式和产业政策发展密切相关。造成长江三角洲地区PM2.5污染的主要原因如下：①机动车排放的大量汽车尾气。长江三角洲地区主要包括上海市、江苏省和浙江省，该地区是我国经济最发达、经济规模最大的地区。发达的经济和高居民收入导致长江三角洲地区的汽车保有量较高。《中国统计年鉴》的数据显示，截至2015年底，长江三角洲地区拥有2643.72万辆汽车。大规模的汽车使用必然消费大量化石燃料（汽油和柴油)，从而排放出大量汽车尾气。尤其在冬季天气干燥的条件下，空气中的细颗粒物不断累积、聚集，进一步加重了PM2.5污染。②发达的民营企业、乡镇企业和手工作坊式企业。长江三角洲地区工业经济规模总量巨大。《中国统计年鉴》的数据显示，2015年，长江三角洲地区GDP占全国GDP的比重为19.1%，其工业部门增加值占全国工业部门增加值的比重也高达18.6%。长江三角洲地区也是我国民营企业、乡镇企业和手工作坊式企业发展最好、规模最大的地区。《中国统计年鉴》的数据显示：2003~

2015 年私营工业企业资产占规模以上工业企业资产的平均比重接近 30%。众多周知，民营企业、乡镇企业和手工作坊式企业的生产设备技术水平远落后于大型企业。为了降低生产成本，很多民营企业、乡镇企业和手工作坊式企业不愿意安装、使用节能和除尘设备，企业生产过程中产生的大量烟尘没有经过任何处理，直接排入大气中，从而加重 PM2.5 污染。

第三，短期随机影响。高频曲线表示 PM2.5 污染的短期变化情况。PM2.5 污染短期波动是客观存在的。如果高频曲线震荡幅度在一定时间内连续出现大幅度的震荡，很有可能是天气变化和突出事件引起的。因为降雨可以有效地缓解 PM2.5 污染程度，而晴朗无风的天气则会加剧 PM2.5 污染程度。由表 6.4 可以看出，高频波动曲线 IMF1 与 PM2.5 污染原始序列的相关系数为 0.545，而且其方差可以解释 PM2.5 污染原始序列方差的 24.86%。这说明长江三角洲地区短期天气变化对 PM2.5 污染的影响也较为明显。由图 6.3 中的 IMF1 曲线可以看出，震荡幅度较大的曲线主要分布如下：第 1~第 9 周、第 56~第 61 周和第 105~第 110 周。尤其是第 1~第 9 周，其震荡幅度达到 60，其主要原因是，春节期间居民集中燃放烟花爆竹。

6.3.3 华中地区 PM2.5 排放增长波动变化的多尺度分析

华中地区 PM2.5 污染时间序列通过 EMD 模型分解，得到 5 个 IMF 分量和一个残差项（见图 6.4）。但是，由图 6.4 可以看出，各个 IMF 分量的波动频率是显著不同的，由 IMF1 到 IMF5，波动频率是逐步下降的。具体来看，高频波动的 IMF 表示变化是随机的，而低频波动的 IMF 则表示变化具有一定的周期性。将 PM2.5 污染时间序列分解获得的各个 IMF 的均值是显著不为 0 的，而且 IMF4 和 IMF5 都表现出规则的余弦式波动。所以，我们将 IMF1~IMF3 归为高频率波动分量；而把 IMF4 和 IMF5 归为低频率波动分量。由表 6.5 可以看出，IMF4 和 IMF5 与 PM2.5 污染时间序列的相关性分别是 0.646 和 0.320，并且 PM2.5 污染时间序列 66.97%（38.15% + 28.82%）的方差来自于 IMF4 和 IMF5。低频 IMF 分量解释 PM2.5 污染方差变动的比率高于高频 IMF 分量部分。不同频率的 IMF 分量表示的意义是不同的，无序的高频波动曲线表示PM2.5污染短期的不稳定变化；低频率波动曲线的变化与宏观经济发展的重大政策实施和变化息息相关。而残差项则表示PM2.5污染变化的长期趋势。

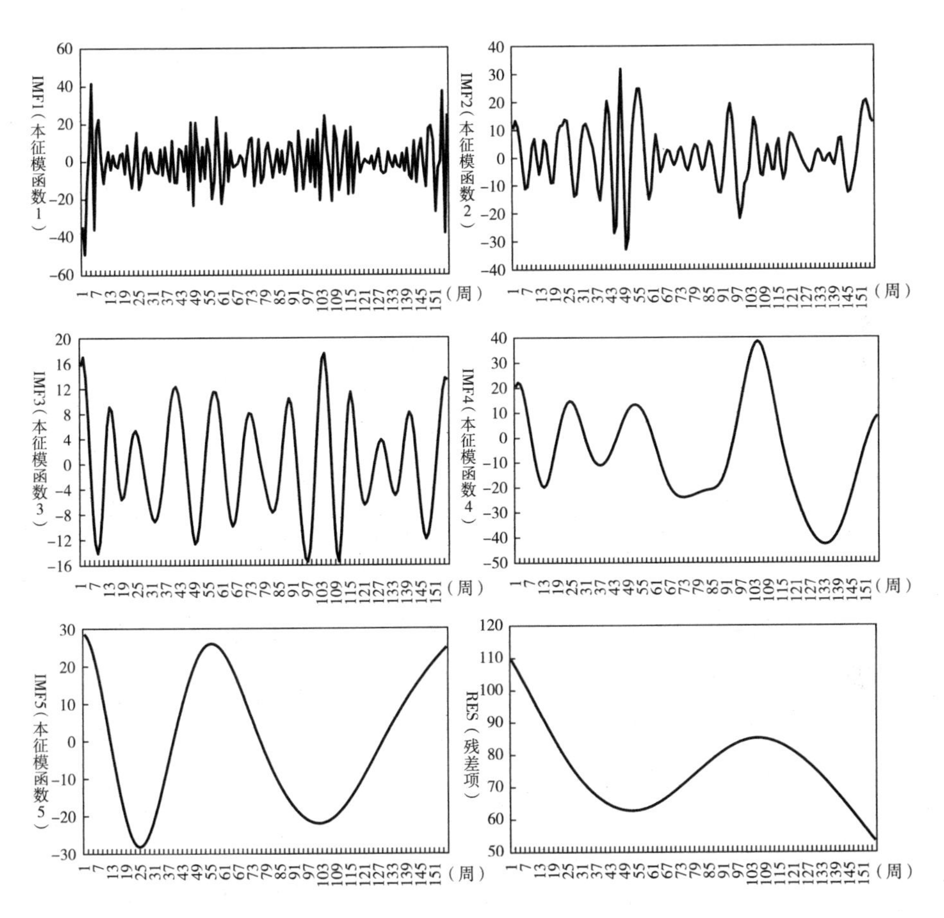

图6.4　华中地区PM2.5排放增长的EMD分解结果

（2014年1月1日至2016年12月31日）

第一，长期趋势。EMD分解结果的残差项表示PM2.5污染变化的长期趋势。残差项与PM2.5污染原始序列的相关系数为0.236，而其方差仅占PM2.5原始序列方差的13.27%，即残差项仅能解释PM2.5污染原始序列方差变动的13.27%。属于高频随机波动的IMF1~IMF3分量与PM2.5污染原始序列的相关系数分别为 0.292、0.409 和 0.377，而且它们的方差占 PM2.5 污染原始序列方差的比重总和为 33.08%。属于低频率波动的 IMF4 和 IMF5 与 PM2.5 污染原始序列的相关系数分别为 0.646 和 0.320，其方差占 PM2.5 污染原始序列方差的比重总和达到 66.97%。这说明华中地区 PM2.5 污染长期变化趋势不明显，受中期社会经济发展的重大事件和短期天气变化影响明显。

第二，中期重大事件影响。低频 IMF4 和 IMF5 分量表示中期社会经济领域发生的重大事件对 PM2.5 污染的影响。IMF 分量曲线的周期表示重大事件对 PM2.5 污染产生影响时间持续的长短，而曲线震荡幅度表示重大事件对 PM2.5 污染影响强度的高低。周期越长，PM2.5 污染受重大事件影响的时间越长。周期曲线震荡幅度越大，PM2.5 污染受重大事件影响的程度就越大。与 PM2.5 污染相关的社会经济重大事件主要指宏观调节政策（财政、收入、产业、投资和消费政策）。从 IMF4 和 IMF5 分量的平均周期来看，两者的平均周期分别是 34.67 周和 62.40 周。这表明华中地区 PM2.5 污染受中期社会经济重大事件的影响，而且这种影响持续时间可能比较长。另外，在 IMF4 和 IMF5 分量中，最大振幅为 56.8，这说明随着季节变化，PM2.5 污染最大变化幅度达到 56.8 微克/立方米。因为 PM2.5 污染不仅与季节变化密切相关，还与产业政策发展密切相关。导致华中地区 PM2.5 污染的主要原因是重工业发展。华中地区主要包括河南省、湖北省和湖南省，该地区是我国重工业主要分布地区，分布着大量的钢铁、水泥、冶金制造、石油化工和机械制造等企业。重工业部门的生产活动需要消费大量能源，例如煤炭和电力。一方面，我国蕴藏着丰富的煤炭资源，现在我国已经成为世界上最大的煤炭生产国和消费国，中部地区（包括华中地区）是我国煤炭主要产区，低廉的价格和易获得性导致高污染的煤炭成为华中地区工业生产和居民生活能源消费的主要来源。重工业属于能源密集型行业，大规模的重工业生产活动必然消费大量煤炭，从而排放出大量烟尘和粉尘，导致 PM2.5 污染不断加重（Cao 等，2016）。另一方面，重工业的生产活动也消费大量电力能源。长期以来，火力发电占据中国总电力能源的绝大比重。《中国统计年鉴》的数据显示：1995~2014 年，火力发电量占总电力产量的平均比重高达 81%。火力发电主要是燃烧高污染的煤炭，大量煤炭的燃烧必然排放出大规模的细颗粒烟尘和粉尘，成为

PM2.5 污染的主要来源之一。因此，大力发展重工业的产业政策和能源消费过度依靠煤炭的不合理能源结构导致华中地区成为中国 PM2.5 污染的主要分布带之一。

第三，短期随机影响。高频曲线表示 PM2.5 污染的短期变化情况。PM2.5 污染的短期波动变化往往是由天气频繁变化和特殊事件引起的。例如，降雨和大风可以在短时间内有效地缓解 PM2.5 污染程度，而晴朗无风的天气则会导致 PM2.5 污染不断累积，导致 PM2.5 污染逐步加重。由表 6.5 可以看出，高频波动曲线 IMF1、IMF2 和 IMF3 与 PM2.5 污染原始序列的相关系数分别为 0.292、0.409 和 0.377，而且其方差总和可以解释 PM2.5 污染原始序列方差的 33.08%。这说明华中地区短期天气变化和特殊事件变化对 PM2.5 污染的影响也较为明显。由图 6.4 中的 IMF1 曲线可以看出，震荡幅度较大的曲线主要分布在：第 1~第 6 周、第 24~第 26 周、第 36~第 41 周、第 47~第 49 周、第 92~第 93 周、第 101~第 102 周、第 113~第 116 周和第 154~第 156 周。尤其是在第 1~第 6 周，其震荡幅度达到 90.7，其主要原因是，在过春节期间，由居民集中燃放烟花爆竹造成的。

表 6.5　华中地区分布带 IMF 分量和残差项统计

项目	平均周期（周）	Pearson 系数	Kendall 系数	方差	方差占原序列方差的百分比（%）	方差占各 IMF 总方差的比例（%）
原序列	—	—	—	1044.84	—	—
IMF1	3.12	0.292	0.236	173.84	16.64	14.68
IMF2	7.26	0.409	0.247	108.18	10.35	9.14
IMF3	13.57	0.377	0.200	63.68	6.09	5.38
IMF4	34.67	0.646	0.487	398.56	38.15	33.66
IMF5	62.40	0.320	0.156	301.126	28.82	25.43
残差项	—	0.236	0.068	138.60	13.27	11.71
合计	—	—	—	—	113.32	100

6.3.4 川渝地区PM2.5排放增长波动变化的多尺度分析

川渝地区PM2.5污染时间序列通过EMD模型分解，得到4个IMF分量和一个残差项（见图6.5）。由图6.5可以看出，各个IMF分量的波动频率是不同的，从IMF1到IMF4，波动频率是逐步下降的。高频波动的IMF表示变化是随机的，而低频波动的IMF则表示变化具有一定的周期性。PM2.5污染时间序列分解获得的各个IMF的均值是显著不为0的，而且IMF3和IMF4都变现出规则的余弦式波动。所以，我们将IMF1~IMF2归为高频率波动分量，而把IMF3和IMF4归为低频率波动分量。由表6.6可以看出，IMF3和IMF4与PM2.5污染时间序列的相关性分别是0.137和0.690，并且PM2.5污染时间序列75.15%（12.26%+62.89%）的方差来自IMF3和IMF4。低频IMF分量解释PM2.5污染方差变动的比重高于高频IMF分量部分的比重。不同频率的IMF分量表示的意义是不同的，无序的高频波动曲线表示PM2.5污染短期的不稳定、无规律的变化；低频率波动曲线的变化与宏观经济发展的重大政策实施和变化息息相关。残差项则是表示PM2.5污染变化的长期趋势。

第一，长期趋势。EMD分解结果的残差项是表示PM2.5污染变化的长期趋势。残差项与PM2.5污染原始序列的相关系数为0.258，而其方差仅占PM2.5原始序列方差的13.27%，即残差项仅能解释PM2.5污染原始序列方差变动的6.43%。属于高频随机波动的IMF1~IMF2分量与PM2.5污染原始序列的相关系数分别为0.469和0.269，而且它们的方差占PM2.5污染原始序列方差的比重综合为39.41%。属于低频波动的IMF3和IMF4与PM2.5污染原始序列的相关系数分别为0.137和0.690，而其方差占PM2.5污染原始序列方差的比重总和达到75.15%。这说明川渝地区PM2.5污染长期变化趋势不明显，主要受社会经济发展的重大事件影响。

第二，中期重大事件影响。低频的IMF3和IMF4分量表示中期社会经济领域发生的重大事件对PM2.5污染的影响。IMF分量曲线的周期表示重大事件对PM2.5污染产生影响时间持续的长短，而曲线震荡幅度表示重大事件对PM2.5污染影响强度的大小。周期越长，PM2.5污染受重大事件影响的时间越长。周期曲线震荡幅度越大，PM2.5污染受重大事件影响的强

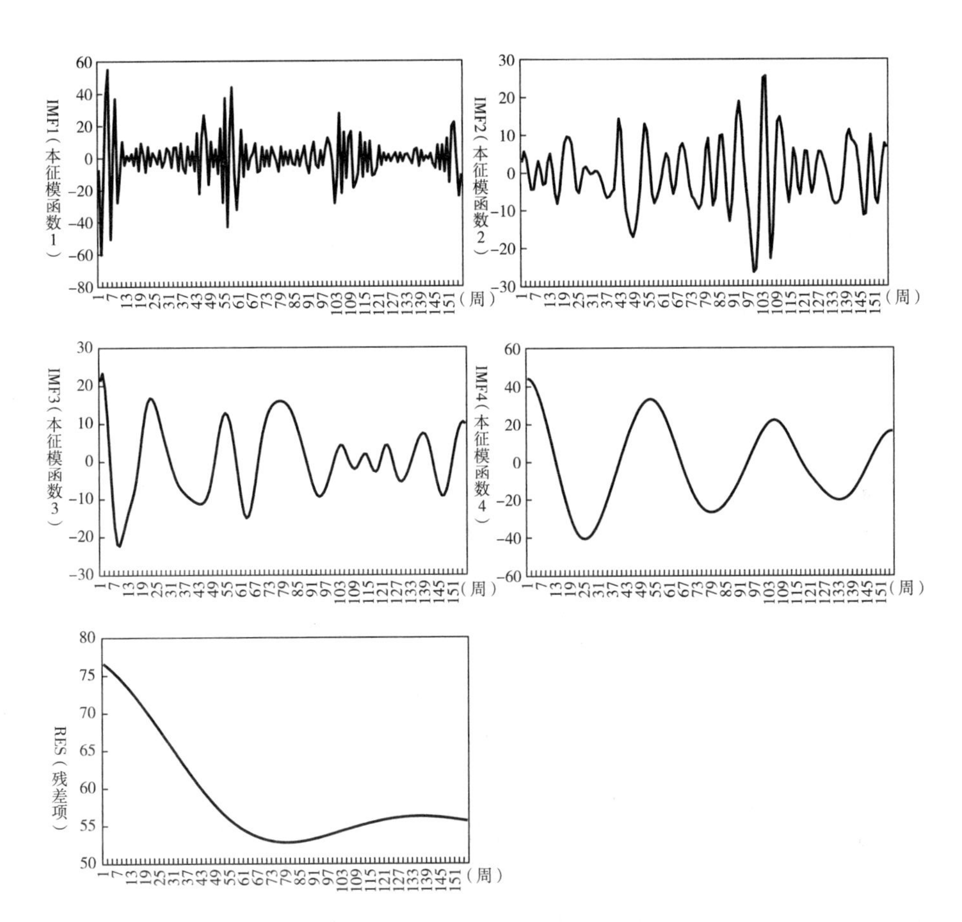

图6.5　川渝地区PM2.5排放增长的EMD分解结果
（2014年1月1日至2016年12月31日）

度就越大。与PM2.5污染相关的社会经济重大事件主要指宏观产业、投资政策、消费政策和外贸政策等。从IMF3和IMF4分量的平均周期来看，两者的平均周期分别是18.34周和44.57周。这表明川渝地区PM2.5污染受社会经济重大事件的影响，而且这种影响持续时间可能比较长。另外，在IMF3和IMF4分量中，最大振幅为84.8，这说明随着季节变化，PM2.5污染最大变化幅度达到84.8微克/立方米。因为PM2.5污染不仅与季节变化密切相关，还与政府宏观政策发展密切相关。导致川渝地区PM2.5污染的社会经济领域的主要原因有以下几个：其一，地理环境因素。四川和重庆都位于四川盆地，四周高和中间低的地形导致四川和重庆两地区的空气对流缓慢，不利于吹散 PM2.5 污染物。其二，城市房地产。城市化进程加速促使城市房地产业快速发展，这明显改善了居民生活条件。但是，房地产业快速发展也产生一系列问题，例如，大规模房地产建设导致城区绿地和植被面积快速减少。绿地面积的减少不仅导致城市圈生态层保护功能逐步消失，而且还由此产生了城市热岛效应，从而导致 PM2.5 污染的恶性循环（Neopaney 等，2016）。大规模的城市房地产建设使城区几乎成为一个大工地，城区到处是施工工地，大量施工车辆在运输建筑材料的过程中没有进行任何除尘和清洁工作，导致城区街道弥漫着大量的尘土，加重了 PM2.5 污染。其三，机动车。快速增长的机动车导致汽车尾气排放不断增长，加重 PM2.5 污染。一方面，大量的机动车必然消费大规模的化石燃料（柴油和汽油），再加上现阶段我国机动车燃料油中的硫含量和氮含量过高，从而导致机动车排放出大量汽车尾气，成为形成 PM2.5 污染的重要来源之一（Yang 和 Shi，2017）；另一方面，早期城市交通道路规划难以满足快速增长的机动车需求，从而导致城市交通越来越拥挤。已有的实验已经证明，拥挤交通的机动车排放的汽车尾气远高于正常行驶的机动车。因此，快速增加的机动车导致 PM2.5 污染不断加重。其四，工业化。工业行业不重视节能减排技术、设备的研发和应用，排放出大量工业烟尘和粉尘，导致 PM2.5 污染。近年来，川渝地区承接中央政府提出的“西部大开发战略”的东风，积极发展工业。各城市都规划了各种各样的工业园区，吸引大量工业企业进驻。工业企业的生产虽然促进了当地经济发展和增加了当地财政收入，但是很多工业企业为了节约生产成本，在生产过程中不愿意安装除尘设备，工业生产排放的烟尘没有经过处理，直接排放到大气中，加重 PM2.5 污染。

第三，短期随机影响。高频曲线表示 PM2.5 污染的短期变化情况。PM2.5 污染短期波动是客观存在的，而且 PM2.5 污染的短期波动变化一般是由天气短期变化和特殊事件引起的。例如，降雨和大风可以短时间内有效地缓解 PM2.5 污染程度，而晴朗无风的天气则会导致 PM2.5 污染不断累积，导致 PM2.5 污染逐步加重。由表 6.6 可以看出，高频波动曲线 IMF1 和 IMF2 与 PM2.5 污染原始序列的相关系数分别为 0.469 和 0.269，而且其方差总和可以解释 PM2.5 污染原始序列方差的 29.41%。这说明川渝地区短期天气变化和特殊事件变化对 PM2. 5 污染的影响也较为明显。由图 6. 5 中的 IMF1 曲线可以看出，震荡幅度较大的曲线主要分布在：第 1~第 6 周、第 54~第 60 周和第 96~第 104 周。尤其是第 1~第 6 周，其震荡幅度达到 115. 3，其主要原因与其他三大污染地区类似，即在过春节期间，由居民集中燃放烟花爆竹造成的。

表 6. 6　川渝地区分布带 IMF 分量和残差项统计

项目	平均周期（周）	Pearson 系数	Kendall 系数	方差	方差占原序列方差的百分比（%）	方差占各 IMF 总方差的比例（%）
原序列	—	—	—	728. 08	—	—
IMF1	2. 84	0. 469	0. 258	214. 15	29. 41	24. 31
IMF2	8. 00	0. 269	0. 260	72. 81	10. 00	8. 27
IMF3	18. 35	0. 137	0. 029	89. 25	12. 26	10. 13
IMF4	44. 57	0. 690	0. 499	457. 92	62. 89	51. 98
残差项	—	0. 258	0. 107	46. 80	6. 43	5. 31
合计	—	—	—	—	120. 99	100

6. 4　本章小结

本章首先对我国四大污染带 PM2. 5 排放增长波动形式进行了检验，结果显示，PM2. 5 排放增长波动具有明显的非线性周期变化特征。EMD 方法属于一种非线性时间序列分析法，它可以对非线性和非平稳信号进行逐级线性化和平稳化处理，准确地反映出原始信号本身的物理特性，具有较强的局部表现能力。可以看出，EMD 方法适用于 PM2. 5 排放增长波动分析。因此，我们先对经验模态分解法相关理论进行了概述。然后，使用 EMD 方法分别对四大污染带 PM2. 5 排放时间序列进行分解，并对分解结果进行了长期趋势、中期重大事件影响和短期随机影响分析。得到主要结论如下：四大污染分布带 PM2. 5 污染变化长期趋势特征均不明显，PM2. 5 污染主要受短期天气变化和中期政府宏观调控政策影响。具体来看：①居民生活冬季取暖能源消费、制造工业发展和大量的机动车增加是京津冀地区 PM2. 5 污染的主要来源。②大量低技术的民营企业、乡镇企业、手工作坊式企业增加和高保有量的机动车是长江三角洲地区 PM2. 5 污染的主要来源。③重工业发展是华中地区 PM2. 5 污染的主要原因。④川渝地区 PM2. 5 污染的主要原因则是独特的地理环境、快速发展的房地产业、机动车保有量快速增长和工业化进程加快。

第❼章

PM2.5 污染防治对策与建议

本章将根据前面四章实证分析结果，从不同角度提出相应的 PM2.5 污染防治对策与建议。本章 7.1~7.4 节分别是根据第 3~第 6 章实证分析结果提出的 PM2.5 污染防治对策与建议。

7.1 基于不同发展阶段视角的 PM2.5 污染防治对策与建议

通过第 3 章实证分析结果，我们了解到经济增长、工业化、能源效率、人口规模、外商直接投资和民用汽车等影响因素对 PM2.5 污染产生复杂的非线性影响，即在不同发展阶段，这些因素对 PM2.5 污染的影响模式是不同的。因此，我们应该根据不同阶段的具体影响模式，提出相应的 PM2.5 污染防治措施与建议。

7.1.1 在工业化早期阶段，政府部门应该积极优化工业结构及其能源消费结构

因为工业化对 PM2.5 污染产生一个尾部为倒“U”形的非线性影响，即在早期阶段，重工业比重过高、能源消费过度依赖煤炭以及落后的节能减排技术和设备导致工业化消费大量化石能源，加重了 PM2.5 污染；而在工业化后期阶段，由于工业结构及其能源消费结构优化促使工业化的 PM2.5 污染强度逐步下降。因此，我们应该着重关注如何减少早期阶段工业化发展带来的 PM2.5 污染。

《中国工业经济统计年鉴》和《中国统计年鉴》的数据显示：1978~2015 年，重工业产值占中国工业部门总产值的平均比重仍然高达 57.5%。其中，“十五”（2001~2005 年）期间，重工业产值占中国工业企业总产值的平均比重超过 60%；“十一五”（2006~2010 年）期间，我国重工业比重进一步提高，平均比重达到 70.6%。从这个角度来看，整体上我国还处于工业化的早中期阶段。重工业是能源密集型行业，重工业比重过高导致工业部门消费大量的能源。长期以来，高污染的煤炭是我国重工业部门的主要能源来源，从而导致工业部门在生产过程中消费大量煤炭，并排放大量烟尘和粉尘，加重 PM2.5 污染。为了减少工业化早期阶段带来的 PM2.5 污染，中央和地方政府应该制定行之有效的措施优化工业结构及其能源消费结构，以及鼓励节能和减排技术的研发和使用。第一，制定产业发展规划，防止和治理产能过剩。当前我国很多工业部门产能存在明显过剩问题，例如钢铁工业、水泥工业、通用设备制造业、电解铝、焦炭生产等。因此，政府应该组织成立各行业工业协会，根据行业的发展状况制定相应的行业发展政策。对于存在产能过剩的工业部门，政府应该严格市场准入制度，既要遏制重复建设问题，又要逐步淘汰生产技术、工艺落后的工业企业，如小炼钢厂、小水泥厂等。第二，大力发展技术密集型工业。技术密集型工业主要包括电子计算机、集成电路、信息技术、生物工程、新能源工业等，该类工业具有科技含量高、原料消耗少、能源消费少、污染物排放少和附加值大的特点。积极发展技术密集型工业不但有利于优化工业结构，还有利于我国工业部门整体生产技术、节能和减排技术的提高，从而有助于减少 PM2.5 污染。第三，健全工业部门节能减排政策，促进工业部门能源消费结构绿色转型。一方面，中央和地方政府制定优惠政策鼓励和扶持新能源产业（太阳能、生物能和核能）快速发展；另一方面，加大工业企业能源消费监管，对积极使用新能源的工业企业实行政府财政补贴，而对于仍然使用传统化石能源（煤炭和石油）的工业企业则征收一定比例的环境补偿税。工业部门是能源消费最多的部门，优化工业部门能源消费结构、减少煤炭使用，将有效减少工业化对 PM2.5 污染的影响强度。第四，一方面，环境保护部门加大对工业企业节能和减排设备安装和使用的监管，对于偷排废气的企业加大惩罚力度；另一方面，地方政府应该采用财政和税收手段激励工业企业扩大节能和减排技术的研发和使用。政府可以以“重大科技攻关课题”等形式拨出专项技术研发经费，资助相关企业和机构进行节能和减排技术的研发。同时，给予使用节能和减排技术、设备的工业企业一定的税收减免。

7.1.2　长期来看，各级政府应该灵活施策扩大内需、积极发展现代服务业

经济增长对 PM2. 5 污染的非线性影响表现为一个“U”形模式，主要原因：在经济发展初期，小规模经济的能源消耗和 PM2. 5 排放数量有限；但是，随着经济进一步发展，不断扩大的经济规模消费大量化石能源（煤炭），从而加重 PM2. 5 污染。因此，我们应该从经济长期发展的角度关注如何减少经济增长带来的 PM2. 5 污染。当前我国经济增长仍然依靠大规模的固定资产投资和出口贸易拉动。固定资产投资需要消耗大量钢铁、水泥和有色金属，引起这些行业扩大生产规模，进而导致大量能源消费和 PM2. 5 污染。同时，我国出口贸易中能源密集型和劳动密集型产品一直占据较大比重。这些出口产品的生产也需要消费大量煤炭和电力，我国电力主要来源是燃烧煤炭。因此，出口贸易也间接导致 PM2. 5 污染加重。要想长期有效减少经济增长对 PM2. 5 污染的影响，中央和地方政府应采取以下措施来进一步优化经济结构：

第一，积极扩大内需。世界经济发展史已经证明，扩大内需才是一个国家和地区保证经济持续健康发展的必由之路。当前我国居民消费需求不足。提高居民消费主要是要提高广大居民的收入水平，各级政府应该提高劳动报酬在一次性分配中的比重。同时加大社会保障和公共服务的财政投入，以减少中低收入居民的后顾之忧，促进居民消费。

第二，优化出口产品结构。各级政府可以使用税收和财政政策引导相关出口企业提高产品质量、优化出口产品结构。海关部门应该根据出口产品的能源强度，将工业出口产品划分为“红色”“黄色”和“绿色”三类产品。对于高耗能的“红色”类出口产品（如钢铁和化工产品），海关对其征收高额的出口关税；对于资源密集的“黄色”类产品（如纺织、玩具和橡胶制品），海关控制其出口规模；而对于高技术含量、高附加值的“绿色”类产品（如生物医药、电子信息和新能源产品），政府则应该给予

一定比例的税收减免和财政补贴，鼓励其出口。这将显著促进我国出口贸易结构优化，减少由于工业制成品出口带来的能源消费及其产生的 PM2.5 污染。

第三，加快发展现代服务业。现代服务业主要包括信息和通信服务业、生产服务业（物流、电子商务、咨询服务与金融业）、居民个人消费服务（医疗保健、教育、房地产、餐饮、文化娱乐和旅游等）和公共服务（基础教育和公共信息管理等）。由于服务业的能源消费强度和废气排放强度均远低于工业部门，大力发展现代服务业有利于降低经济增长的能源强度，促进绿色经济增长，减少 PM2.5 污染。

7.1.3 长期来看，积极扩大节能减排技术的研发资金和人才投入

能源效率对 PM2.5 污染产生一个“U”形的非线性影响，表示在早期阶段，能源效率的 PM2.5 减排是明显的；但是，随着进一步发展，技术进步带来的能源效率提高对 PM2.5 污染减排效应逐步被快速的经济增长规模效应抵消了。因此，我们应该从长期角度考虑如何促进技术进步和提高能源效率，以减少 PM2.5 污染。能源效率的提高依靠技术不断进步，而研发（R&D）人才和 R&D 资金投入是进行节能减排技术研发、促进技术进步的两个基本条件。所以，为了提高技术水平、进一步发挥能源效率的长期 PM2.5 减排作用，各级政府部门应该采取以下有效措施积极扩大科技 R&D 人才和 R&D 资金的投入：

第一，降低企业 R&D 投入风险，切实提高企业 R&D 投入强度。近年来，虽然我国企业 R&D 投入不断增加，但是 R&D 投入强度仍然远低于欧美发达国家。为了进一步促进企业扩大 R&D 投入、提高 R&D 投入强度，各级政府应该利用财政、税收、金融和产业政策，降低企业从事 R&D 投入的风险，使企业能够获得切实利益，加大 R&D 资金投入。例如，各级政府可以搭建金融服务平台，吸引民间资金进入科技 R&D 领域，为企业 R&D 活动提供充足的资金，提高它们的 R&D 强度。

第二，引导企业加大科技基础研究的 R&D 投入。科技研究主要分为基础研究和应用研究，应用研究具有投资周期短、见效快的特点。相比于

应用研究，基础研究往往需要大规模的前期 R&D 资金投入，具有投资风险大、投资见效周期长的特点。所以，很多企业不愿意从事基础 R&D 投入。但是，基础研究是新知识、新技术的储备，是未来科学进步的基本投入，没有前期基础研究投入就没有大量应用型技术的出现。因此，各级政府部门应该加大对本地大型国有企业、国家重点实验室和重点高校基础科学研究的评价和考核。对于考核优良的单位，政府可以进一步追加资金投入；而对于考核不合格的单位，政府将给予警告，以促进科技基础研究投入。

第三，积极促进节能环保技术 R&D 人才的培养和引进。R&D 人才的投入主要依靠扩大 R&D 人才的培养和引进。为了扩大节能环保 R&D 人才的培养，一方面，高校应该扩大节能环保、工程技术、机械制造等专业招生规模；另一方面，政府应该和高校或相关研究机构合作建立各级重点实验室等专业技术 R&D 研究中心，吸引高校和企业的顶尖节能环保科技人员和大学生参与，既可以促进节能环保技术 R&D，又可以带动和培养年轻节能环保人才。同时，为了尽快缩小我国与世界发达国家在节能减排技术方面的差距，还应该积极引进急需的国外高技术节能环保 R&D 人才。一方面，中央和各地方政府通过制定“杰出青年基金”“归国留学人员创业基金”和建设“归国人才创业园”，吸引国外优秀 R&D 人才回国创业和进行节能环保 R&D 活动；另一方面，国内各高校可以通过搭建富有吸引力的工作科研平台、提供优厚的薪金、采取倾斜的职称评定政策，积极引进国外顶尖节能环保技术人才。这些优秀的人才将有利于带动国内节能和环保技术的进步，促进能源效率提高，从而减少 PM2. 5 污染。

7.1.4　在早期阶段，政府应该改善外商投资环境、积极优化外商投资结构

外商直接投资对 PM2. 5 污染产生一个尾部为倒“U”形的非线性影响。在早期阶段，由于引进外资环保要求较低，大量高耗能、高污染项目引进加重了 PM2. 5 污染；在后期阶段，为了减少环境污染，政府提高引进外资项目环保要求、优化外资投资结构，促使外资投资项目的 PM2. 5 污染强度逐步下降。因此，我们应该着重关注如何减少早期阶段吸引外资带来的能源消费和 PM2. 5 污染。吸引外商投资是各个国家和地区发展经济、增

加就业的重要手段之一，各个国家均采取各种措施积极吸收外商投资。外商投资和环境保护不是对立的，现阶段，我国在既需要吸引外商直接投资以促进经济增长和扩大就业，又要关注环境保护的背景下，各级政府部门应该改善投资环境和优化外商直接投资结构，以减少早期阶段外商投资带来的 PM2.5 污染。

关于改善投资环境，第一，提高各级政府部门行政效率，加快外商直接投资项目行政审批程序。各级政府部门应该建立外商直接投资行政审批中心，实现行政审批一站式服务。第二，政府部门应该根据我国经济发展的人才需求，制定我国高等教育人才培养方案，指导各高校的人才培养，为经济发展培养需要的专业人才。第三，完善市场准入制度。通过税收和土地等措施鼓励能源消耗低、环境污染低的技术密集项目投资，例如精密机床制造、新材料加工制造、通信技术产品加工等；拒绝审批高耗能、高污染的外商直接投资项目，例如化学纤维、塑料加工生产等。

关于优化外商直接投资结构，第一，积极扩大第三产业外资项目在总投资中的比重。第三产业快速发展是一个国家经济可持续发展的重要标志之一，而且第三产业具有能源消耗低、吸引大量人员就业的优势，如餐饮业、文化娱乐业、医疗保健等。因此，各地政府部门应该积极引进第三产业外商直接投资项目。第二，鼓励外资以并购和控股的形式参与国有企业的改组。通过国外大的跨国公司参股或并购国内国有企业，可以激发国内国有企业活力，尽快提高国有企业的技术水平和管理效率，以减少能源消费和 PM2.5 污染。第三，鼓励外资以合资方式在国内投资建厂。过去外商直接投资大都以独资或控股的形式投资建厂，但是这不利于国内企业学习到外资企业先进的生产技术和管理经验，不利于国内企业的快速进步。因此，应积极鼓励外资与国内企业合作，以合资建厂的形式进行项目投资。这将有利于国内企业的技术进步，以减少能源消费和 PM2.5 排放。

7.1.5 在早期阶段，政府部门应加强燃油市场监管、严格汽车尾气排放标准

民用汽车对 PM2.5 污染产生一个 倒“U”形非线性影响表示，在早期阶段，不断增长的民用汽车导致 PM2.5 污染逐步加重；而在后期阶段，民

用汽车的 PM2. 5 排放强度逐步下降。因此，我们应该着重关注如何减少早期阶段民用汽车增长带来的 PM2. 5 污染。实证研究结果显示：在早期阶段，民用汽车加重 PM2. 5 污染的主要原因是，我国汽车燃油质量和汽车尾气排放标准过低。我国汽油的烯烃含量远高于欧美发达国家，基本是国际燃油规定的 2 类汽油烯烃含量的 2 倍。大多数汽车柴油中硫含量在 500～1500mg/kg，也远高于国际规定的 2 类柴油质量标准。为了减少这一阶段民用汽车使用中产生的 PM2. 5 污染，政府部门应该制定更为严格的燃油质量和汽车尾气排放标准。第一，严格车用无铅汽油和汽车柴油标准。禁止汽油中加入灰分型添加剂；进一步降低汽油中硫含量；汽油中苯含量应低于 1%；提高柴油中的辛烷值和润滑性。第二，加强车用燃料油管理和市场监督。车用燃料油在储存、运输和销售环节监管不严，容易出现掺杂现象，导致燃料油质量下降。第三，加强市场销售燃料油质量监督管理。很多加油站为了增加利润，使用小炼油厂加工的不合格汽油和柴油，以次充好，导致燃油质量下降，加重 PM2. 5 污染。第四，加快中国汽车尾气排放标准与国际接轨的速度。长期以来，我国汽车尾气排放标准的实施都远落后于欧美发达国家。这导致国内燃油加工企业（中石化、中石油和中海油等）对快速改善燃油品质没有压力，国内汽车生产企业仍然生产和使用低标准的汽车发动机和尾气处理设备。实际上，国内的燃油加工企业和汽车生产商均拥有冶炼高品质油、制造先进发动机和尾气处理设备的技术。因此，中央政府应该适时提高我国燃油质量和汽车尾气排放标准，促使高质量燃油和先进尾气处理技术、设备的应用，以减少民用汽车使用带来的 PM2. 5 污染。

长期来看，为了减少民用汽车使用带来的 PM2. 5 污染，一方面，各级政府应该积极鼓励和支持新能源燃料的研发和使用。现在已经有一些企业进行生物燃料（大豆柴油、玉米汽油和地沟油）的研发，使用这些生物质燃油替代传统化石燃料（汽油和柴油）可以大幅度降低汽车尾气中一氧化碳、碳氢气体排放，减轻 PM2. 5 污染。另一方面，政府部门应该支持新能源汽车和油汽混合动力汽车的研发和使用及其配套设施的建设。现在，我国已经有越来越多的货运卡车和城市公共交通汽车进行了技术改造，成为油气混合动力汽车，这不仅节约了汽车使用成本，还明显减少了有害气体排放和 PM2. 5 污染。同时，纯电动汽车在国内已经实现量产，根据国家工信部的统计，截至 2015 年底，我国纯电动汽车保有量已经达到 266 万辆，纯电动汽车发展迅速。但是，现阶段新能源汽车和油气混合动力汽车发展遇到的主要问题是，配套加汽设备和充电站点过少、汽车销售价格高，影响了新能源汽车的普及。因此，中央和各地政府不仅应该积极促进新能源汽车技术研发和新能源汽车配套设施建设，还应该利用财政补贴和减免车辆购置税等优惠政策鼓励新能源汽车的购买和使用。

7.1.6 长期来看，各级政府应该积极发展新能源产业、提倡绿色生活

实证分析显示，人口规模对 PM2.5 污染产生一个“U”形的非线性影响，表示早期阶段人口规模对 PM2.5 污染的影响不显著，但是随着人口规模不断扩大和居民收入不断增加，居民生活的能源消费强度不断提高，从而导致人口增长加重了 PM2.5 污染。因此，为了减少人口增加带来的 PM2.5 污染，各级政府应该支持发展新能源产业、提倡绿色生活。第一，各级政府部门应该使用财政和税收手段支持我国光伏产业发展。当前，我国光伏产业生产规模已经位居世界第一。但是，由于光伏产业发展需要大量资金投入，许多中小企业缺少充足的资金支持，导致光伏产业对财政支持依赖程度高。各地财政资金受经济周期影响，对光伏产业投入波动大，这不利于光伏产业的健康快速发展。为了支持光伏产业快速健康发展，2013 年，国务院发布《国务院关于促进光伏产业健康发展的若干意见》[①]。随后中央各部委也陆续出台相应的配套政策以有效保障和促进光伏产业快速健康发展，例如财政部出台的《财政部关于分布式光伏发电实行按照电量补贴政策等有关问题的通知》[②]，国家发改委出台的《国家发展改革委关于发挥价格杠杆作用促进光伏产业健康发展的通知》[③] 和《国家发改委关

① 国务院. 国务院关于促进光伏产业健康发展的若干意见（国发［2013］24 号）［Z］. 2013-07-04.

② 财政部. 财政部关于分布式光伏发电实行按照电量补贴政策等有关问题的通知（财建［2013］390 号）［Z］. 2013-07-24.

③ 国家发展和改革委员会. 国家发展改革委关于发挥价格杠杆作用促进光伏产业健康发展的通知（发改价格［2013］1638 号）［Z］. 2013-08-26.

于调整可再生能源电价附加标准与环保电价有关事项的通知》①。这些文件的核心政策包括：各级地方电网必须接受光伏企业生产的太阳能电能，东部、中部、西部三大区域的光伏电能上网电价分别为 0.9 元/度、0.95 元/度和 1.0 元/度。这些政策打消了光伏企业电能销售问题的后顾之忧，并吸引大量民营资本进入光伏产业，有力地促进了光伏产业的快速发展。第二，各级政府与光伏产品生产企业合作，采取切实可行的措施鼓励居民使用太阳能电池板。例如，政府可以为安装和使用太阳能电池板的家庭提供补贴，减少用户购买费用；生产企业可以通过先行给用户免费安装，用户采取分期付款的方式支付产品费用。这些措施的实施既有效促进太阳能产品生产企业的产品销售，又促进了太阳能电池板的普及，大幅度减少对传统火电的需求，从而可以显著减少火力发电煤炭燃烧导致的 PM2.5 污染。

7.2　基于区域差异视角的 PM2.5 污染防治对策与建议

根据第 4 章实证分析结果可以发现，城市化、人口规模、能源强度、固定资产投资、经济增长和煤炭消费对不同省份和地区 PM2.5 污染的影响是显著不同的。因此，各级地方政府部门应该因地制宜地制定具体的 PM2.5 污染防治政策和措施。

7.2.1　东部、中部、西部三大地区应该进一步优化出口产品结构

长期以来，技术含量低、能源消耗大的产品占我国出口产品总额较大比重，这些产品的生产消费大量能源（煤炭和电力），从而引起 PM2.5 污染。为了减少由于出口贸易带来的 PM2.5 污染，中央政府应该制定相应的

① 国家发展和改革委员会. 国家发展改革委关于调整再生能源电价附加标准与环保电价有关事项的通知（发改价格［2013］1651 号）［Z］. 2013-08-27.

产品出口政策。对于技术含量高、附加值大的产品（计算机、通信技术产品和仪器仪表），政府可以给予一定比例的出口补贴，鼓励这些行业进一步发展、优化产业结构，促进经济健康快速增长。对于高耗能、高污染的出口产品（钢铁、石油化工和化工制品），海关部门应该征收高产品出口税。这既可以控制国内这些高耗能、高污染行业盲目扩张带来的能源消耗和 PM2.5 污染，又可以促使这些企业进行技术优化升级，积极开发低能耗、高附加值的产品。对于劳动密集而低耗能的产品出口，例如农副产品、食品、玩具、鞋帽产品，政府应该给予适当的补贴。农副产品和食品出口不仅有利于延长农业产业链，促进农业发展和农民增收，还有利于促进农业产业结构调整，促进宏观经济健康发展。玩具和鞋帽等劳动密集型产品出口可以发挥我国劳动力丰富的优势，既增加了人口就业和居民收入，又有利于社会稳定。

更具体地，经济增长对北京市 PM2.5 污染的影响强度最大。主要原因是，北京市的食品加工、饮料加工、印刷业、通用设备制造和通信设备制造等工业总体规模较大。这些行业的生产活动仍然消耗大量能源，并排放出大量粉尘和烟尘，从而导致严重的 PM2.5 污染。为了减少 PM2.5 污染，北京市相关部门应该严格执法力度，督促这些工业生产部门进行生产工艺改造、安装节能和减排设备。对于分布于城市郊区的大量普通机械设备的小制造厂要严令关停并转，因为这些小制造厂基本是使用高污染的煤炭作为能源燃料。而且，在煤炭燃烧过程中，没有采取任何防护设备和措施，大量的烟尘直接排放，从而加重 PM2.5 污染。

7.2.2 东部地区应该扩大建筑复合材料应用和新型机动车燃料的研发及使用

第一，城市化导致大量人口涌入经济发达的东部地区，东部地区常住人口和流动人口规模快速扩大。大量的人口增加促使东部地区城市房地产快速增长。但是，房地产建设需要大量钢铁和有色金属产品，从而引起钢铁和金属制造行业扩大生产，以满足市场需求。钢铁和有色金属行业主要以高污染的煤炭作为能源主要来源，所以钢铁和有色金属制造行业扩大生产规模必定消费更多煤炭，从而排放出更多烟尘，导致 PM2.5 污染不断加重。为了减少PM2.5污染，我们不可能不发展房地产，那么如何才能有效地减少房地产发展带来的PM2.5污染呢？当前建筑复合材料发展迅速，这些复合材料具有重量轻、材质性能优于一般钢铁和金属产品的特点。例如，纤维增强复合材料是由纤维和基本材料按一定比例混合，然后经过一系列新型加工工艺复合而成的新型高性能材料。现在建筑工程应用的纤维增强复合材料主要有碳纤维、芳纶纤维和玻璃纤维等复合材料产品，生产的产品主要形式包括筋材、网格材料、模压型材、片材和复合材料门窗等。这些复合材料具有质量轻、产品强度高和耐腐蚀性的优点。因此，复合产品的大量使用既增强了建筑物的稳固性能，又节约了大量钢铁和金属制品，从而减少钢铁和金属产品需求及其带来的能源消费和PM2.5排放。第二，现有的机动车仍然主要以柴油和汽油为主，这些化石燃料的大量使用必然排放出大量汽车尾气，从而加重PM2.5污染。而且，已有的大量实验和研究已经证明，机动车排放的大量尾气是导致城市地区PM2.5污染的主要来源。因此，加紧新型无污染机动车燃料的研发和应用具有重要现实意义。现在国内外一些高科技公司已经开始进行新型生物质燃料研发。例如，生物柴油是通过将野生油料植物、农作物油料作物、水生藻类作物、餐饮行业的垃圾油、动物油脂作为原材料，经过先进加工工艺制成的可以代替传统化石柴油的一种可再生柴油燃料。生物柴油的使用不仅节约了化石原油的使用，还大幅度地减少了汽车尾气排放，从而有利于治理PM2.5污染。但是，生物质柴油技术还不够成熟，在市场上大范围推广和使用还需要一定时间。因此，各级政府应该积极鼓励和资助生物质柴油燃料的研发和应用。油气混合燃料技术已经比较成熟，当前国内越来越多的重型卡车正在改装油气混合燃料设备。这不仅节约了汽车的运行成本，也有利于减少汽车尾气排放和PM2.5污染。但是，该项技术遇到的主要困难是能够提供燃气的加油站过少。因此，各级地方政府应该采取有效措施加快天然气供应站建设，这将极大促进燃油混合技术在机动车中的普及应用，从而减少PM2.5污染。

更具体地，因为机动车尾气排放成为北京市和天津市PM2.5污染重要来源。所以，北京市和天津市尤其应该加快生物质燃料油和油气混合技术的研发和使用。鉴于两个城市也拥有大量公共交通工具，政府部门应该首先对地面公共交通工具进行技术改造，将地面公共交通工具改装成油气混合燃料汽车。同时，对实施油气混合技术改造的私家车，政府提供财政补贴，以加速机动车的技术升级改造。对于辽宁、吉林和内蒙古三省份来说，冬季取暖用煤和大规模的工业生产成为其 PM2.5 污染产生的主要原因。因此，一方面，为了减少其取暖用煤产生的 PM2.5 污染，当地政府应该对当地锅炉进行技术改造，强制安装除烟、除尘设备；另一方面，中央和地方政府应根据东北老工业基地的特点，制定出有针对性的政策，促进工业结构调整和技术升级，以减少粗放式工业发展带来的能源消耗和 PM2.5 污染。另外，鉴于近年来我国从俄罗斯进口天然气数量不断扩大，这三个省份应该加大技术改造力度，促使冬季取暖和工业生产使用低污染的天然气。这将显著减少三个省份的煤炭消费及其产生的 PM2.5 排放。

7.2.3 中部、西部地区应该进一步加快高质量人力资本积累

高质量的人才积累是保证技术进步的关键，而技术进步是减少能源消费和 PM2.5 污染的根本出路。虽然，近年来中部、西部地区年均大学毕业生人数增长率要高于东部地区，但是，大学生毕业人数规模还远远小于东部地区。中部、西部地区的人口规模也很大，中部地区的人口规模更是超过东部地区。大量的人口是形成高质量人力资本积累的基本条件，当地各级政府应该采取措施促进各级教育发展，使适龄儿童和青少年进入学校学习，资助成绩优异而家庭困难的学生进入大学接受高等教育。同时，地方政府应和当地高校紧密合作，扩大环境保护、节能技术等专业的学生招生规模。这将有利于当地环保、节能和减排技术人才的培养，促进环境保护和节能减排技术的研发，以减少 PM2.5 污染。

更具体地，能源强度对福建、辽宁、安徽、河南、湖北、湖南、吉林、江西、新疆和云南 PM2.5 污染的影响系数为正，说明这些省份的节能和减排技术水平低，没有起到显著减少 PM2.5 污染的作用。为了提高节能和减排技术水平，这些省份应该采取灵活措施促进当地节能减排技术的提高。对于辽宁来说，近年来由于经济发展缓慢，导致大量的技术人才流失。为了有效地提高本地节能和减排技术，当地政府应该借助近年来中央政府实施的“振兴东北老工业基地”的有利条件，一方面调整当地高校专

业设施，增设环保和节能技术专业，或增加环境保护和节能技术专业的招生规模；另一方面实施灵活的人才战略，用优厚的薪金报酬和良好的工作平台吸引国内外高端技术人才，以带动本地环保、节能和减排技术的研发。对于中部地区的安徽、河南、湖北、湖南、吉林和江西六省，其属于农业大省，每年产生大量农作物秸秆（水稻、玉米、小麦和大豆秸秆），这些秸秆如果被露天燃烧掉，不仅浪费了大量有价值的生物质材料，还加重了 PM2. 5 污染。因此，这些省份应该积极鼓励新型生物质技术的研发和应用，例如生物质燃料技术、沼气发电技术、生物秸秆燃烧发电技术。这些技术的成功研发和应用不仅避免了秸秆露天燃烧导致的 PM2. 5 污染，还可以生产出大量的新能源（生物质能和生物电能），以减少化石能源消费及其产生的 PM2. 5 排放。

7. 2. 4　东部、中部地区应该积极优化能源新结构

我国蕴藏丰富的煤炭，低廉的价格和易获得性导致煤炭长期以来成为我国能源消费的主要来源。《中国统计年鉴》的数据显示，1990~2015 年，煤炭消费占我国能源消费总量的平均比重是 70. 3%。当前我国已经是世界上最大的煤炭生产和消费国。东部地区是中国经济发展最早、经济总量最大的区域，经济发展需要大量的能源。为了满足东部地区的能源需求，长期以来实施“西电东送”和“西煤东送”，大量的煤炭消费产生粉尘和烟尘，导致 PM2. 5 污染。因此，为了减少 PM2. 5 污染，东部地区应该根据本地区的特点和优势，积极使用低污染能源和发展新能源。第一，东部地区不仅拥有雄厚的经济实力，还拥有大量的各类型高技术人才，具备开发和使用核能的优势。核能具有燃料需求少、发电效率高、清洁无大气污染的优点，是未来能源发展的主要趋势之一。东部地区已经建有大亚湾和秦山核电站，在一定程度上缓解了珠三角和长三角地区经济发展的能源消费需求。但是，随着经济快速发展，我国现有核电能源仍然满足不了市场需求。因此，东部地区应该在中央政府的统筹规划下，积极推进核电能源开发与建设。第二，东部地区还应该扩大天然气的使用。东部沿海地区蕴藏着丰富的天然气资源，政府应该加紧海洋天然气资源开发，满足快速增长的能源需求。

中部地区是中国主要煤炭产区，煤炭长期成为中部地区能源消费的主要来源。煤炭的燃烧会产生大量烟尘，从而导致中部地区成为 PM2.5 污染的主要分布带之一。为了减少煤炭大量使用而导致的 PM2.5 污染，中部地区同样面临着减少煤炭消费、优化能源结构问题。中部地区应该根据本地区特点，采取切实措施优化能源结构：第一，扩大生物质能源使用。中部地区是中国农业主要产区，每年都会产生大量农作物秸秆，如水稻、小麦、玉米和大豆秸秆等。目前，每年产生的大量农作物秸秆都被农民直接露天燃烧掉。这既浪费了大量的生物质能材料，又加重了 PM2.5 污染。因此，当地政府应该鼓励相关企业和研究机构进行生物质能技术的研发和使用，如将农作物秸秆进行热化学处理，使生物质炭化、汽化和催化，以生成液态燃料和气态燃料。第二，中部地区现在仍然没有建设核电站，随着中部地区经济发展必将需要更多的能源，中央和中部地区政府应该积极规划，加快中部地区核电站建设。

更具体地，对于黑龙江和内蒙古来说，为了减少煤炭消费带来的 PM2.5 污染，当地政府一方面应该关闭私采乱挖的大量小煤窑，规范煤炭市场供应；另一方面政府部门应该积极促进当地风能和太阳能资源的开发。因为这两个省份蕴藏丰富的太阳能和风力资源，积极开发可再生太阳能和风力资源可以显著优化现阶段煤炭消费比重过高的不合理现状，又可以有效减少 PM2.5 污染。

7.2.5 中部、西部地区应该进一步加大水利和环境建设投资

与经济发达的东部地区相比，中西部地区的经济发展水平和政府财政支出有限。这间接导致中部、西部地区各级政府进行水利和环境投资的能力不足和意愿不高。水利和环境的固定资产投资增加是减少 PM2.5 污染的重要措施之一，所以，中部、西部地区的各级地方政府应该扩宽渠道，积极鼓励社会资本参与水利和环境建设投资。第一，政府应该在开发房地产土地时，做好严格规划，规定所拍地块的绿地和树木建设面积及绿化率。第二，政府可以吸引社会资本参与城市园林和绿化建设，并支付相应报酬，保证社会资本获得相应收益。这既可以快速扩大城市绿化投资，改善

城市园林绿化，又可以缓解政府资金不足的状况。第三，各级政府城市规划部门应该与科研院所合作，积极合理地规划城市建设，按照生态城市标准进行城市园林和绿地规划建设。澳大利亚的怀阿拉市（Whyalla）在实施生态城市建设时，实施一系列具体规划，例如建设水资源循环利用系统，规定新建住宅和城区住房安装太阳能板、规划城市园林和绿色走廊相连等。当前，我国光伏产业技术先进，中西部很多地区日照时间长，具备使用太阳能产品的条件。因此，当地政府应该积极借鉴国外建设生态城市的经验，不仅要积极扩大城市园林和绿地建设，还应该鼓励光伏产品的普及和使用，以减少PM2.5污染。

更具体地，固定资产投资对广东、海南、辽宁、黑龙江、湖北、湖南、吉林、江西、广西、贵州、四川、新疆和云南省PM2.5污染的影响系数为正，说明固定资产投资活动加重了这些省份的PM2.5污染。为了减少固定资产投资带来的PM2.5污染，这些省份一方面应该加快钢铁和水泥生产企业技术改造，如鼓励废气回收再利用技术、固体废弃物二次燃烧技术的研发和应用。这些技术不仅可以减少煤炭消费，还可以提高钢铁冶炼效率，从而可以减少PM2.5污染。另外，它们应该继续扩大城市水利和园林绿地建设投资，以减少PM2.5污染。

7.2.6　东部、中部、西部三大区域应该鼓励居民使用新能源

我国的人口将继续稳步增长，为了有效减少人口增长带来的PM2.5污染，各级政府应该采取灵活措施，促进居民优化生活能源消费结构。对于东部地区居民来说，高收入导致他们使用更多的家用电器和机动车，从而使居民生活能源消费强度远高于中西部地区。为了减少居民生活能源消费带来的PM2.5污染，一方面，东部地区各级政府应该鼓励居民家庭安装太阳能板，这可以有效减少居民家庭生活的电力消费及其带来的PM2.5污染。另一方面，当地政府应该支持新能源汽车的购买和使用，这将减少机动车燃料消费及其产生的PM2.5污染。对于中西部地区来说，由于当地城市基础设施建设不够完善，有一些城市居民仍然使用煤炭作为生活能源消费来源，从而加重了PM2.5污染。因此，当地政府应该加快城市基础设施

建设，加快居民生活天然气管道建设，使城区居民尽快使用低污染的天然气。对于农村居民来说，地方政府应该鼓励农村居民家庭安装太阳能热水器，减少电力能源消费。同时积极鼓励研发机构和生产厂家进行农作物秸秆转化技术研究，把大量剩余的农作物秸秆转化成生物炭、液化汽油。这既可以满足农村居民生活燃料需求，又可以生产出大量生物质燃料油，满足市场需求，减少化石燃料消费及其产生的 PM2.5 污染。

更具体地，浙江、广东和福建三省是我国经济最发达地区之一，庞大的人口规模和高收入促使当地居民生活能源消费远高于其他省份。为了减少居民生活能源消费带来的 PM2.5 污染，地方政府应该积极推广太阳能电池板使用。太阳能电池板可以将太阳光转化成电能，供居民家庭生活用能消费，从而大幅度减少居民家庭对传统火电需求。由于太阳能电池板主要是用硅材料制成，硅材料的高价格导致收入有限的中西部地区难以普及使用太阳能电池板。但是，经济发达的这三个省份居民完全可以承受，因此当地政府可以积极推广太阳能电池板的普及。对于部分经济困难的家庭，可以采用分期付款的方式解决电池板安装费用问题。

7.3 基于空间关联视角的 PM2.5 污染防治对策与建议

通过第 5 章的实证分析我们发现，技术进步、烟尘和粉尘排放、公路旅客周转、经济增长和公路货物周转导致 PM2.5 污染溢出效应明显。在这部分，我们将根据实证分析结果，从空间关联性视角提出相应的 PM2.5 污染防治对策与建议。

7.3.1 合理规划产业发展，严控高耗能、高污染行业重复建设

实证分析结果显示，经济增长是导致 PM2.5 污染存在空间溢出效应的重要因素之一。长期以来，我国大多数省份主要依靠工业经济发展来拉动

经济增长，尤其是重工业。各省份都努力建立自己完整的工业体系，很多工业行业存在重复建设问题，例如钢铁、水泥、火电和有色金属制造行业等。这就导致各省份产业发展存在着明显的相似性，区域之间的行业发展关联性密切。但这些行业在生产过程需要消耗大量煤炭和石油，产业发展的区域间关联性加强，必然导致其 PM2. 5 污染关联性高，即 PM2. 5 污染存在明显溢出效应。为了控制 PM2. 5 污染及其存在的溢出效应，我们要严格控制高耗能、高污染行业的区域间重复建设，压缩过剩生产能力。现在，我国已经是世界制造大国，很多工业部门的产量都位居世界第一。中国工业协会的统计报告显示，在 500 种工业产品中，中国有 220 种工业产品产量排名世界第一，例如钢铁、水泥、煤炭、电解铝、化肥、化纤、汽车和玻璃产量等。这些高耗能工业企业发展必将消费大量化石能源，从而加重 PM2. 5 污染，而且这些工业行业当前存在着产能过剩问题。因此，各地政府应该严格控制这些工业行业规模，原则上不再审批这些行业新建项目；同时，要坚决关闭和兼并小炼钢厂、小煤窑、小水泥厂和小化工厂，因为这些小生产企业的污染强度远高于同类型大中型企业。这将有利于减少各省份经济增长带来的能源消费、PM2. 5 污染及其溢出效应。

7. 3. 2　鼓励科技 R&D 资金和 R&D 人员投入和区域流动

实证估计结果显示，技术进步的估计系数为正，这表示我国目前整体技术水平还不高，技术发展还没有起到显著减少 PM2. 5 污染的作用。为了减少 PM2. 5 污染及其存在溢出效应，各级地方政府应该出台具体措施，鼓励各省份扩大科技 R&D 资金、R&D 人员投入和区域间科技合作交流。第一，扩大科技 R&D 资金的投入。相比于经济发达的东部地区，中西部地区由于经济发展相对落后，相关科技 R&D 企业都缺少充足的资金支持。为了解决 R&D 资金不足，当地政府部门应该积极为科技 R&D 机构搭建招商引资平台、拓展 R&D 资金引入渠道，例如政府部门可以成立科技 R&D 专项基金，吸引东部地区富余资金投入科技 R&D 项目，并保证这些资金投入者获得相应收益。第二，扩大科技 R&D 人员投入和区域交流协作。R&D 人员是 R&D 活动的核心要素，没有高水平的 R&D 人员就不能获得先进的技术成果。由于经济发展相对落后，中西部地区的相关科技研究机构和大专院校的科技 R&D 人员明显不足，并且 R&D 人员的技术水平也较低。为了促进当地科技进步、减少 PM2.5 污染，当地政府和研究机构应该积极扩大高新技术 R&D 人才的引进和培养。例如，当地科研院所和高校应该实施灵活的人才聘任制度、组建优秀的事业发展平台和优惠薪金待遇，以吸引其他地区优秀的 R&D 人员。这些高水平科技 R&D 人员不仅可以有效带动本地区科技研发水平的提高，还有助于本地区年轻人员的培养。同时，当地政府和科研机构应该鼓励本地区的 R&D 人员和环境保护专业学生去东部发达地区交流，这将有力地推动本地区科技 R&D 人员技术水平的快速提高，从而减少能源消费和 PM2.5 污染及其存在的溢出效应。

7.3.3 严格控制烟尘和粉尘高排放行业发展规模

目前我国各省份都处于工业化和城市化建设快速推进时期，由工业企业生产活动所排放的烟尘和粉尘成为 PM2.5 污染形成的重要源头之一。因此，为了减少烟尘和粉尘排放，各地区环保部门需要对烟尘和粉尘排放大的企业进行控制，从源头上减少 PM2.5 污染。烟尘和粉尘排放量大的产业主要有火力发电、玻璃制造、水泥和钢铁行业等，这些行业已经存在明显的产能过剩问题。因此，各地方政府应该严格控制这些行业新建项目的审批。为了减少这些行业在不同区域之间迁移产生的 PM2.5 污染溢出效应，中央和地方政府应该严格控制这些高耗能、高污染企业向中西部地区的转移。例如，钢铁行业属于高耗能、高污染行业，钢铁生产过程中的煤炭燃烧和钢铁冶炼过程都会排放出大量烟尘和粉尘，从而加重 PM2.5 污染。现在我国已经是世界上钢铁产量最多的国家，并且存在着严重产能过剩问题。因此，中央和各地方政府都应该严格控制钢铁工业的发展规模，一方面，不再审批新建项目；另一方面，加快实施对小炼钢厂的关停并转工作。这样可以控制钢铁工业的能源消费、烟尘和粉尘排放及其产生的 PM2.5 污染。另外，近年来为了促进各省份经济均衡发展，中央政府提出了东部地区支持和帮扶中西部地区工业发展的战略，支持东部地区存在产能过剩的行业迁移到中西部地区。但是，这种产业迁移并不包括高耗能、高污染行业，例如钢铁和水泥行业，中西部地区不能再走“先污染、再治理”的老路。因此，中西部地区应该严格加强对外来投资项目审批，拒绝引进和审批钢铁、水泥、有色金属制造和电解铝这样的高污染投资项目。这将有利于控制由于这些行业区域迁移产生的 PM2. 5 污染溢出效应。

7.3.4　扩大清洁燃油技术研发，推广生物质燃料的使用

公路运输作为旅客中短途运输的主力，在省份内部和省份之间成为主要的运输方式之一。但是，现阶段我国公路旅客运输机动车的燃料仍然主要是柴油和汽油。我国汽油和柴油中的硫含量、氮含量过高，远高于欧美发达国家。大量的机动车使用必然需要消费大量柴油和汽油，排放出大量汽车尾气，从而导致 PM2. 5 污染。公路旅客运输在不同地区之间的流动也导致了 PM2. 5 污染存在明显区域关联性（溢出效应）。为了减少 PM2. 5 污染及其存在的溢出效应，我们不能阻止公路旅客运输在不同地区之间的流动，因为这是经济社会不断进步的必然趋势；而是应该加大清洁燃油技术研发和生物质燃料的使用。第一，积极扩大清洁燃油技术的研发。长期以来，我国机动车燃料油（汽油和柴油）的硫含量和氮含量过高，这直接导致公路机动车在运营过程中排放大量尾气，从而加重 PM2. 5 污染。减少汽车尾气排放的根本措施就是燃油公司和相关科研机构应该加大清洁燃油技术研发，不断提高汽油和柴油质量。第二，扩大生物质燃料的使用。现在我国公路运输机动车仍然主要以化石柴油和汽油为主，而化石燃油的大量使用必然排放出大量汽车尾气，导致 PM2. 5 污染不断加重。为了减少化石燃油使用产生的 PM2. 5 污染，中央和地方政府应该鼓励新能源燃料的研发和使用，如生物质燃料（大豆柴油、玉米汽油和地沟油）。我国是农业大国，每年都会产生大量的农作物秸秆。如果将这些大量的农作物秸秆进行技术处理，转变成可以使用的生物质燃料油，不仅可以减少农作物秸秆露天燃烧产生的 PM2. 5 污染，还可以大幅度减少传统化石柴油和汽油的使用及其产生的 PM2. 5 污染。当前，东部地区一些省份已经开始将生物乙醇和地沟油作为机动车燃油进行使用，中西部地区应该扩大生物质燃料油的研发和使用。

7.3.5 加大油气混合技术研发，促进新能源汽车研发和使用

公路货运汽车的能源消费强度远高于客运汽车。如果仍然使用传统化石燃料（柴油和汽油）将使货运汽车排放更多的汽车尾气，加重 PM2.5 污染。近年来，传统化石燃油价格呈现出不断上涨的趋势，这促使汽车生产企业和相关技术研究机构进行新技术（油气混合技术和新能源技术）研发，以减少传统化石燃油的使用和依赖。第一，加大油气混合技术的研发和应用。油气混合技术可以大幅度减少传统柴油和汽油的使用，在车载液化气充足的条件下，可以使用液化气作为燃料动力；在液化气不足时，转换为使用传统柴油和汽油。因为使用液化气作为燃料的成本要低于传统的柴油和汽油，在市场竞争激烈的背景下，越来越多的单位和个人愿意购买和使用带有油气混合装备的货运汽车。但是，现阶段制约油气混合技术汽车使用和普及的主要因素是液化气站短缺，导致很多油气混合汽车无法便利地找到加气站，进行燃料补充。因此，中央和地方政府应该抓住油气混合汽车发展的契机，积极扩大液化气站的建设。例如，政府可以鼓励传统加油站增加液化气供应服务。第二，新能源汽车是汽车行业发展的未来方向。随着传统化石能源储量不断减少，汽车行业必须研发出新能源汽车（纯电动汽车、氢发动汽车和增程式电动汽车）和低耗油的混合动力汽车。混合动力汽车具有油耗低、污染少的优点。例如，在城市交通比较拥挤时，可以关掉内燃机，利用电池进行驱动，从而实现零污染排放；在下坡行驶时，汽车发电机产生的电能可以储存起来，以供需要时使用；另外，还可以利用现有的加油站点进行燃油补充，不需要新的能源补充设备投资。现阶段混合动力汽车技术已经比较成熟，实际可操作性高于氢发动汽车和增程式电动汽车。因此，现阶段各级地方政府应该采取有效措施促进混合动力汽车的生产和使用，如对购买动力混合汽车的个体消费者和混合动力汽车生产厂商进行一定的税收减免。长期来看，各级地方政府应该继续支持和鼓励纯电动货运汽车、氢发动货运汽车的研发和使用。

7.4　基于长、中、短周期视角的PM2.5污染防治对策与建议

通过第6章实证分析可以看出，京津冀、长江三角洲、华中和川渝四大区域PM2.5污染变化的长期趋势特征并不明显，PM2.5污染主要受中期社会经济领域发生的重大事件、短期天气变化和突发事件的影响。短期天气变化和突发事件具有不可预测性、不可控性，我们无法采取有效的措施进行应对。中期社会经济领域发生的重大事件（政府部门制定的产业政策、贸易政策与消费政策等）则是可以调整的。因此，我们根据PM2.5污染变化的重大事件影响分析结果，从中期的宏观政策角度提出相应PM2.5污染防治对策与建议。

7.4.1　京津冀地区应该积极优化能源结构，关停并转高污染的小工业企业

第一，优化居民生活能源消费结构。导致京津冀地区PM2.5污染产生的主要原因之一是冬季居民生活取暖大量燃烧的煤炭。长期以来，冬季暖气锅炉大多没有安装除尘设备，从而导致锅炉在燃煤过程中排放出大量烟尘和粉尘，加重了PM2.5污染。为了减少京津冀地区冬季居民取暖燃煤导致的PM2.5污染，当地政府部门一方面应该加强冬季取暖锅炉管理，拆除没有经营执照的小锅炉，对大型供暖锅炉进行技术改造，减少燃煤过程中排放的烟尘和粉尘；另一方面政府应该逐步推广天然气锅炉的使用和普及。近年来，中国已经和俄罗斯签署了一系列购买天然气协议，大量进口的天然气将有助于改善京津冀地区居民生活的能源消费结构，减少使用高污染煤炭带来的PM2.5污染。

第二，坚决关闭小钢铁厂、小炼油厂和小水泥厂等高耗能、高污染的小工业企业。导致京津冀地区PM2.5污染产生的另一个重要因素是该地区分布着大量高污染的重工业企业。在举办2008年北京奥运会之前，北京市

已经逐步将市区高耗能的重工业企业搬迁到邻近的河北省。这导致河北省成为我国重工业分布最密集的地区，加上河北省原来就有的大量中小重工业企业（小钢铁企业和小水泥企业等），使河北省的 PM2.5 污染不断加重。近年来我国很多重工业行业已经存在明显的产能过剩问题，如钢铁、水泥、石油化工和有色金属制造等，这些行业的小企业又大多存在着生产技术落后、高耗能、没有安装减排设备等特点。因此，为了减少重工业发展对京津冀地区 PM2.5 污染带来的不利影响，当地政府一方面应该坚决关停并转高污染的小钢铁厂、小水泥厂和小石油化工厂；另一方面当地政府部门应该出台相应的财政和税收政策，给予安装和使用节能和减排技术的工业企业一定税收优惠政策；对于不严格执行减排政策的重工业企业征收高环境补偿税。这将有助于重工业企业重视节能和环保技术的研发和应用。

第三，政府部门应该督促燃油公司提升燃油品质。大量机动车也是京津冀地区 PM2.5 污染的主要来源之一。当前我国机动车存在的主要问题，一是机动车燃油中硫、氮含量过高，导致燃油在燃烧过程中排放出大量氮氧化物、一氧化碳和碳氢化物，成为形成 PM2.5 污染的主要成分，加重 PM2.5 污染。二是汽车尾气排放技术远落后于欧美发达国家，导致机动车在使用的过程中排放出大量汽车尾气，汽车尾气中的大量细颗粒物成为 PM2.5 污染的主要来源之一。因此，为了减少由于机动车使用带来的 PM2.5 污染，中央和地方政府不仅应该督促燃油加工企业加快提升机动车燃油品质，还应该督促汽车生产企业加快尾气排放技术和设备的研发和应用。

7.4.2 长江三角洲地区环保部门应该加大工业废气排放监管

导致长江三角洲地区 PM2.5 污染的主要原因是机动车排放的大量尾气和数量众多的民营企业、乡镇企业和手工作坊式企业排放的工业废气。为了有效减少该地区 PM2.5 污染，当地政府相关部门应该采取切实可行的措施应对。由于减少机动车 PM2.5 污染的具体措施在前面京津冀地区已经论述，在此不再赘述。在这部分，我们将主要对如何减少民营企业、乡镇企业和手工作坊式企业废气排放提出相应的应对措施。改革开放以来，长江三角洲地区民营企业、乡镇企业和家庭式手工作坊生产快速发展，有力地推动了当地经济发展。但是，这些企业为了节约生产成本，往往很少购买和安装节能减排设备，偷排工业废气成为一种经常现象，从而加重当地 PM2.5 污染。因此，为了减少这些工业企业生产排放的大量工业废气，当地环保部门应该加大工业废气排放的监管力度。首先，乡镇企业规模小，分布分散，难以实施统一减污管理。所以，地方政府在规划小城镇建设时，应该合理规划乡镇企业工业园区建设，让乡镇企业集中起来，以便于废气统一处理排放。同时，当地政府应该督促乡镇企业提高节能减排技术。对于高耗能、高排放的化工、金属冶炼和建材加工等企业，地方环保部门应该强制其安装和使用高新节能减排设备和技术，并进行严格废气排放监控。其次，对于分布分散的工业企业和家庭手工作坊式企业，当地环保部门除了在企业安装远程废气排放监测仪之外，还应该发动附近群众参与对企业废气排放的监督。

7.4.3　华中地区应该鼓励节能减排技术的研发和应用，并积极优化经济结构

导致华中地区 PM2.5 污染的主要原因是，该地区分布着大量的重工业企业。因此，为了减少 PM2.5 污染，地方政府不仅应该鼓励节能和减排技术的研发和应用、优化工业结构，还应该加快能源结构的优化调整。首先，鼓励高耗能重工业企业加大节能和减排技术的研发和应用。例如，政府可以鼓励和资助水泥生产企业和相关研究机构进行低耗能水泥产品的研发和生产。水泥行业也属于高耗能、高排放行业，在水泥生产过程中，水泥原料燃烧时需要大量煤炭，排放出大量烟尘和粉尘。为了减少水泥生产时烟尘和粉尘排放，国外一些企业和研究机构已经进行了大量研究和尝试。美国一家水泥公司（Ceratech）正在研究，把火山灰和火力发电厂排放的大量粉煤灰与添加剂混合生成水泥粉，替代传统水泥熟料，这一过程不需要加热，从而大量减少煤炭消费和烟尘排放。我国水泥生产企业和相关研究机构应该加大节能水泥的研发，也可以购买和引进先进的国外水泥生产技术。

其次，积极优化经济结构。重工业过度发展将会带来资源的消耗、浪费（化石能源）和环境污染。世界经济发展实践已经证明，一个国家或地区可持续发展的经济结构应该是第三产业比重要高于第一和第二产业的比重。第三产业的能源强度远低于工业部门，而且第三产业发展可以吸纳大量人员就业，促进社会经济健康发展。因此，当地政府应该积极发展第三产业，例如高新技术产业。高新技术产业属于技术密集和知识密集型产业，具有高成长性、技术先进性、创新性的特点。高新技术产业主要包括电子信息技术、新材料技术、资源与环境技术、新能源及节能技术、高技术服务业和生物医药技术产业等。高新技术产业发展可以促进节能和环保技术的发展和创新，这些创新技术和设备应用于高耗能、高排放的重工业企业将显著减少重工业行业的能源消费和废气排放，从而减少 PM2.5 污染。

最后，促进新能源产业发展，优化能源结构。华中地区是我国煤炭主要产区，低廉价格和易获得性促使高污染的煤炭成为华中地区工业企业的主要能源消费来源。大量煤炭燃烧必然排放出大量的烟尘颗粒物，成为 PM2.5 污染的主要来源之一。为了减少煤炭消费，当地政府应该响应近年来中央提出的发展新能源战略，积极发展太阳能和生物能产业。①太阳能。现在我国光伏产业规模已经位居世界第一，太阳能技术较为成熟，可以进行大范围推广使用。但是，我国光伏产业发展还存在一定的问题，如融资难问题。由于光伏企业发展存在一定风险，光伏企业破产和倒闭的概率较高，导致银行等金融机构向光伏企业贷款的意愿不高。光伏企业得不到充足的发展资金，从而制约光伏产业进一步扩大和生产成本的下降。光伏发电并网难，严重制约光伏产业建设。有很多地区适合发展光伏产业，但是由于电网存在区域和部门条块分割问题，导致光伏电站发电难以顺畅地并入当地电网。同时，还存在光伏发电跨区域运输和销售的问题，严重阻碍了光伏产业的发展。因此，为了促进光伏产业发展，当地政府作为一个监督和担保角色，一方面应该为光伏企业贷款提供一定的担保；另一方面对于获得融资的光伏企业，政府相关部门应进行长期有效的监管。这样既可消除放款金融机构的顾虑，又可以为光伏企业的发展提供一定的监督和政策指导，有利于光伏企业健康发展。同时，当地管理部门依据《中华人民共和国可再生能源法》①，督促地方电网系统无条件接入太阳能电站的发电。对于未按规定接入太阳能电能的电网部门追究其法律责任，切实保证光伏企业发电能顺畅并网销售。②生物能。华中地区是我国农业主要产区，农业生产产生大量农作物秸秆（水稻、小麦、玉米和大豆）。这些农作物秸秆是生产生物能的主要原料。但长期以来，这些农作物秸秆都被农民直接露天燃烧掉，不仅浪费了宝贵的生物能资源，还导致了 PM2.5 污染。为了优化能源结构和减少 PM2.5 污染，当地政府应该出台有针对性的措施，促进生物质能源的发展。例如，一些地方火力发电厂已经开始使用农作物秸秆发电，既充分利用了丰富的农作物秸秆资源，又避免了由于使用煤炭发电导致的 PM2.5 污染。地方政府应该给予这样的企业相应的财政补贴和税收减免。另外，一些研究机构和企业在进行农作物秸秆气化技术的研发和应用。大量的农作物秸秆经过电热、气化和流化处理，可以生产出大量沼气。这些沼气可以输入千家万户，满足居民生活用能和照明需求，减少了煤炭消费及其产生的 PM2.5 污染。

7.4.4　川渝地区应该加强房地产业环保施工管理和工业企业废气排放监管

导致川渝地区 PM2.5 污染的主要原因是地理环境、房地产发展、机动车和工业化。川渝地区的盆地地形导致其空气对流不畅，不利于风力迅速吹散 PM2.5 污染。我们无法改变地形因素对川渝地区 PM2.5 污染的不利影响，但是可以从其他宏观经济政策方面进行优化，以减少 PM2.5 污染。另外，关于减少机动车使用带来的 PM2.5 污染的政策和措施，我们在京津冀地区已做详细论述，在此不再赘述。在此部分，我们将主要论述如何减少城市房地产和工业化发展带来的 PM2.5 污染。

第一，规范房地产业发展，减少房地产建设带来的 PM2.5 污染。①房地产的快速发展导致城市地区绿地面积快速减少，从而导致城市地区存在的热岛效应，加剧了 PM2.5 污染。因此，各地房地产业管理部门在城市建

---

① 中华人民共和国第十一届全国人民代表大会常务委员会第十二次会议．中华人民共和国可再生能源法（中华人民共和国主席令［第二十三号］）［Z］. 2009-12-26.

设和房地产发展时，应该重视城市园林和绿地的保护和建设。城市中的树林和绿地可以有效吸附飘浮在空气中的颗粒物，从而减少 PM2.5 污染。②长期以来，城市房地产在开发建设过程中，一方面，大面积的施工用地没有任何防护措施、直接裸露，风力极易将地面尘土吹入空气中，从而加重 PM2.5 污染；另一方面，大量施工车辆在上路之前没有进行泥土清洗和装载物密封，从而导致道路洒满沙土，在车辆的带动下，形成大量烟尘，导致 PM2.5 污染不断恶化。因此，为了减少房地产建设带来的 PM2.5 污染，当地政府部门应该制定房地产开发过程中的环境保护法规。例如，规定房地产建设空余用地要进行植被覆盖，施工运输车辆上路之前要进行车辆清洗、装载物密封运输等，以减少房地产开发过程中产生的 PM2.5 污染。

第二，加强工业企业废气排放监管，禁止审批高耗能、高污染建设项目。川渝地区属于我国西部地区，为了快速发展经济，该地区建立了大量的工业园区。但是，很多工业企业为了降低生产成本、提高产品的市场价格竞争力，在生产过程中没有采取任何节能和环保措施，将产生的大量工业废气直接排入大气中，导致 PM2.5 污染不断加重。为了保证经济和环境可持续发展，当地政府应该加大对工业园区工业企业废气排放的监管，制定具体可操作的废气排放管理法律法规。另外，在工业园区引进和审批新建项目时要严格把关，拒绝审批和引进高污染生产项目。近年来，为了支持西部地区经济发展，中央政府提出了将东部地区剩余产能向西部地区转移的战略。但是，这并不是说西部地区就可以不加甄别地引入东部地区原有的高耗能、高污染企业，例如有色金属冶炼、水泥和化学制品。因为这些企业在生产过程中排放出大量有害废气，这些废气是导致 PM2.5 污染的主要来源之一。

7.5 本章小结

本章在前面 4 章实证分析基础上，从四个角度有针对性地提出了 PM2.5 污染防治的对策和建议。主要对策和建议如下：

第一，基于不同发展阶段视角：①在工业化早期阶段，政府部门应该积极优化工业结构及其能源消费结构；②长期来看，各级政府应该灵活施策扩大内需、积极发展现代服务业；③长期来看，积极扩大节能减排技术的研发资金和人才投入；④在早期阶段，政府应该改善外商投资环境、积极优化外商投资结构；⑤在早期阶段，政府部门应该加强燃油市场监管、严格汽车尾气排放标准；⑥长期来看，各级政府应该积极发展新能源产业、提倡绿色生活。

第二，基于区域差异视角：①东部、中部、西部三大地区应该进一步优化出口产品结构；②东部地区应该扩大建筑复合材料应用和新型机动车燃料的研发及使用；③中部、西部地区应该进一步加快高质量人力资本积累；④东部、中部地区应该积极优化能源新结构；⑤中部、西部地区应该进一步加大水利和环境建设投资；⑥东部、中部、西部三大区域应该鼓励居民使用新能源。

第三，基于空间关联视角：①合理规划产业发展，严控高耗能、高污染行业重复建设；②鼓励科技 R&D 资金和 R&D 人员投入和区域流动；③严格控制烟尘和粉尘高排放行业发展规模；④扩大清洁燃油技术研发，推广生物质燃料的使用；⑤加大油气混合技术研发，促进新能源汽车研发和使用。

第四，基于长、中、短周期视角：①京津冀地区应该积极优化能源结构，关停并转高污染的小工业企业；②长江三角洲地区环保部门应该加大工业废气排放监管；③华中地区应该鼓励节能减排技术的研发和应用，并积极优化经济结构；④川渝地区应该加强房地产业环保施工管理和工业企业废气排放监管。

第8章
本书总结与研究展望

8.1 本书总结

由于PM2.5浓度不断提高而造成的雾霾污染成为世界很多国家面临的严重环境挑战之一。近年来，随着我国城市规模不断扩大和能源消费的快速增长，以及工业、交通运输业的迅速发展和化石燃料的大量使用导致空气中PM2.5（细颗粒物）浓度持续升高，并进一步引发全国大范围重度雾霾现象频繁发生。从京津环渤海经济带到长江三角洲经济带，再到珠三角经济带都频繁爆发雾霾天气。大范围雾霾污染不仅影响正常的交通运输，更对居民身体健康产生严重不利影响，引起了公众广泛的关注。治理PM2.5污染关系到人民群众的切身利益，关系到我国经济能否可持续发展，关系到小康社会能否按时全面实现，关系到中华民族复兴和中国梦的实现。因此，本书在吸收、借鉴现有相关研究成果的基础上，利用搜集到的我国PM2.5污染和相关宏观经济变量的数据，使用地理加权回归模型、非参数可加回归模型和空间滞后回归模型围绕我国区域PM2.5污染影响因素、空间分布差异和溢出效应这三方面来展开研究。最后，利用非线性经验模态分解法对我国PM2.5污染波动变化进行了多角度分析。取得了预期的研究成果，主要的创新性研究工作及其研究结论总结如下：

8.1.1　构建出可以有效揭示经济变量之间存在大量线性和非线性关系的非参数可加回归模型，以考察各影响因素对 PM2.5 污染的线性和非线性影响

线性计量模型是假设经济变量之间关系为线性，而大量的实践检验发现，经济社会变量之间往往同时存在着大量的线性和非线性关系。人为设定变量之间关系为线性，而使用线性模型进行研究常常导致研究结论存在一定的局限性。但是，线性模型也有一定的优点，即具有强的模型解释能力。相较于传统的线性参数估计方法，非参数估计具有适用范围广、运算简单和数据决定模型形式的优点。当然，非参数估计方法也存在一些不足：检验功效差；对于大样本数据，计算过程复杂。综合上述参数回归与非参数回归各自的优缺点。我们基于可加模型基本原理，尝试将非参数估计方法引入线性计量模型，构建出可以有效揭示经济变量之间同时存在的大量线性和非线性关系的非参数可加回归模型。并应用于 PM2.5 污染影响因素的实证研究，得到如下主要结论：

（1）工业化对 PM2.5 污染产生一个 倒“U”形的非线性影响。主要原因是中国工业化走的是优先发展重工业的道路，在早期重工业行业节能和减排技术低的条件下，工业化消耗了大量化石能源，从而加重 PM2.5 污染；随着工业化进一步发展，治理环境污染和技术进步促使中国政府采取一系列措施减少工业部门能源消费和污染物排放，使得工业化的 PM2.5 排放强度逐步下降。

（2）经济增长对 PM2.5 污染产生一个“U”形的非线性影响。这可以由中国经济发展实际情况来解释，在早期阶段，我国经济发展相对落后、工业经济规模较小，导致经济增长消耗的能源总量及其排放的 PM2.5 规模较小。随着经济进一步发展，不断扩大的经济规模导致能源消费和 PM2.5 排放总量不断增长。

（3）能源效率对 PM2.5 污染的非线性影响呈现出一个“U”形模式。这主要是由技术效应和规模效应在不同阶段的不同作用导致。在早期阶段，我国经济规模总量较小，节能和减排技术的研发、应用对减少能源消费和降低 PM2.5 污染的效用明显。在后期阶段，节能和减排技术进步带来

的技术效应被经济快速增长的规模效应逐步抵消，能源强度下降带来的碳减排作用难以显现出来。

（4）外商直接投资对 PM2.5 污染产生一个 倒“U”形非线性影响。主要原因：在早期阶段，为了引进投资发展经济，我国实施宽松的环境政策，大量高耗能、高污染的企业进入我国，外商直接投资导致 PM2.5 污染增加；随着时间推移，为了实现经济可持续增长，我国优化了外商直接投资结构，从而有利于缓解 PM2.5 污染产生。

（5）民用汽车对 PM2.5 污染产生一个倒“U”形非线性影响。这主要是因为，在早期阶段，低品质燃油和低尾气排放标准导致民用汽车 PM2.5 排放强度高；在后期阶段，燃油质量改进、尾气排放标准提高和新能源汽车使用，促使民用汽车的 PM2.5 污染强度逐步下降。

（6）人口规模对 PM2.5 污染产生一个“U”形非线性影响。这主要因为，随着收入的增加，居民生活能源消费快速增加。

8.1.2 使用地理加权回归模型深入细致考察 PM2.5 污染的空间异质性

在 Moran's I 散点图检验结果显示我国 PM2.5 污染存在显著空间异质性基础上，使用空间变系数的地理加权回归模型深入调查各省份 PM2.5 污染空间差异性及其原因。得到如下结论：

（1）从省份角度来看，经济增长对北京市 PM2.5 污染的影响强度最大；而从区域角度来看，不同地区出口贸易的显著差异导致经济增长对东部地区 PM2.5 污染的影响高于其对中西部地区的影响。

（2）从省份的角度来看，城市化对北京、天津、福建、辽宁、河北、吉林、内蒙古和宁夏 PM2.5 污染的影响较大；而从区域角度来看，房地产业发展和机动车保有量的区域差异导致城市化对东部地区 PM2.5 污染的影响高于其对中部、西部地区 PM2.5 污染的影响。

（3）从省份角度来看，能源强度对北京、广东、海南、河北、山东、浙江、江苏的影响系数为负，说明这些省份节能技术的发展显著起到了减少能源消费和 PM2.5 污染的作用；从区域的角度来看，高学历人才积累的差异导致能源强度对西部地区 PM2.5 排放的影响强度高于其对中东部地区

PM2.5 污染的影响。

(4) 从省份角度来看，煤炭消费对福建省 PM2.5 污染影响强度最大，而对湖北省影响强度最小；从区域角度来看，煤炭消费的区域差异导致煤炭消费对东部 PM2.5 污染的影响高于其对中西部地区 PM2.5 污染的影响。

(5) 从省份角度来看，固定资产投资对北京、上海、天津、福建、江苏、山东、浙江和河北等省份 PM2.5 污染的影响系数为负，说明城市森林、公园和绿化的固定资产投资活动起到了减少这些省份 PM2.5 污染的作用；从区域的角度来看，水利和环境投资的差异导致固定资产投资对东部地区 PM2.5 污染的影响强度高于其对中部、西部地区 PM2.5 污染的影响。因此，各级政府及相关部门应该根据本地区 PM2.5 污染实际情况，制定出有针对性的减排和防治措施，以达到有效减少 PM2.5 污染的目的。

8.1.3　使用空间滞后回归模型调查我国 PM2.5 污染的空间溢出效应

在 Moran's I 指数检验显示我国 PM2.5 污染存在显著溢出效应的基础上，我们使用拉格朗日乘数检验选出适用空间溢出效应研究的空间滞后回归模型，并用其对中国 PM2.5 污染空间溢出效应进行了实证分析。得到主要结论如下：

(1) 区域产业协调发展导致经济增长对 PM2.5 污染溢出效应产生显著正影响。

(2) R&D 资金和 R&D 人才的区域流动有利于节能和减排技术进步和传播，从而导致 PM2.5 污染存在溢出效应。

(3) 工业发展的区域辐射带动作用促使区域工业发展及其产生的烟尘和粉尘排放关联性加强，从而导致 PM2.5 污染存在溢出效应。

(4) 大量化石燃料（柴油和汽油）使用和低的燃油品质导致区域间公路旅客运输对 PM2.5 污染溢出效应产生一个正向影响。

(5) 日益密切的区域经济联系和快速发展的电子商务促使公路货物运输对 PM2.5 污染溢出效应也产生一个正向影响。

8.1.4 使用非线性经验模态分解法对四大污染带 PM2.5 排放时间序列进行多角度分解，以揭示不同时间尺度上 PM2.5 污染的主要原因

我国四大污染带 PM2.5 污染时间序列初步检验结果显示，PM2.5 污染具有明显的周期性波动变化特征。EMD 方法属于一种非线性时间序列分析法，它可以对非线性和非平稳信号进行逐级线性化和平稳化处理，准确地反映出原始信号本身的物理特性，具有较强的局部表现能力。因此，我们使用 EMD 方法分别对四大污染带 PM2.5 排放时间序列进行分解，并对分解结果进行了长期趋势、中期重大事件影响和短期随机影响分析。得到主要结论是，四大污染分布带 PM2.5 污染变化长期趋势特征均不明显，PM2.5 污染主要受短期天气变化和中期政府宏观调控政策影响。具体如下：

其一，居民生活冬季取暖能源消费、制造工业发展和大量的机动车是京津冀地区 PM2.5 污染的主要来源。其二，大量低技术的民营企业、乡镇企业、手工作坊式企业和高保有量的机动车是长江三角洲地区 PM2.5 污染的主要来源。其三，重工业发展是华中地区 PM2.5 污染的主要原因。其四，川渝地区 PM2.5 污染的主要原因则是独特的地理环境、快速发展的房地产业、机动车和工业化。并且，根据上述结论我们提出了各地区减少 PM2.5 污染的建议与对策。

8.2 研究展望

尽管本书对 PM2.5 污染影响因素、区域空间分布和溢出效应进行了深入的研究，但是 PM2.5 污染减排和治理是一个动态变化的过程。随着社会经济快速发展，导致 PM2.5 污染的新因素不断涌现，这要求我们根据客观实际情况不断研究新事物对 PM2.5 污染的影响，为 PM2.5 减排和治理提供有效的决策依据。因此，本研究需要我们长期系统、深入地进行研究。

已有的研究已经证明 PM2. 5 污染不仅具有空间异质性和空间相关性，还具有非线性变化特征。传统空间计量回归模型虽然能揭示社会经济具有的空间相关性和空间异质性，但是本质上空间计量回归模型还属于线性回归模型，无法有效揭示 PM2. 5 排放具有的非线性变化特征。因此，如果我们能够将非参数方法与传统空间计量回归模型结合，构建出非参数空间计量回归模型，将能完整地揭示出 PM2. 5 排放所具有的非线性空间自相关性和非线性空间异质性，获得新的研究成果。这将有利于政府相关部门实施更加全面、有效的 PM2. 5 减排措施。因此，在以后的研究中将继续努力，争取构建出非参数空间计量模型，并将其应用于相关的研究工作中。

PM2. 5 污染主要发生在城市地区，而且由于地理位置和经济发展模式的不同，各个城市 PM2. 5 污染水平存在着巨大的差异。因此，如果使用更小行政区域（城市地区）对 PM2. 5 污染数据进行研究，将获得更加客观、准确的研究结果。但是，由于我国是从 2011 年才逐步在城市地区开展 PM2. 5 监测，从年度角度来看，样本期过短，不利于进行相关的实证研究。因此，本书主体研究内容没有使用城市数据，而主要是使用 PM2. 5 污染及相关宏观经济变量的年度数据，这些不足有待在未来的研究中进一步克服。

参考文献

［1］李奇，杰弗里·斯科拉·拉辛. 非参数计量经济学：理论与实践［M］. 叶阿忠，吴相波等译. 北京：北京大学出版社，2015.

［2］叶阿忠. 非参数计量经济学［M］. 天津：南开大学出版社，2003.

［3］叶阿忠. 非参数和半参数计量经济学理论［M］. 北京：科学出版社，2008.

［4］周先波. 计量经济学——非参数估计及 GAUSS 应用［M］. 北京：清华大学出版社，2017.

［5］高铁梅，王金明，陈飞，刘玉红. 计量经济分析方法与建模：EVIEWS 应用及实例（第 3 版）［M］. 北京：清华大学出版社，2016.

［6］陈灯塔. 应用计量经济学：Eviews 高级讲义（上、下册）［M］. 北京：北京大学出版社，2013.

［7］保罗·埃尔霍斯特. 空间计量经济学：从横截面数据到空间面板［M］. 北京：中国人民大学出版社，2015.

［8］沈体雁，冯等田，孙铁山. 空间计量经济学［M］. 北京：北京大学出版社，2010.

［9］曾建文，孙焱婧. 工业化进程与资源·环境·节能［M］. 北京：机械工业出版社，2011.

［10］牛坤玉，郭静利. 基于环境保护的机动车税费绿化研究［M］. 北京：冶金工业出版社，2016.

［11］保罗·L. 诺克，琳达·麦卡锡. 城市化：城市地理学导论［M］. 北京：电子工业出版社，2016.

［12］杨永峰. 经验模态分解在振动分析中的应用［M］. 北京：国防工业出版社，2013.

［13］许宪春，贾海，李皎，李俊波. 房地产经济对中国国民经济增

长的作用研究［J］. 中国社会科学，2015（1）：84-101.

［14］张伟，朱启贵，高辉. 产业结构升级、能源结构优化与产业体系低碳化发展［J］. 经济研究，2016（12）：62-75.

［15］向书坚，许芳. 中国的城镇化和城乡收入差距［J］. 统计研究，2016（4）：64-70.

［16］刘华军，裴延峰. 我国雾霾污染的环境库兹涅茨曲线检验［J］. 统计研究，2017（3）：45-54.

［17］马丽梅，张晓. 中国雾霾污染的空间效应及经济、能源结构影响［J］. 中国工业经济，2014（4）：19-31.

［18］邓玉萍，许和连. 外商直接投资、集聚外部性与环境污染［J］. 统计研究，2016，33（9）：47-54.

［19］潘文卿，刘婷，王丰国. 中国区域产业 CO_2 排放影响因素研究：不同经济增长阶段的视角［J］. 统计研究，2017（3）：30-44.

［20］孙传旺，朱悉婷. "新常态"下中国化石能源生态价值与代际补偿核算［J］. 统计研究，2016（5）：60-68.

［21］陈建勋，吴卫星，罗妍. 跨国并购交易结构设计对银行效率的影响［J］. 统计研究，2017（4）：72-88.

［22］程时雄，柳剑平，龚兆鋆. 中国工业行业节能减排经济增长效应的测度及影响因素分析［J］. 世界经济，2016，39（3）：166-192.

［23］冼国明，冷艳丽. 地方政府债务、金融发展与 FDI——基于空间计量经济模型的实证分析［J］. 南开经济研究，2016（3）：52-74.

［24］曲卫华，颜志军. 环境污染、经济增长与医疗卫生服务对公共健康的影响分析——基于中国省际面板数据的研究［J］. 中国管理科学，2015，23（7）：166-176.

［25］韩建国. 能源结构调整"软着陆"的路径探析——发展煤炭清洁利用、破解能源困局、践行能源革命［J］. 管理世界，2016，269（2）：3-7.

［26］陈创练，张帆，张年华. 地理距离、技术进步与中国城市经济增长的空间溢出效应——基于拓展 Solow 模型第三方效应的实证检验［J］. 南开经济研究，2017（1）：23-43.

［27］吴玉鸣. 旅游经济增长及其溢出效应的空间面板计量经济分析［J］. 旅游学刊，2014，29（2）：16-24.

［28］王坤，黄震方，余凤龙，曹芳东. 中国城镇化对旅游经济影响的空间效应——基于空间面板计量模型的研究［J］. 旅游学刊，2016（5）：15-25.

［29］李强，高楠. 城市蔓延的生态环境效应研究——基于34个大中城市面板数据的分析［J］. 中国人口科学，2016（6）：58-67.

［30］黎峰. 全球价值链分工下的出口产品结构及核算——基于增加值的视角［J］. 南开经济研究，2015（4）：67-79.

［31］时佳瑞，汤铃，余乐安，鲍勤. 基于CGE模型的煤炭资源税改革影响研究［J］. 系统工程理论与实践，2015，35（7）：1698-1707.

［32］何为，刘昌义，刘杰，郭树龙. 环境规制、技术进步与大气环境质量——基于天津市面板数据实证分析［J］. 科学学与科学技术管理，2015（5）：51-61.

［33］史丹，马丽梅. 京津冀协同发展的空间演进历程：基于环境规制视角［J］. 当代财经，2017（4）：3-13.

［34］毛显强，宋鹏. 中国出口退税结构调整及其对“两高一资”行业经济—环境影响的案例研究［J］. 中国工业经济，2013（6）：148-160.

［35］陈晓红，唐湘博，田耘. 基于PCA-MLR模型的城市区域PM2.5污染来源解析实证研究——以长株潭城市群为例［J］. 中国软科学，2015（1）：139-149.

［36］黄寿峰. 环境规制、影子经济与雾霾污染——动态半参数分析［J］. 经济学动态，2016（11）：33-44.

［37］东童童，李欣，刘乃全. 空间视角下工业集聚对雾霾污染的影响——理论与经验研究［J］. 经济管理，2015（9）：29-41.

［38］汪伟. 人口老龄化、生育政策调整与中国经济增长［J］. 经济学（季刊），2017（1）：67-96.

［39］冷艳丽，冼国明，杜思正. 外商直接投资与雾霾污染——基于中国省际面板数据的实证分析［J］. 国际贸易问题，2015（12）：74-84.

［40］韦敏，蔡仲. 规制性科学视角下我国PM2.5标准制定中的“反向规制”［J］. 科学学研究，2016，34（11）：1601-1607.

［41］陈弄祺，许瀛. 北京雾霾污染影响因素实证分析［J］. 中国人口·资源与环境，2016（11）：73-76.

[42] 赵雪艳等. 重庆主城区春季大气 PM10 及 PM2.5 中多环芳烃来源解析 [J]. 环境科学研究，2014，27（12）：1395-1402.

[43] 蒲志仲，刘新卫，毛程丝. 能源对中国工业化时期经济增长的贡献分析 [J]. 数量经济技术经济研究，2015（10）：3-19.

[44] 袁程炜，张得. 能源消费、环境污染与经济增长效应——基于四川省 1991—2010 年样本数据 [J]. 财经科学，2015（7）：132-140.

[45] 胡炜霞，刘家明，李明，朱林珍. 山西煤炭经济替代产业探索——兼论重点旅游景区拉动地区经济发展之路径 [J]. 中国人口·资源与环境，2016，26（4）：168-176.

[46] 何枫，马栋栋. 雾霾与工业化发展的关联研究——中国 74 个城市的实证研究 [J]. 软科学，2015（6）：110-114.

[47] 孙华臣，卢华. 中东部地区雾霾天气的成因及对策 [J]. 宏观经济管理，2013（6）：48-50.

[48] 周峤. 雾霾天气的成因 [J]. 中国人口·资源与环境，2015（1）：22-26.

[49] 康雨. 贸易开放程度对雾霾的影响分析——基于中国省级面板数据的空间计量研究 [J]. 经济科学，2016（1）：114-125.

[50] 魏巍贤，马喜立. 能源结构调整与雾霾治理的最优政策选择 [J]. 中国人口·资源与环境，2015，25（7）：6-14.

[51] 任保平，宋文月. 我国城市雾霾天气形成与治理的经济机制探讨 [J]. 西北大学学报（哲学社会科学版），2014，44（2）：77-83.

[52] 徐艳勤. 我国雾霾天气的成因及治理措施分析 [J]. 市场研究，2015（6）：6-9.

[53] 郝江北. 雾霾产生的原因及对策 [J]. 宏观经济管理，2014（3）：42-42.

[54] 邢毅. 经济增长、能源消费和信贷投放的动态关系研究——基于碳排放强度分组的省级面板实证分析 [J]. 金融研究，2015（12）：17-31.

[55] 齐鹰飞，李东阳. 固定资产投资波动对经济周期波动“放大效应”的实证分析 [J]. 财政研究，2014（9）：48-51.

[56] 马丽梅，刘生龙，张晓. 能源结构、交通模式与雾霾污染——基于空间计量模型的研究 [J]. 财贸经济，2016（1）：147-160.

［57］何小钢. 结构转型与区际协调：对雾霾成因的经济观察［J］. 改革，2015（5）：33-42.

［58］李诗云，朱晓武. 雾霾指数期权合约设计及蒙特卡罗模拟定价［J］. 系统工程理论与实践，2016，36（10）：2477-2488.

［59］龚梦洁，李惠民，齐晔. 煤制天然气发电对中国碳排放和区域环境的影响［J］. 长江流域资源与环境，2015（1）：83-89.

［60］白乌云. 煤炭消费与大气环境突出问题浅析［J］. 长江流域资源与环境，2016（5）：49-52.

［61］戴小文，唐宏，朱琳. 城市雾霾治理实证研究——以成都市为例［J］. 财经科学，2016（2）：123-132.

［62］柴建，杨莹，卢全莹，邢丽敏. 基于贝叶斯结构方程模型的道路交通运输需求影响因素分析［J］. 中国管理科学，2015（11）：386-390.

［63］朱帮助，王平，魏一鸣. 基于 EMD 的碳市场价格影响因素多尺度分析［J］. 经济学动态，2012（6）：92-97.

［64］石庆玲，郭峰，陈诗一. 雾霾治理中的“政治性蓝天”——来自中国地方“两会”的证据［J］. 中国工业经济，2016（5）：40-56.

［65］王晓芳，张娥. 人民币国际化背景下人民币汇率和港元汇率传导机制研究——基于集总平均经验模态分解、SVAR 和状态空间模型的分析［J］. 世界经济研究，2015（10）：13-22.

［66］王书斌，徐盈之. 环境规制与雾霾脱钩效应——基于企业投资偏好的视角［J］. 中国工业经济，2015（4）：18-30.

［67］秦蒙，刘修岩，仝怡婷. 蔓延的城市空间是否加重了雾霾污染——来自中国 PM2.5 数据的经验分析［J］. 财贸经济，2016（11）：146-160.

［68］刘修岩，董会敏. 出口贸易加重还是缓解中国的空气污染——基于 PM2.5 和 SO_2 数据的实证检验［J］. 财贸研究，2017（1）：76-84.

［69］杨冕，王银. 长江经济带 PM2.5 时空特征及影响因素研究［J］. 中国人口·资源与环境，2017（1）：91-100.

［70］杨昆等. 中国 PM2.5 污染与社会经济的空间关系及成因［J］. 地理研究，2016（6）：1051-1060.

［71］王艺明，胡久凯. 对中国碳排放环境库兹涅茨曲线的再检验［J］. 财政研究，2016（11）：51-64.

［72］孙永强，巫和懋．出口结构、城市化与城乡居民收入差距［J］．世界经济，2012（9）：105-120.

［73］郝新东，刘菲．我国 PM2.5 污染与煤炭消费关系的面板数据分析［J］．生产力研究，2013（2）：118-119.

［74］杨磊，魏冉，沈恒根等．我国能源消耗对人群 PM2.5 暴露水平的随机影响效应分析［J］．安全与环境学报，2015（3）：335-340.

［75］彭茜薇．基于 VAR 模型的湖南省经济增长与雾霾污染关系研究［J］．中南林业科技大学学报（社会科学版），2014，8（2）：55-58.

［76］倪文佳，李雨竹，李程程．防治雾霾与经济增长的关联性研究——以北京市为例［J］．经济视角，2015（9）：80-84.

［77］仇焕广，严健标，李登旺，韩炜．我国生活能源消费现状、发展趋势及决定因素分析——基于四省两期调研的实证研究［J］．中国软科学，2015（11）：28-38.

［78］李崇，袁子鹏，吴宇童等．沈阳一次严重污染天气过程持续和增强气象条件分析［J］．环境科学研究，2017，30（3）：349-358.

［79］贾康，苏京春．胡焕庸线：从我国基本国情看“半壁压强型”环境压力与针对性能源、环境战略策略——供给管理的重大课题［J］．财政研究，2015（4）：20-39.

［80］王敏，黄滢．中国的环境污染与经济增长［J］．经济学（季刊），2015（2）：557-578.

［81］孙久文，姚鹏．空间计量经济学的研究范式与最新进展［J］．经济学家，2014（7）：27-35.

［82］刘伯龙，袁晓玲，张占军．城镇化推进对雾霾污染的影响——基于中国省级动态面板数据的经验分析［J］．城市发展研究，2015，22（9）：23-27.

［83］彭迪云，刘畅，周依仿．长江经济带城镇化发展对雾霾污染影响的门槛效应研究——基于居民消费水平的视角［J］．金融与经济，2015（8）：36-42.

［84］李瑞，蔡军．河北工业结构、能源消耗与雾霾关系探讨［J］．宏观经济管理，2014（5）：79-80.

［85］唐昀凯，刘胜华．城市土地利用类型与 PM2.5 浓度相关性研

究——以武汉市为例［J］. 长江流域资源与环境，2015，24（9）：1458-1463.

［86］汪克亮，孟祥瑞，杨宝臣，程云鹤. 技术异质下中国大气污染排放效率的区域差异与影响因素［J］. 中国人口·资源与环境，2017（1）：101-110.

［87］谭丕强，沈海燕，胡志远，楼狄明. 不同品质燃油对公交车道路颗粒排放特征的影响［J］. 环境科学研究，2015，28（3）：340-346.

［88］Abbasnia M.，Tavousi T.，Khosravi M.，Toros H. Interactive Effects of Urbanization and Climate Change During the Last Decades（A Case Study：Isfahan City）［J］. EJOSAT：European Journal of Science and Technology，Avrupa Bilim ve Teknoloji Dergisi，2016，4（7）.

［89］Brimblecombe P. Air Pollution in Industrializing England［J］. Journal of the Air Pollution Control Association，1978，28（2）：115-118.

［90］Cao X.，Wen Z.，Chen J.，Li H. Contributing to Differentiated Technology Policy-making on the Promotion of Energy Efficiency Technologies in Heavy Industrial Sector：A Case Study of China［J］. Journal of Cleaner Production，2016（112）：1486-1497.

［91］Cardelino C. A.，Chameides W. L. Natural Hydrocarbons，Urbanization，and Urban Ozone［J］. Journal of Geophysical Research：Atmospheres，1990，95（D9）：13971-13979.

［92］Chatfield C. The Analysis of Time Series：An Introduction［M］. Boca Roton：CRC Press，2016.

［93］Che H.，Zhang X.，Li Y.，Zhou Z.，Qu J. J.，Hao X. Haze Trends over the Capital Cities of 31 Provinces in China，1981-2005［J］. Theoretical and Applied Climatology，2009，97（3-4）：235-242.

［94］Chen G.，Guan Y.，Tong L.，Yan B.，Hou L. A. Spatial Estimation of PM2.5 Emissions from Straw Open Burning in Tianjin from 2001 to 2012［J］. Atmospheric Environment，2015（122）：705-712.

［95］Chen X.，Shao S.，Tian Z.，Xie Z.，Yin P. Impacts of Air Pollution and Its Spatial Spillover Effect on Public Health Based on China's Big Data Sample［J］. Journal of Cleaner Production，2017（142）：915-925.

［96］Clay K.，Lewis J.，Severnini E. Canary in a Coal Mine：Infant Mortality, Property Values, and Tradeoffs Associated with Mid-20th Century Air Pollution (No. w22155) [J]. National Bureau of Economic Research, 2016.

[97] Cui L. B., Peng P., Zhu L. Embodied Energy, Export Policy Adjustment and China's Sustainable Development: A Multi-regional Input-output Analysis [J]. Energy, 2015 (82): 457-467.

[98] Dietz T., Rosa E. A. Effects of Population and Affluence on CO_2 Emissions [J]. Proceedings of the National Academy of Sciences, 1997, 94 (1): 175-179.

[99] Fan Y., Wu S., Lu Y., Wang Y., Zhao Y., Xu S., Feng Y. An Approach of Measuring Environmental Protection in Chinese Industries: A Study Using Input-output Model Analysis [J]. Journal of Cleaner Production, 2016 (12): 114.

[100] Fotheringham A. S., Brunsdon C., Charlton M. Geographically Weighted Regression: The Analysis of Spatially Varying Relationships [M]. John Wiley & Sons, 2003.

[101] Fotheringham A. S., Charlton M. E., Brunsdon C. Geographically Weighted Regression: A Natural Evolution of the Expansion Method for Spatial Data Analysis [J]. Environment and Planning, 1998, 30 (11): 1905-1927.

[102] Ghose M. K., Majee S. R. Sources of Air Pollution Due to Coal Mining and Their Impacts in Jharia Coalfield [J]. Environment International, 2000, 26 (1): 81-85.

[103] Glaeser E. L., Steinberg B. M. Transforming Cities: Does Urbanization Promote Democratic Change? [J]. Regional Studies, 2017, 51 (1): 58-68.

[104] Guan D., Su X., Zhang Q., Peters G. P., Liu Z., Lei Y., He K. The Socioeconomic Drivers of China's Primary PM2.5 Emissions [J]. Environmental Research Letters, 2014, 9 (2).

[105] Halkos G. E., Stern D. I., Tzeremes N. G. Population, Economic Growth and Regional Environmental Inefficiency: Evidence from US States [J]. Journal of Cleaner Production, 2016 (112): 4288-4295.

[106] Han L., Zhou W., Li W., Li L. Impact of Urbanization Level on Urban Air Quality: A Case of Fine Particles (PM2.5) in Chinese Cities [J].

Environmental Pollution, 2014 (194): 163-170.

[107] Hao Y., Liu Y. M. The Influential Factors of Urban PM2.5 Concentrations in China: A Spatial Econometric Analysis [J]. Journal of Cleaner Production, 2016 (112): 1443-1453.

[108] Hatzopoulou M., Weichenthal S., Dugum H., Pickett G., Miranda-Moreno L., Kulka R., Goldberg M. The Impact of Traffic Volume, Composition, and Road Geometry on Personal Air Pollution Exposures Among Cyclists in Montreal, Canada [J]. Journal of Exposure Science and Environmental Epidemiology, 2013, 23 (1): 46-51.

[109] He C., Miljevic B., Crilley L. R., Surawski N. C., Bartsch J., Salimi F., Ayoko G. A. Characterisation of the Impact of Open Biomass Burning on Urban Airquality in Brisbane, Australia [J]. Environment International, 2016 (91): 230-242.

[110] Hille E. The Impact of Foreign Direct Investments on Regional Air Pollution in the Republic of Korea: A Way Ahead to Achieve the Green Growth Strategy? [EB/OL]. http://hdl.handle.net/10419/145517.

[111] Hong J., Ren L., Hong J., Xu C. Environmental Impact Assessment of Corn Straw Utilization in China [J]. Journal of Cleaner Production, 2016a (112): 1700-1708.

[112] Hong Y., Hong Z., Chen J. Characteristics and Sources of PM2.5-bound Carbonaceous Aerosols in the Yangtze River Delta, China [J]. EGU General Assembly Conference Abstracts, 2016b (18): 5290.

[113] Hu J., Wang Y., Ying Q., Zhang H. Spatial and Temporal Variability of PM2.5 and PM10 Over the North China Plain and the Yangtze River Delta, China [J]. Atmospheric Environment, 2014 (95): 598-609.

[114] Huang J., Chen X., Huang B., Yang X. Economic and Environmental Impacts of Foreign Direct Investment in China: A Spatial Spillover Analysis [J]. China Economic Review, 2016 (3): 6.

[115] Huang N. E., Shen Z., Long S. R., Wu M. C., Shih H. H., Zheng Q., Liu H. H. The Empirical Mode Decomposition and the Hilbert Spectrum for Nonlinear and Non-stationary Time Series Analysis [A] // Proceedings of the

Royal Society of London A: Mathematical, Physical and Engineering Sciences [J]. The Royal Society, 1998 (3): 903-995.

[116] Huang N. E., Wu M. L. C., Long S. R. A Confidence Limit for the Empirical Mode Decomposition and Hilbert Spectral Analysis [A] //Shen S. S., Qu W., Gloersen P., Fan K. L. Proceedings of the Royal Society of London A: Mathematical, Physical and Engineering Sciences [J]. The Royal Society, 2003 (9).

[117] Husar R. B., Holloway J. M., Patterson D. E., Wilson W. E. Spatial and Temporal Pattern of Eastern US Haziness: A Summary [J]. Atmospheric Environment, 1981, 15 (10-11): 1919-1928.

[118] Katrakilidis C., Kyritsis I., Patsika V. The Dynamic Linkages Between Economic Growth, Environmental Quality and Health in Greece [J]. Applied Economics Letters, 2016, 23 (3): 217-221.

[119] Khan M. M., Zaman K., Irfan D., Awan U., Ali G., Kyophilavong P., Naseem, I. Triangular Relationship among Energy Consumption, Air Pollution and Water Resources in Pakistan [J]. Journal of Cleaner Production, 2016 (112): 1375-1385.

[120] Kwon H. J., Cho S. H., Chun Y., Lagarde F., Pershagen G. Effects of the Asian Dust Events on Daily Mortality in Seoul, Korea [J]. Environmental Research, 2002, 90 (1): 1-5.

[121] Le T. H., Chang Y., Park D. Trade Openness and Environmental Quality: International Evidence [J]. Energy Policy, 2016 (92): 45-55.

[122] Li J. S., Chen G. Q., Hayat T., Alsaedi A. Mercury Emissions by Beijing's Fossil Energy Consumption: Based on Environmentally Extended Input-output Analysis [J]. Renewable and Sustainable Energy Reviews, 2015 (41): 1167-1175.

[123] Ma X., Wang J., Yu F., Jia H., Hu Y. Can MODIS AOD be Employed to Derive PM2.5 in Beijing-Tianjin-Hebei over China? [J]. Atmospheric Research, 2016 (6): 250-256.

[124] Marr L. C., Black D. R., Harley R. A. Formation of Photochemical Air Pollution in Central California 1. Development of a Revised Motor Vehi-

cle Emission Inventory [J]. Journal of Geophysical Research: Atmospheres, 2002, 107 (6).

[125] Mayer H. Air Pollution in Cities [J]. Atmospheric Environment, 1999, 33 (24): 4029-4037.

[126] Mathiesen B. V., Lund H., Karlsson K. 100% Renewable Energy Systems, Climate Mitigation and Economic Growth [J]. Applied Energy, 2011, 88 (2): 488-501.

[127] Milo D. Dahl, Nasa Technical Reports Ser. Turbulent Statistics from Time-Resolved Piv Measurements of a Jet Using Empirical Mode Decomposition [M]. BiblioGov Press, 2013.

[128] Molyneaux L., Wagner L., Foster J. Rural Electrification in India: Galilee Basin Coal Versus Decentralised Renewable Energy Micro Grids [J]. Renewable Energy, 2016 (89): 422-436.

[129] Mraihi R., Harizi R., Mraihi T., Bouzidi M. T. Urban Air Pollution and Urban Daily Mobility in Large Tunisia's Cities [J]. Renewable and Sustainable Energy Reviews, 2015 (43): 315-320.

[130] Neopaney Y., Ghose M. K., Paul S. Survey Paper on Effect of Urban Sprawling on Deforestation and Encroachment of Land Using RS and GIS-A Case Study of Gangtok City [J]. International Journal of Computer Applications, 2016, 133 (4): 40-42.

[131] Nirmalkar J., Deb M. K. Impact of Intense Field Burning Episode on Aerosol Mass Loading and Its Possible Health Implications in Rural Area of Eastern Central India [J]. Air Quality, Atmosphere & Health, 2016, 9 (3): 241-249.

[132] Oanh N. K., Kongpran J., Hang N. T., Parkpian P., Hung N. T. Q., Lee S. B., Bae G. N. Characterization of Gaseous Pollutants and PM2.5 at Fixed Roadsides and Along Vehicle Traveling Routes in Bangkok Metropolitan Region [J]. Atmospheric Environment, 2013 (77): 674-685.

[133] Pandolfi M., Alastuey A., Pérez N., Reche C., Castro I., Shatalov V., Querol X. Trends Analysis of PM Source Contributions and Chemical Tracers in NE Spain During 2004-2014: A Multi-exponential Approach [J]. Atmospheric

Chemistry and Physics, 2016, 16 (18): 11-87.

[134] Pekey B., Bozkurt Z. B., Pekey H., Dogan G., Zararsız A., Efe N., Tuncel G. Indoor/outdoor Concentrations and Elemental Composition of PM10/PM2.5 in Urban/Industrial Areas of Kocaeli City, Turkey [J]. Indoor Air, 2010, 20 (2): 112-125.

[135] Pongpiachan S., Choochuay C., Hattayanone M., Kositanont C. Temporal and Spatial Distribution of Particulate Carcinogens and Mutagens in Bangkok, Thailand [J]. Asian Pac. J. Cancer Prev, 2013, 14 (3): 1879-1887.

[136] Pui D. Y., Chen S. C., Zuo Z. PM2.5 in China: Measurements, Sources, Visibility and Health Effects, and Mitigation [J]. Particuology, 2014 (13): 1-26.

[137] Qiu X., Duan L., Gao J., Wang S., Chai F., Hu J., Yun Y. Chemical Composition and Source Apportionment of PM10 and PM2.5 in Different Functional Areas of Lanzhou, China [J]. Journal of Environmental Sciences, 2016 (40): 75-83.

[138] Rasheed A., Aneja V. P., Aiyyer A., Rafique U. Measurement and Analysis of Fine Particulate Matter (PM2.5) in Urban Areas of Pakistan [J]. Aerosol Air Qual. Res, 2015 (15): 426-439.

[139] Rogula-Kozłowska W., Klejnowski K., Rogula-Kopiec P., Osródka L., Krajny E., Błaszczak B., Mathews B. Spatial and Seasonal Variability of the Mass Concentration and Chemical Composition of PM2.5 in Poland [J]. Air Quality, Atmosphere & Health, 2014, 7 (1): 41-58.

[140] Roman R., Cansino J. M., Rueda-Cantuche J. M. A Multi-regional Input-output Analysis of Ozone Precursor Emissions Embodied in Spanish International Trade [J]. Journal of Cleaner Production, 2016 (137): 1382-1392.

[141] Sadath A. C., Acharya R. H. Assessing the Extent and Intensity of Energy Poverty Using Multidimensional Energy Poverty Index: Empirical Evidence from Households in India [J]. Energy Policy, 2017 (102): 540-548.

[142] Samara C., Kouimtzis T., Tsitouridou R., Kanias G., Simeonov V. Chemical Mass Balance Source Apportionment of PM10 in an Industrialized Urban Area of Northern Greece [J]. Atmospheric Environment, 2003, 37 (1): 41-54.

[143] Schmitz H., Nadvi K. Clustering and Industrialization: Introduction [J]. World Development, 1999, 27 (9): 1503-1514.

[144] Selden T. M., Song D. Environmental Quality and Development: Is There a Kuznets Curve for Air Pollution Emissions? [J]. Journal of Environmental Economics and Management, 1994, 27 (2): 147-162.

[145] Shen X., Yao Z., Huo H., He K., Zhang Y., Liu H., Ye Y. PM2.5 Emissions from Light-duty Gasoline Vehicles in Beijing, China [J]. Science of the Total Environment, 2014 (4): 521-527.

[146] Shi T., Liu Y., Zhang L., Hao L., Gao Z. Burning in Agricultural Landscapes: An Emerging Natural and Human Issue in China [J]. Landscape Ecology, 2014, 29 (10): 1785-1798.

[147] Shin Y. A Residual-based Test of the Null of Cointegration Against the Alternative of No Cointegration [J]. Econometric Theory, 1994, 10 (1): 91-115.

[148] Simon E., Braun M., Vidic A., Bogyó D., Fábián I., Tóthmérész B. Air Pollution Assessment Based on Elemental Concentration of Leaves Tissue and Foliage Dust Along an Urbanization Gradient in Vienna [J]. Environmental Pollution, 2011, 159 (5): 1229-1233.

[149] Small K. A., Kazimi C. On the Costs of Airpollution from Motor Vehicles [J]. Journal of Transport Economics and Policy, 1995 (6): 7-32.

[150] Stern D. I., Common M. S., Barbier E. B. Economic Growth and Environmental Degradation: The Environmental Kuznets Curve and Sustainable Development [J]. World Development, 1996, 24 (7): 1151-1160.

[151] Stern D. I., Zha D. Economic Growth and Particulate Pollution Concentrations in China [J]. Environmental Economics and Policy Studies, 2016 (8): 1-12.

[152] Suh S. Developing a Sectoral Environmental Database for Input-output Analysis: The Comprehensive Environmental Data Archive of the US [J]. Economic Systems Research, 2005, 17 (4): 449-469.

[153] Talbi B. CO_2 Emissions Reduction in Road Transport Sector in Tunisia [J]. Renewable and Sustainable Energy Reviews, 2017 (69): 232-238.

[154] Tang D., Li L., Yang Y. Spatial Econometric Model Analysis of Foreign Direct Investment and Haze Pollution in China [J]. Polish Journal of Environmental Studies, 2016, 25 (1).

[155] Tobler W. R. Smooth Pycnophylactic Interpolation for Geographical Regions [J]. Journal of the American Statistical Association, 1979, 74 (367): 519-530.

[156] Vallamsundar S., Lin J. Modeling Air Quality and Population Exposure Levels to PM Emissions from Motor Vehicles in Gold Coast Region, Chicago [C]. Transportation Research Board 95th Annual Meeting, 2016.

[157] Walsh M. P. PM2.5: Global Progress in Controlling the Motor Vehicle Contribution [J]. Frontiers of Environmental Science & Engineering, 2014, 8 (1): 1-17.

[158] Wang Z., Bao Y., Wen Z., Tan Q. Analysis of Relationship Between Beijing's Environment and Development Based on Environmental Kuznets Curve [J]. Ecological Indicators, 2016 (67): 474-483.

[159] Wang Z. B., Fang C. L. Spatial-temporal Characteristics and Determinants of PM2.5 in the Bohai Rim Urban Agglomeration [J]. Chemosphere, 2016 (148): 148-162.

[160] Wiedmann T., Lenzen M., Turner K., Barrett J. Examining the Global Environmental Impact of Regional Consumption Activities—Part 2: Review of Input-output Models for the Assessment of Environmental Impacts Embodied in Trade [J]. Ecological Economics, 2007, 61 (1): 15-26.

[161] Xu B., Luo L., Lin B. A Dynamic Analysis of Air Pollution Emissions in China: Evidence from Nonparametric Additive Regression Models [J]. Ecological Indicators, 2016 (63): 346-358.

[162] Xu B., Lin B. Regional Differences of Pollution Emissions in China: Contributing Factors and Mitigation Strategies [J]. Journal of Cleaner Production, 2016a (112): 1454-1463.

[163] Xu B., Lin B. Regional Differences of Pollution Emissions in China: Contributing Factors and Mitigation Strategies [J]. Journal of Cleaner Production, 2016b (112): 1454-1463.

[164] Xu B., Lin B. Carbon Dioxide Emissions Reduction in China's Transport Sector: A Dynamic VAR (vector autoregression) Approach [J]. Energy, 2015 (83): 486-495.

[165] Xu R., Lin B. Why are There Large Regional Differences in CO_2 Emissions? Evidence from China's Manufacturing Industry [J]. Journal of Cleaner Production, 2017 (140): 1330-1343.

[166] Xue Y., Zhou Z., Nie T., Wang K., Nie L., Pan T., Liu H. Trends of Multiple Air Pollutants Emissions from Residential Coal Combustion in Beijing and Its Implication on Improving Air Quality for Control Measures [J]. Atmospheric Environment, 2016 (142): 303-312.

[167] Yang S., Shi L. Public Perception of Smog: A Case Study in Ningbo City, China [J]. Journal of the Air & Waste Management Association, 2017, 67 (2): 219-230.

[168] Yang Z., Jia P., Liu W., Yin H. Car Ownership and Urban Development in Chinese Cities: A Panel Data Analysis [J]. Journal of Transport Geography, 2017 (58): 127-134.

[169] Yu Z. G., Anh V., Wang Y., Mao D., Wanliss J. Modeling and Simulation of the Horizontal Component of the Geomagnetic Field by Fractional Stochastic Differential Equations in Conjunction with Empirical Mode Decomposition [J]. Journal of Geophysical Research: Space Physics, 2010, 115 (A10).

[170] Zhang L., Liu Y., Hao L. Contributions of Open Crop Straw Burning Emissions to PM2.5 Concentrations in China [J]. Environmental Research Letters, 2016a, 11 (1): 14.

[171] Zhang Q., Streets D. G., Carmichael G. R., He K. B., Huo H., Kannari A., Chen D. Asian Emissions in 2006 for the NASA INTEX-B Mission [J]. Atmospheric Chemistry and Physics, 2009, 9 (14): 5131-5153.

[172] Zhang Y., Zheng H., Yang Z., Li Y., Liu G., Su M., Yin X. Urban Energy Flow Processes in the Beijing-Tianjin-Hebei (Jing-Jin-Ji) Urbanagglomeration: Combining Multi-regional Input-output Tables with Ecological Network Analysis [J]. Journal of Cleaner Production, 2016b (114): 243-256.

[173] Zheng J., Jiang P., Qiao W., Zhu Y., Kennedy E. Analysis of Air

Pollution Reduction and Climate Change Mitigation in the Industry Sector of Yangtze River Delta in China [J]. Journal of Cleaner Production, 2016 (114): 314-322.

[174] Zhu B., Han D., Wang P., Wu Z., Zhang T., Wei Y. M. Forecasting Carbon Price Using Empirical Mode Decomposition and Evolutionary Least Squares Support Vector Regression [J]. Applied Energy, 2017 (191): 521-530.